模拟电子技术实验与课程设计

郑宽磊　主编

陈柳　王丹丹　刘海英　副主编

电子工业出版社

Publishing House of Electronics Industry

北京 · BEIJING

内 容 简 介

本书是模拟电子技术课程的实践教材，包括模拟电子技术基础实验和模拟电子技术课程设计两大部分。全书共5章：第1章为电子元器件的基本知识；第2章为电子线路实验数据处理和误差分析；第3章为Multisim仿真软件，以Multisim 12.0为例介绍该仿真软件的基本界面与操作方法、仿真电路的创建与分析、虚拟仪器仪表的使用、电路分析方法等；第4章为模拟电路实验与仿真，基本验证性实验包含10个基础实验及与之相对应的9个Multisim仿真实验，设计性实验采取实物设计与Multisim仿真设计相结合的综合设计方案；第5章为模拟电子技术课程设计，给出5个模拟电子课程设计课题的详细设计过程，包括方案的确定、各单元电路设计、元器件参数的选择及电路的仿真分析和实现。附录部分给出了常用电子仪器仪表的使用说明和常用集成电路的引脚图。另外，本书还附赠配套的实验报告册。

本书可作为本科和专科相关专业模拟电子技术课程的配套实验和课程设计教材，也可供实验非单独设课的专业的学生在课内实验中选用。

图书在版编目（CIP）数据

模拟电子技术实验与课程设计 / 郑宽磊主编. —北京：电子工业出版社，2020.3
ISBN 978-7-121-38361-8

Ⅰ．①模… Ⅱ．①郑… Ⅲ．①模拟电路－电子技术－实验－高等学校－教材②模拟电路－电子技术－课程设计－高等学校－教材 Ⅳ．①TN710-33

中国版本图书馆 CIP 数据核字（2020）第 021590 号

责任编辑：牛晓丽
印　　刷：北京盛通商印快线网络科技有限公司
装　　订：北京盛通商印快线网络科技有限公司
出版发行：电子工业出版社
　　　　　北京市海淀区万寿路 173 信箱　　　　　邮编：100036
开　　本：787×1092　1/16　　　印张：17　　　字数：480 千字
版　　次：2020 年 3 月第 1 版
印　　次：2023 年 1 月第 5 次印刷
定　　价：69.00 元

凡所购买电子工业出版社图书有缺损问题，请向购买书店调换。若书店售缺，请与本社发行部联系，联系及邮购电话：（010）88254888，88258888。
质量投诉请发邮件至 zlts@phei.com.cn，盗版侵权举报请发邮件至 dbqq@phei.com.cn。
本书咨询联系方式：QQ 9616328。

前　言

　　电子技术实验和电子技术课程设计是高校电气类、电子信息类、自动化类及其他相近专业两门重要的实践课程，与电子技术基础理论课程相辅相成，是相关专业知识体系中极其重要的基础核心教学环节。为了进一步提高课程教学质量，响应教育部"卓越工程师教育培养计划""新工科"建设号召，适应工程教育专业认证的要求，培养具有面向工程实践能力的高校毕业生，针对电子技术实验和电子技术课程设计的实践教学需求和教学改革的需要，特编写了《数字电子技术实验与课程设计》《模拟电子技术实验与课程设计》这套书。本书的编写过程和内容选择参考了教育部高等学校电子电气基础课程教学指导分委员会审定出版的《电子电气基础课程教学基本要求》《高等学校电子信息科学与工程类本科指导性专业规范（试行）》，符合电子技术类课程教学的基本要求。

　　这套书不仅可作为电子技术实验和电子技术课程设计的教材，同时也可供实验非单独设课的专业的学生选用。另外，考虑到不同高校、不同专业的培养计划中模拟电子技术和数字电子技术课程的开设先后顺序不尽相同，以及有些读者可能只需要其中一门课程的实践教材，因此这两本书中有少量相同内容（Multisim 软件介绍、电子技术实验的常用仪器仪表介绍与使用），以便读者在不同应用场景下选用。

　　基础实验部分分为基本验证性实验和设计性实验两个层次，与理论课核心知识点配套，并有实物和计算机仿真两类电路实验，既可让学生在实验室操作实际仪器与实物电路，锻炼学生的动手能力，也可让学生利用电路仿真软件完成实验。在计算机上利用虚拟仿真仪器仪表可以便捷地更改电路结构和元器件参数，学生可以放手发挥、大胆试错，获得更多在实验室里不易实现的实验体验。

　　课程设计部分以精选的实用性课题为中心，每个课题围绕某一个综合性、设计性较强的应用项目，指导学生从电路功能出发，设计电路总体方案，选择电路结构，确定电路单元和具体结构参数，最终完成设计。每个课程设计课题都给出了扩展内容的提示，可供有余力的学生进一步发挥。

　　每个实验项目和课程设计课题后都设有思考题，帮助学生通过需要分析、设计、思考或总结的小问题进一步理解相关原理，拓展思维。

　　本书以模拟电子技术实验与课程设计为主要内容，包括 5 章及附录。

　　第 1 章为电子元器件的基本知识，介绍电阻器、电容器、电感元件、晶体二极管、晶体三极管、场效应晶体管及半导体模拟集成电路的分类、命名、技术参数和检测等基本知识。

　　第 2 章为电子线路实验数据处理和误差分析，介绍电子线路测量误差的分类及测量数据的采集与处理等。

　　第 3 章为 Multisim 仿真软件，以 Multisim 12.0 为例，介绍该仿真软件的基本界面与操作方法、仿真电路的创建与分析、虚拟仪器仪表的使用、电路分析方法等知识。

第 4 章为模拟电路实验与仿真，分为基本验证性实验和设计性实验进行介绍。基本验证性实验包含 10 个基础实验及与之相对应的 9 个 Multisim 仿真实验（"常用电子仪器仪表的使用"无对应的仿真实验），设计性实验采取实物设计与 Multisim 仿真设计相结合的综合设计方案。教师亦可根据学时、教学需求或其他具体情况灵活处理，可做实物实验或仿真实验，抑或将两者结合进行。一个项目的实验学时为 2~4 学时。在具体实验课中，教师可根据学时和训练要求，灵活选择项目内容和具体实验方案。

第 5 章为模拟电子技术课程设计，给出了 5 个模拟电路课程设计课题。每个课程设计课题都给出了比较详细的设计方法，包括方案的确定、各单元电路设计、元器件参数的选择和参考电路，并给出了部分电路的仿真分析。

附录部分给出了常用电子仪器仪表的详细使用说明，便于读者随时查阅。

需要说明的是，对于仿真电路图中的元器件符号，仿真软件默认均不能采用下标形式，如图 4.7 中，RB11、RP、C1 和 RL 等均没有采用下标形式，但在正文的书写中，我们均采用下标予以表示，即在正文中书写成 R_{B11}、R_P、C_1 和 R_L（另外，根据含义不同，可能会采用不同的正斜体形式）等。

本书由郑宽磊主编，负责全书的组织与统稿。陈柳编写了第 3 章及附录的部分内容，王丹丹编写了第 2 章，刘海英编写了第 1 章的部分内容，其余章节由郑宽磊编写。全书由武汉工程大学信息工程与电子科学系熊俊俏教授统一审稿。

本书是武汉工程大学两个教研项目（项目编号：X2014040、X2015028）的教学研究成果，武汉工程大学教务处在本书的编写和出版等各环节给予了极大的支持、帮助和指导。此外，武汉工程大学电气信息学院的戴丽萍、戴璐平、黄正华、邹连英、程莉、韩焱青等教师在本书的编写过程中也提出了很多宝贵的意见和建议，在此一并表示感谢。

由于编者水平有限，编写时间比较匆忙，虽经仔细审校，但仍难免存在错误和疏漏之处，恳请读者及时反馈使用中遇到的问题，多提宝贵意见与建议，以便我们进一步修改完善。

编者

2020 年 2 月

目　录

第 1 章　电子元器件的基本知识 1

　　1.1　电阻器 1

　　　　1.1.1　电阻器的分类 1

　　　　1.1.2　电阻器的型号命名法 2

　　　　1.1.3　电阻器的主要技术参数和标注 3

　　　　1.1.4　电阻器的检测 5

　　1.2　电位器 6

　　　　1.2.1　电位器的分类 6

　　　　1.2.2　电位器的主要技术参数 6

　　　　1.2.3　电位器的检测 8

　　1.3　电容器 9

　　　　1.3.1　电容器的分类 9

　　　　1.3.2　电容器的型号命名法 10

　　　　1.3.3　电容器的主要技术参数 12

　　　　1.3.4　电容器的检测 13

　　1.4　电感元件 14

　　　　1.4.1　电感器的分类 15

　　　　1.4.2　电感器的主要技术参数 15

　　　　1.4.3　电感器的检测 16

　　　　1.4.4　变压器的结构、分类和技术参数 16

　　1.5　晶体二极管 18

　　　　1.5.1　二极管的分类 18

　　　　1.5.2　二极管的型号命名法 19

　　　　1.5.3　二极管的主要技术参数 19

　　　　1.5.4　二极管的检测 20

　　1.6　晶体三极管 21

　　　　1.6.1　三极管的分类 21

　　　　1.6.2　三极管的型号命名法 22

　　　　1.6.3　三极管的主要技术参数 23

　　　　1.6.4　三极管的检测 23

　　1.7　场效应晶体管 25

　　　　1.7.1　场效应晶体管的分类 25

1.7.2　场效应晶体管的主要技术参数 26

1.7.3　场效应晶体管的检测 26

1.7.4　场效应晶体管的使用注意事项 28

1.8　半导体模拟集成电路 29

1.8.1　模拟集成电路基础知识 29

1.8.2　集成运算放大器 29

1.8.3　集成电路的检测 32

第 2 章　电子线路实验数据处理和误差分析 38

2.1　测量误差的基本知识 38

2.1.1　系统误差、随机误差和粗大误差 38

2.1.2　绝对误差和相对误差 39

2.2　测量数据的处理 41

2.2.1　测量数据的采集 41

2.2.2　实验数据的处理 42

第 3 章　Multisim 仿真软件 44

3.1　Multisim 软件简介 44

3.2　Multisim 12.0 的基本界面 46

3.2.1　Multisim 的主窗口界面 46

3.2.2　Multisim 的菜单栏 47

3.2.3　Multisim 的工具栏 57

3.2.4　Multisim 的元器件库栏 58

3.2.5　Multisim 的仪器仪表栏 59

3.3　Multisim 软件的基本操作 59

3.3.1　常用基本操作 59

3.3.2　电路图的绘制与编辑 68

3.3.3　Multisim 的电路分析方法 75

3.4　虚拟仪器仪表的使用 77

3.4.1　虚拟仪器仪表的基本操作 78

3.4.2　数字万用表 78

3.4.3　函数信号发生器 79

3.4.4　瓦特表 80

3.4.5　示波器 80

3.4.6　波特图仪 82

3.4.7　频率计 83

3.4.8　字信号发生器 84

3.4.9　逻辑分析仪 85

　　　3.4.10　逻辑转换仪 87

　　　3.4.11　电流/电压分析仪 88

　　　3.4.12　测量探针 89

　　　3.4.13　电压表 89

　　　3.4.14　电流表 89

第 4 章　模拟电路实验与仿真 91

　4.1　电子技术实验的一般过程 91

　　　4.1.1　电子技术实验的目的和意义 91

　　　4.1.2　电子技术实验的一般要求 92

　4.2　基本验证性实验 93

　　　4.2.1　常用电子仪器仪表的使用 94

　　　4.2.2　晶体管共射极单管放大电路 98

　　　4.2.3　晶体管共射极单管放大电路仿真 103

　　　4.2.4　场效应管放大电路 112

　　　4.2.5　场效应管放大电路仿真 117

　　　4.2.6　差分放大电路 122

　　　4.2.7　差分放大电路仿真 125

　　　4.2.8　射极跟随器 132

　　　4.2.9　射极跟随器仿真 135

　　　4.2.10　OTL 功率放大电路 140

　　　4.2.11　OTL 功率放大电路仿真 143

　　　4.2.12　负反馈放大电路 147

　　　4.2.13　负反馈放大电路仿真 150

　　　4.2.14　基本模拟运算电路线性应用 158

　　　4.2.15　基本模拟运算电路线性应用仿真 162

　　　4.2.16　正弦波振荡器 165

　　　4.2.17　正弦波振荡器仿真 168

　　　4.2.18　有源滤波器 170

　　　4.2.19　有源滤波器仿真 174

　4.3　设计性实验 177

　　　4.3.1　方波-三角波产生电路的设计 177

　　　4.3.2　直流稳压电源的设计 182

第 5 章　模拟电子技术课程设计 188

　5.1　模拟电子技术课程设计的一般过程 188

　　　5.1.1　常用电子电路的基本设计方法 188

　　　5.1.2　课程设计报告的撰写 193

5.2　模拟电子技术课程设计课题 197
　　5.2.1　高低电平报警器 197
　　5.2.2　信号波形的产生、分解与合成 203
　　5.2.3　音响放大器设计 208
　　5.2.4　水温控制系统的设计 216
　　5.2.5　双声道 BTL 功率放大器的设计...221

附录 A　常用电子仪器仪表使用 227

附录 B　常用集成电路引脚图...256

参考文献 263

第 1 章
电子元器件的基本知识

任何电子电路都是由元器件组成的，元器件分为无源元器件和有源元器件。而常用的无源元器件主要是电阻器、电容器和电感器。常用的有源元器件主要是各种半导体器件（如二极管、三极管、集成电路等）。为了正确地选择和使用这些元器件，必须对它们的各种性能、结构与规格有一个完整的了解。

1.1 电阻器

电阻器是电路元器件中应用最广泛的一种，在电子设备中占元器件总数的 30%以上，其质量的好坏对电路工作的稳定性有极大的影响。电阻器的主要用途是稳定和调节电路中的电流和电压，还可作为分流器、分压器和消耗电能的负载等。

1.1.1 电阻器的分类

电阻器通常可分为普通电阻器和特殊电阻器，按材料、用途和外形等还可以有多种分类，具体分类如图 1.1 所示。

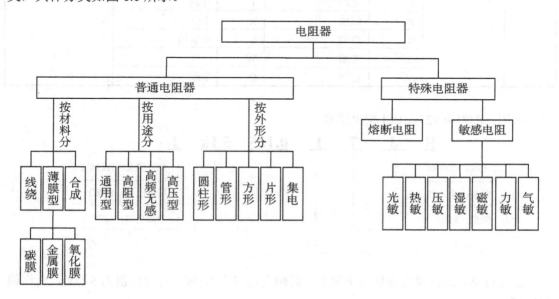

图 1.1 电阻器分类

电阻器按结构可分为固定电阻器（含特殊电阻器）和可变电阻器两大类。固定电阻器通常简称为"电阻器"或"电阻"。

电阻器的电路符号如图 1.2 所示。

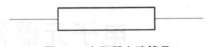

图 1.2　电阻器电路符号

1.1.2　电阻器的型号命名法

电阻器的型号命名法见表 1.1。

表 1.1　电阻器的型号命名法

第 1 部分		第 2 部分		第 3 部分		第 4 部分
用字母表示主称		用字母表示材料		用数字或字母表示类型		用数字表示序号
符号	意义	符号	意义	符号	意义	
R W	电阻器 电位器	T	碳膜	1，2	普通	包括： 额定功率 标称阻值 允许偏差 精度等级
		P	硼碳膜	3	超高频	
		U	硅碳膜	4	高阻	
		C	沉积膜	5	高温	
		H	合成膜	7	精密	
		I	玻璃釉膜	8	电阻器-高压 电位器-特殊函数	
		J	金属膜（箔）			
		Y	氧化膜	9	特殊	
		S	有机实芯	G	高功率	
		N	无机实芯	T	可调	
		X	线绕	X	小型	
		R	热敏	L	测量用	
		G	光敏	W	微调	
		M	压敏	D	多圈	

示例：RJ71-0.125-5.1k I 型电阻器

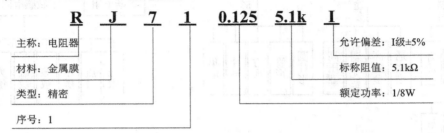

由此可见，这是精密金属膜电阻器，其额定功率为 1/8W，标称阻值为 5.1kΩ，允许偏差为±5%。

1.1.3　电阻器的主要技术参数和标注

1. 电阻器的主要技术参数

电阻器的主要技术参数有标称阻值、允许偏差、额定功率、最高工作电压、噪声等，其主要参数为前 3 项。

(1) 标称阻值

标称阻值指标注在电阻器外表面上的阻值。基本单位为欧[姆]（Ω），常用单位还有千欧（$k\Omega$）和兆欧（$M\Omega$），三者之间的换算关系式为：$1M\Omega=1000k\Omega=10^6\Omega$。

(2) 允许偏差

标称阻值与实际阻值的差值与标称阻值之比的百分数称为阻值偏差，它表示电阻器的精度。允许偏差指由于制造工艺等方面的原因，电阻器实际阻值与标称阻值之间误差的允许范围。一般来说，电阻器的允许偏差越小，阻值精度越高，稳定性越好，但成本也越高。允许偏差与精度等级对应关系如下：±0.5%——005 级、±1%——01（或 00）级、±2%——02（或 0）级、±5%——I 级、±10%——II 级、±20%——III 级。阻值允许偏差应根据电路或整个系统的实际要求选用。例如，一般电子电路可选用普通电阻器，其允许偏差一般为±5%、±10%、±20%；对于一些精密仪器的电子电路，则需要选用高精度的电阻器，其允许偏差一般为±1%、±0.5%。

(3) 额定功率

额定功率指电阻器在正常大气压力 86.7~106.7kPa 和规定温度下（因产品标准不同而不同，一般为-55~125℃），长期连续正常工作时所能承受的最大耗散功率。如果电阻器实际的耗散功率大于其额定功率，就会因过热而被损坏，因此选择电阻器额定功率时要留有一定余量，通常应比实际耗散功率大 50%~150%。但余量也不能过大，因为电阻器的额定功率越大，其体积就越大，不便于安装，而且还易受外界干扰信号影响。

电阻器的额定功率取值有标准化的系列值，线绕电阻器额定功率系列值为：0.05W、0.125W、0.25W、0.5W、1W、2W、4W、8W、10W、16W、25W、40W、50W、75W、100W、150W、250W、500W；非线绕电阻器额定功率系列值为：0.05W、0.125W、0.25W、0.5 W、1W、2W、5W、10W、25W、50W、100W；片状电阻器额定功率系列值为：0.05W、0.1W、0.125W、0.25W、0.5W、1W、2W。

(4) 额定电压

额定电压是指由阻值和额定功率换算出的电压。

(5) 最高工作电压

最高工作电压是指允许的最大连续工作电压。在低气压工作时，最高工作电压较低。

(6) 温度系数

温度系数是指温度每变化 1℃所引起的阻值的相对变化。温度系数越小，则阻值的稳定性越好。阻值随温度升高而增大的为正温度系数，反之为负温度系数。

(7) 老化系数

老化系数是指电阻器在额定功率长期负荷下，阻值相对变化的百分数，它是表示电阻器寿命长短的参数。

(8) 电压系数

电压系数是指在规定的电压范围内，电压每变化 1V 阻值的相对变化量。

(9) 噪声

噪声是指产生于电阻器中的一种不规则的电压起伏，包括热噪声和电流噪声两种。热噪声是由于导体内部不规则的电子自由运动使导体任意两点间的电压不规则变化而导致的。

电流噪声是由于电流流过导体时导电颗粒之间及非导电颗粒之间不断发生碰撞而产生的机械震动。

2. 固定电阻器的标注

(1) 直接标注法

用数字和单位符号将电阻器的参数及其种类等信息直接标明在电阻器实体的表面，其允许偏差直接用百分数表示。若电阻器上未标注允许偏差，则均为±20%。

(2) 文字符号法

用阿拉伯数字和文字符号两者有规律的组合来表示标称阻值，其允许偏差也用文字符号表示。符号前面的数字表示整数阻值，后面的数字依次表示第 1 位小数阻值和第 2 位小数阻值。

表示允许偏差的文字符号有：D、F、G、J、K、M。对应的允许偏差为：±0.5%、±1%、±2%、±5%、±10%、±20%。

(3) 数码法

在电阻器上用 3 位数码表示标称值。数码从左到右，第 1 位、第 2 位为有效值，第 3 位为指数，即 0 的个数，单位为 Ω。允许偏差通常采用文字符号表示。

(4) 色环标注法

用不同颜色的环或点在电阻器表面标出标称阻值和允许偏差。国外电阻器大部分采用色环标注法。

色环标注法通常分为 2 位有效数字色标法和 3 位有效数字色标法。2 位有效数字色标法多用于普通电阻器，电阻器上共有 4 条色环，前 3 条表示阻值，末尾 1 条表示允许偏差，具体识别方法如图 1.3 所示。3 位有效数字色标法多用于精密电阻器，电阻器上共有 5 条色环，前 4 条表示阻值，最后 1 条表示允许偏差，其色环标注示意图与 2 位有效数字色标法类似，只是多了 1 条标称值有效数字色环。色标法中所用颜色及其对应数值和代

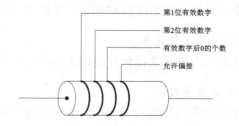

第1位有效数字
第2位有效数字
有效数字后0的个数
允许偏差

图 1.3　2 位有效数字色标法识别示意图

表的意义见表 1.2。若一个色标法普通电阻器的色环依次为红、黑、棕、银，则其标称阻值和允许偏差应为：200Ω±10%；若一个色标法精密电阻器的色环依次为蓝、灰、黑、棕、红，则其标称阻值和允许偏差应为：6.8 kΩ±2%。

表 1.2　电阻器色标法色环颜色对应数值及意义

颜色	第 1 位有效数字	第 2 位有效数字	第 3 位有效数字	倍率	允许偏差/%
黑	0	0	0	10^0	
棕	1	1	1	10^1	±1
红	2	2	2	10^2	±2
橙	3	3	3	10^3	
黄	4	4	4	10^4	
绿	5	5	5	10^5	±0.5
蓝	6	6	6	10^6	±0.25
紫	7	7	7	10^7	±0.1
灰	8	8	8	10^8	
白	9	9	9	10^9	
金				10^{-1}	±5
银				10^{-2}	±10

色环标注法的局限性是：色环颜色易辨别失误，色环起始端不易确定。

1.1.4　电阻器的检测

电阻器比较容易检测，其常见故障有两种：一种是阻值变化，实际阻值远大于标称阻值，甚至变为无穷大，这说明此电阻器断路了；另一种是电阻器内部或引出端接触不良，导致电路工作性能下降，不稳定。若出现上述故障，通常换上一只等阻值、等功率的新的电阻器即可，也可用几个阻值较小的电阻器串联来替换一个大阻值电阻器，或用几个阻值较大的电阻器并联来替换一个小阻值电阻器。

测量电阻器阻值的方法很多，可用机械式或数字式万用表欧姆挡进行直接测量（当测量精度要求较高时，可采用电阻电桥来测量，电阻电桥有单臂电桥——惠斯登电桥和双臂电桥——凯尔文电桥），也可根据欧姆定律 $R=U/I$，通过测量流过电阻器的电流 I 和电阻器上的压降 U 来间接测量阻值。

在用万用表欧姆挡测量阻值时，将红、黑两表笔（不分正负）分别与电阻器的两端引脚相接，即可测出实际阻值。为了提高测量精度，应根据被测电阻器标称值的大小来选择量程。对于机械式万用表，由于其欧姆挡刻度的非线性，刻度盘的中间一段分度较为精细，因此应使其指针指示值尽可能落到刻度盘的中段位置，即全刻度起始的 20%~80%弧度范围内，以使测量更准确。根据电阻器允许偏差等级不同，读数与标称阻值之间分别允许有±5%、±10%或±20%的偏差。如不相符，超出偏差范围，则说明该电阻器阻值变值了。

检测电阻器时应注意以下事项：

(1) 在测量电路中电阻器的阻值时，应将被测量的电阻器从电路中焊下来，至少要焊开一端，以免电路中的其他元件对测量产生影响，造成测量误差；

(2) 在检测高阻值电阻器，特别是几十千欧以上阻值的电阻器时，手不要触及表笔和电阻器的导电部分；

(3) 对于特殊电阻器，要结合其具体的特性进行检测。

1.2 电位器

电位器属于可变电阻器，其阻值是可调整、可变化的。本节主要介绍电位器的分类、主要技术参数及检测。

1.2.1 电位器的分类

电位器一般有 3 个引出端（特殊类型，如双连同轴电位器，有 6 个引出端）：中间的引出端称为滑动端（也称为活动端、中心抽头或电刷），两端的引出端称为固定端。当电位器在电路中用作电位调节时，通常 3 端独立使用；当电位器在电路中作为可变电阻器时，则中间的滑动端要和其中的一个固定端合并使用。电位器的电路符号如图 1.4 所示。电位器与电阻器一样，种类繁多，其分类如图 1.5 所示。

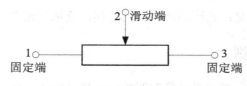

图 1.4　电位器的电路符号

1.2.2 电位器的主要技术参数

1. 阻值最大值和最小值

电位器的阻值最大值通常会在其外壳上标注出来，也可用万用表欧姆挡直接测量电位器的两个固定端，测量误差应在±5%以内；电位器的阻值最小值理论上应为 0，但实际上不一定为 0，但越小越好。

2. 额定功率

额定功率是指电位器上两个固定端允许耗散的最大功率。线绕电位器额定功率系列值为 0.25W、0.5W、1W、2W、3W、5W、10W、16W、25W、40W、63W、100W，非线绕电位器额定功率系列值为 0.025W、0.05W、0.1W、0.25W、0.5W、1W、2W、3W 等。

3. 滑动噪声

当滑动端在电阻体上滑动时，电位器滑动端与固定端的电压出现无规则的起伏现象，称为电位器的滑动噪声。这是由电阻体电阻率分布不均匀和滑动端滑动时接触电阻体的无规则变化导致的。

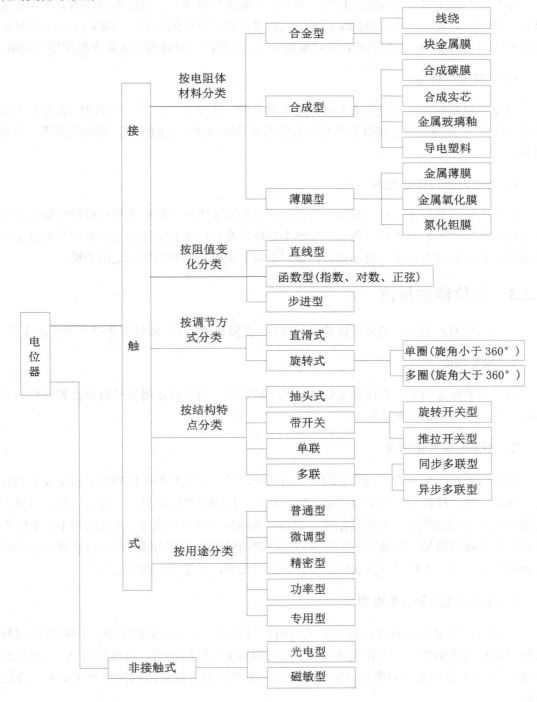

图 1.5 电位器分类

4．分辨率和机械零位电阻

电位器对输出量可实现的最精细的调节能力称为分辨率。非线绕电位器的分辨率比线绕电位器高。理论上，电位器的滑动端与固定端可调出零电阻状态，但实际上由于受接触电阻和引出端的影响，一般不能调到零电阻状态。调到最小阻值的状态称为机械零位电阻。

5．阻值变化规律

常见电位器的阻值变化规律大致分为 3 种类型：直线型（X 型）、指数型（Z 型）和对数型（D 型）。此外，对应特殊的需要还有按其他函数规律变化的类型，例如正弦型、余弦型等。

6．启动力矩和转动力矩

启动力矩指转轴在旋转角范围内启动时所需的最小力矩，转动力矩指维持转轴以某一速度均匀旋转时所需的力矩。两者差值越小越好。在自动控制装置中与伺服电机配合使用的电位器要求转动力矩小，转动灵活；而用于调节的电位器则需要一定的力矩。

1.2.3　电位器的检测

可使用普通万用表对电位器性能进行检测，主要包括阻值、阻值变化及开关性能 3 项。

1．测量阻值

将万用表两支表笔分别接触电位器的两个固定端，表针指示阻值应与电位器标称阻值相符，误差不应超出其允许偏差。

2．测量阻值变化情况

将万用表的一支表笔与电位器的滑动端接触，另一支表笔与电位器两个固定端中的任一个相接，然后缓慢均匀转动电位器旋柄，从一个极端位置转至另一个极端位置，万用表的指针应从 0 连续变化至其标称阻值，或由标称阻值连续变化至 0。在此过程中，表针不应出现任何跳动现象。测量完滑动触头与此固定端间的阻值变化情况后，保持滑动触头所接表笔位置不变，再将另一支表笔换接另一个固定端，重复这一测量过程。

3．带开关电位器性能检测

旋动或推拉电位器转轴，随着开关的断开与接通，应有良好的手感，同时可听到开关触点弹动发出的响声。当开关接通时，用万用表 R×1Ω 挡测量，阻值应为 0；当开关断开时，用万用表 R×1kΩ 挡测量，阻值应为 ∞。若开关为双联型，则两个开关都应符合此性能。

1.3　电容器

电容器一般由两个金属电极中间夹一层绝缘体（又称电介质）所构成。当在两个金属电极间加上电压时，电极上就会存储电荷，所以电容器是一种能存储电荷的储能元件，它在电路中具有隔直流、通交流的作用，因此常用于级间耦合、滤波、去耦、旁路、能量转换、控制电路及信号调谐等方面，是电子电路中不可缺少的基本元器件。

1.3.1　电容器的分类

与电阻器和电位器相似，电容器的种类繁多，分类方式有多种，如图 1.6 所示。

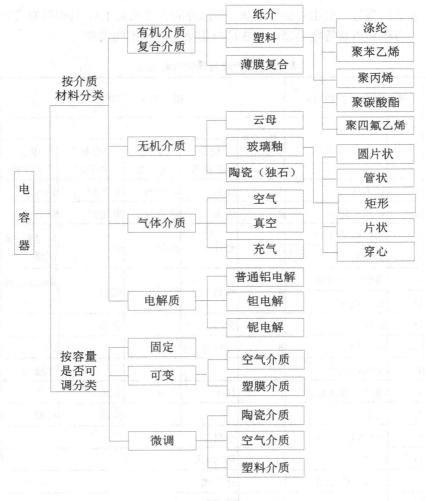

图 1.6　电容器分类

几种常见电容器的电路符号如图 1.7 所示。

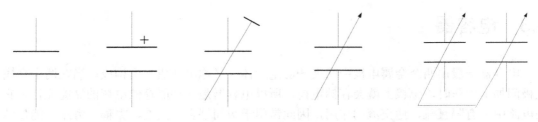

(a)普通电容器　　(b)电解电容器　　(c)半可变电容器　　(d)单联可变电容器　　(e)双联可变电容器

图 1.7　几种常见电容器的电路符号

1.3.2　电容器的型号命名法

国产电容器的型号一般由 4 部分组成，各部分的含义见表 1.3，其中针对瓷介（陶瓷介质）、云母、有机和电解等电容器，第 3 部分用数字区分不同类别。

表 1.3　国产电容器型号命名法

第 1 部分：主称		第 2 部分：介质材料		第 3 部分：类别					第 4 部分：序号
				数字或字母	含义				
字母	含义	字母	含义		瓷介电容器	云母电容器	有机电容器	电解电容解	
C	电容器	A	钽电解	1	圆形	非密封	非密封	箔式	用数字表示序号，以区别电容器的外形尺寸及性能指标
		B	聚苯乙烯	2	管形	非密封	非密封	箔式	
		C	高频陶瓷介质	3	叠片	密封	密封	烧结粉，非固体	
		D	铝电解						
		E	其他材料电解	4	独石	密封	密封	烧结粉，固体	
		G	合金电解						
		H	纸膜复合	5	穿心		穿心		
		I	玻璃釉	6	支柱等				
		J	金属化纸介	7				无极性	
		L	涤纶（聚碳酸酯）	8	高压	高压	高压		
		N	铌电解	9			特殊	特殊	
		O	玻璃膜	X	小型				
		Q	漆膜	G	高功率型				
		T	低频陶瓷介质	T	叠片式				
		V	云母纸	W	微调型				
		Y	云母	J	金属化型				
		Z	纸介	Y	高压型				

示例：CJX-250-0.33-±10%电容器

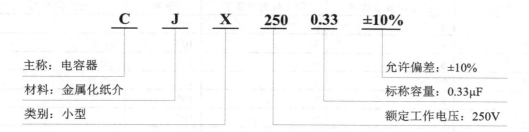

电容器的电容量（简称容量）表示方法很多，常见的有如下几种。

1. 字母数字混合标法

这种方法是国际电工委员会（IEC）推荐表示法。具体表示方法为：用 2~4 位数字和 1 个字母表示电容器标称容量，其中数字表示有效数值，字母表示数值的单位。如"33 m"表示"33 mF"或"33 000 μF"。也有在数字前面加字母"R"，用来表示是零点几微法，即"R"表示小数点，如"R22"表示"0.22 μF"。

2. 不标单位的直标法

这种方法是：若用 1~4 位数字表示，容量单位为皮法（pF），如"3 300"表示"3 300 pF"；若用零点零几或零点几表示，其容量单位为微法（μF），如"0.056"表示"0.056 μF"。

3. 数码表示法

一般用 3 位数字表示，前 2 位数字表示容量的有效数字，第 3 位数字表示有效数字后面 0 的个数，其单位为 pF，如"102"表示"1 000 pF"，"221"表示"220 pF"。但注意这种表示法中的一种特殊情况，即当第 3 位数字为"9"时，是用有效数字乘"10^{-1}"来计量的，如"229"表示"22×10^{-1} pF"。

4. 色标法

色标法是用不同颜色的色环或色点来表示标称容量和允许偏差。这种色标法与电阻器的 2 位有效数字色标法相似。具体方法是：沿电容器引线方向，第 1 道和第 2 道色环代表容量的有效数字，第 3 道色环表示有效数字后面 10 的倍率，单位为 pF，其后的色环表示耐压和允许偏差等，见表 1.4。

表 1.4　电容器色标法标注颜色对应数值表

颜色	第 1 位有效数字	第 2 位有效数字	倍率	允许偏差/%
黑	0	0	10^0	
棕	1	1	10^1	±1
红	2	2	10^2	±2
橙	3	3	10^3	

颜色	第 1 位有效数字	第 2 位有效数字	倍率	允许偏差/%
黄	4	4	10^4	
绿	5	5	10^5	±0.5
蓝	6	6	10^6	±0.25
紫	7	7	10^7	±0.1
灰	8	8	10^8	
白	9	9	10^9	
金			10^{-1}	±5
银			10^{-2}	±10

1.3.3 电容器的主要技术参数

电容器的技术参数较多，包括标称容量、允许偏差、额定电压、绝缘电阻、漏电流、损耗因数及时间常数等。

1. 标称容量和允许偏差

标称容量是标注在电容器上的容量。容量的基本单位为法[拉]（F），但在实际应用中，法作为单位往往显得太大，不方便使用，因此又定义了毫法（mF）、微法（μF）、纳法（nF）和皮法（pF），它们之间的换算关系式为：

$$1\ F = 10^3\ mF = 10^6\ \mu F = 10^9\ nF = 10^{12}\ pF$$

为了简化标称容量规格，我国规定了一系列电容器的容量作为产品标准，电容器大多按 E24、E12、E6、E3 这四个优选系列进行生产。实际使用时，也应按系列标准选择。E24、E12、E6、E3 系列固定电容器的标称容量及允许偏差的对应关系见表 1.5。电容器实际容量与标称容量的误差称为偏差，允许的偏差范围称为精度。精度等级与允许偏差的对应关系为：±1%——01 级、±2%——02 级、±5%—— I 级、±10%—— II 级、±20%——III级、(+20%～-30%)——IV级、(+50%～-20%)—— V 级、(+100%～-10%)——VI级。

表 1.5 固定电容器的标称容量及允许偏差

系列	允许偏差	标称容量											
E24	±5%	1.0	1.1	1.3	1.6	2.0	2.4	3.0	3.6	4.3	5.1	6.2	7.5	9.1
			1.2	1.5	1.8	2.2	2.7	3.3	3.9	4.7	5.6	6.8	8.2	
E12	±10%	1.0	1.2	1.5	1.8	2.2	2.7	3.3	3.9	4.7	5.6	6.8	8.2	
E6	±20%	1.0		1.5		2.2		3.3		4.7		6.8		
E3	大于±20%	1.0				2.2				4.7				

一般电容器常用 I 、 II 、III级，电解电容器常用IV、 V 、VI级，根据用途选取。

2. 额定电压

电容器的额定电压也被称为耐压值，是指在最低环境温度和额定环境温度下可连续加在电容器上的最高直流电压有效值。一般直接标注在电容器外壳上，如果工作电压超过电容器的额定电压，电容器会被击穿，造成不可修复的永久损坏，甚至可能爆裂。电容器的额定电压通常是指直流工作电压，但也有少数类型电容器是以交流电压进行标注的。

3. 绝缘电阻和漏电流

电容器的绝缘电阻是指电容器两极之间的电阻，也称漏电阻；漏电流是指当电容器两极间加上工作电压时所产生的电流。这两个参数是用来衡量电容器绝缘介质性能优劣的重要指标，绝缘电阻的阻值越大越好，漏电流越小越好。

4. 损耗因数

电容器的损耗因数是指有功损耗与无功损耗功率之比。通常，电容器在电场力作用下，它所存储或传递的一部分电能会因介质漏电等原因而转化成无用的热能，这部分因发热而消耗的能量称为电容器的无功损耗功率。此损耗越大，电容器发热就越严重。

5. 时间常数

为恰当地评价大容量电容器的绝缘情况而引入了时间常数，它等于电容器的绝缘电阻与容量的乘积。

1.3.4　电容器的检测

电容器常见故障有短路、断路、失效等。为确保电路正常工作，在选用电容器时必须对其进行性能检测，检测可使用专用仪器，如交流电桥等；也可借助万用表进行简单的测量，在测量之前，要先将电容器的两个引脚短接进行放电，然后根据容量的大小选择合适的万用表欧姆挡量程，如表 1.6 所示。

表 1.6　万用表挡位与容量对应表

万用表欧姆挡挡位	×10kΩ	×1kΩ	×100Ω	×10Ω	×1Ω
测量容量的范围	0.01μF～10μF	0.1μF～100μF	1μF～1000μF	10μF～10 000μF	100μF～100 000μF

1. 绝缘电阻的测量

先将电容器放电，然后选择合适的量程，见表 1.6。当两支表笔分别接触电容器的两个引脚（对电解电容器进行测量时，要用机械式万用表的黑表笔接电容器正极，红表笔接电容器负极）时，表针应首先按顺时针方向摆动，然后慢慢沿反方向退回至∞位置处。如果表针静止处距∞较远，则表明电容器绝缘电阻较小，漏电严重，不能使用；如果表针退回至∞位置处又顺时针摆动，则表明此电容器绝缘电阻更小，漏电更严重。一般情况下，如果绝缘电阻只有几十千欧，说明这一电解电容器漏电严重。电解电容器的绝缘电阻大于 500 kΩ 时性能较好，在 200 kΩ~500 kΩ 时性能一般，小于 200 kΩ 则表明漏电较为严重。

2. 电容器是否断路的测试

用万用表测试电容器是否断路，只对容量大于 0.01μF 的电容器适用，对容量小于 0.01μF 的电容器的断路测试只能用其他仪表（如 Q 表等）进行。

在用万用表测试电容器是否断路时，必须根据容量的大小选择合适的量程，才能正确地进行判断。具体测试方法为：先将电容器的两个引脚短接，对其进行放电，用万用表的两支表笔分别接触电容器的两个引脚，若表针不动，再将电容器的两个引脚短接，对其进行放电，将表针对调后再测量一次，若表针仍不动，则说明电容器断路。

3. 电容器是否短路的测试

根据容量的大小，分别选择合适的万用表欧姆挡量程。先将电容器的两个引脚短接，对其进行放电，再将万用表的两支表笔分别接触电容器的两个引脚，若表针指示阻值很小或为 0，且不再返回，则表明电容器已被击穿短路。

4. 电解电容器极性的判断

电解电容器的两个引脚一长一短，长的为阳极，短的为阴极。此外，也可用万用表进行测试判断：先将电容器的两个引脚短接，对其进行放电，用万用表测量一次电容器的绝缘电阻，然后再将电容器的两个引脚短接，对其进行放电，将红黑表笔对调后再测量一次，将两次测量数值进行对比，绝缘电阻小的一次黑表笔所接的引脚即为阴极。

5. 可变电容器的检测

首先用手轻轻旋动转轴，应感觉十分平滑，不应感觉时松时紧甚至有卡滞现象。将转轴向前、后、上、下、左、右等各个方向推动时，转轴不应有松动的现象。然后，用一只手旋动转轴，用另一只手轻摸动片组的外缘，不应感觉有任何松脱现象。转轴与动片之间接触不良的可变电容器是不能再继续使用的。将万用表置于 $R \times 10k\Omega$ 挡，一只手将两支表笔分别接可变电容器的动片和定片的引出端，另一只手将转轴缓缓旋动几个来回，万用表指针都应在∞位置不动。在旋动转轴的过程中，如果指针有时指向 0，说明动片与定片之间存在短路点；如果碰到某一角度，万用表读数不为∞而是出现一定阻值，说明可变电容器动片与定片之间存在漏电现象。

不同电路应选用不同种类的电容器。在电源滤波、去耦、旁路等电路中需用大容量电容器时，应选用电解电容器；在高频、高压电路中，应选用瓷介电容器、云母电容器；在谐振电路中，可选用云母、陶瓷、有机薄膜等电容器；用作"隔直"时，可选用纸介、涤纶、云母、电解等电容器；用在调谐回路中时，可选用空气介质或小型密封可变电容器。此外，在选用电容器时，还应注意电容器的引脚形式，可根据实际需要选择焊片引出、接线引出、螺钉引出等，以满足线路的插孔要求。

1.4 电感元件

电感元件是指电感器和各种变压器，本节主要介绍电感器的分类、参数和检测，同时简要介绍变压器的结构、分类和参数。

1.4.1　电感器的分类

电感器一般又称为电感线圈，是由导线一圈圈地绕在绝缘管上，导线彼此互相绝缘而制成的，绝缘管可以是空心的，也可以包含铁芯或磁芯。

电感器在谐振、耦合、滤波、陷波等电路中应用十分普遍。电感器只有一部分如扼流电感器、振荡电感器和 LC 固定电感器等是标准件，绝大多数电感器都是非标准件，往往要根据实际需要自行制作。

电感器种类很多，如图 1.8 所示。

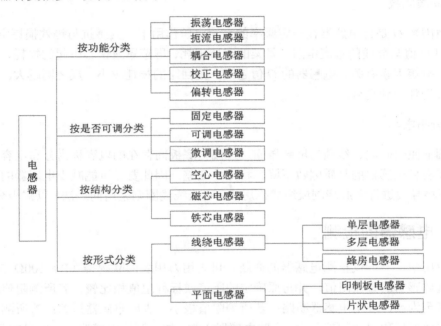

图 1.8　电感器分类

普通电感器的电路图形符号如图 1.9 所示。特殊电感器的电路图形符号略有不同。

图 1.9　普通电感器的电路图形符号

1.4.2　电感器的主要技术参数

1. 电感量

电感量 L 也称为自感系数，是用来表示电感器自感应能力大小的物理量。电感量表示电感器本身的固有特性，与电流大小无关。除专门的电感器（色码电感器）外，电感量一般不专门标注在电感器上，而以特定的名称标注。电感量的基本单位为亨[利]（H），在实际应用中使用较多的单位是毫亨（mH）和微亨（μH），这 3 个单位之间对应的换算关系式为：

$$1 \text{ H}= 10^3 \text{ mH}=10^6 \text{μH}$$

电感量的标注一般有直标法和色标法两种，色标法与电阻器的类似。

2. 感抗

感抗 X_L 表示电感器对交流电的阻力作用。它与电感量 L 及交流电的频率 f 成正比，计算公式为：

$$X_L=2\pi f L$$

3. 品质因数

品质因数 Q 是指电感器在一定频率的交流电压作用下，其感抗与等效损耗电阻之比。电感器的 Q 值与导线的直流电阻、骨架的介质损耗、屏蔽罩或铁芯引起的损耗、高频趋肤效应的影响等因素有关。电感器的 Q 值越高，则回路的损耗越小，反之则越大。电感器的 Q 值通常为几十到几百。

4. 分布电容

线圈的匝与匝间、线圈与屏蔽罩间、线圈与底板间存在的电容称为分布电容。分布电容的存在会使电感器的品质因数下降、稳定性变差，因此要尽可能减少电感器的分布电容效应，而将导线进行多股绕制或绕成蜂房式；对天线线圈则采用间绕法，以减少分布电容。

1.4.3 电感器的检测

在应用中，一般仅检测电感器的通断。可先用万用表的欧姆挡（R×100Ω 或 R×1Ω 挡）测量电感器的直流阻值，并与原确定的阻值或标称阻值相比较，若所测阻值较之增大许多，甚至为∞，表明电感器断路；若所测阻值极小，表明电感器短路；若所测阻值与原确定的阻值或标称阻值相差不大，表明电感器正常。如要测量电感器的电感量或品质因数，则需要用专用电子仪器，如高频 Q 表或交流电桥等。

1.4.4 变压器的结构、分类和技术参数

1. 变压器的结构和作用

变压器是一种能进行交流电压变换、电流变换和阻抗变换的电感元件。此外，变压器还可以用于传递交流信号和隔离直流信号。变压器一般由初级线圈、次级线圈、铁芯（或磁芯）和外壳构成。当初级线圈中通有交流电流时，铁芯（或磁芯）中便产生交流磁通，使次级线圈中感应出电压（或电流）。

2. 变压器的种类和图形符号

变压器的种类繁多，如图 1.10 所示。

实 验 报 告

4.2.1　常用电子仪器仪表的使用　实验报告

一、实验报告要求

1. 根据实验记录，列表整理、计算实验数据，并绘出观察到的波形。
2. 比较实验中的实测值与计算值，分析产生误差的原因。

二、实验数据记录与分析

1. 用机内校正信号对示波器进行自检

表 4.1　校正信号幅度、频率测量

	标准值	实测值
幅度 U_{p-p}（V）		
频率 f（kHz）		
上升沿时间（μs）		
下降沿时间（μs）		

注意：不同型号示波器标准值有所不同，请按所用示波器将标准值填入表格中。

2. 用示波器和交流毫伏表测量信号参数

表 4.2　示波器和交流毫伏表测量信号频率、周期及电压值

信号电压频率	示波器测量值		信号电压 毫伏表读数（V）		示波器测量值			
	周期(ms)	频率（Hz）			峰峰值（V）		有效值（V）	
			0dB	20dB	0dB	20dB	0dB	20dB
100Hz								
1kHz								
10kHz								
100kHz								

3. 测量两波形间相位差

表 4.3　两波形间相位差

一周期格数	两波形 X 轴差距格数	相位差	
		实测值	计算值
$X_T=$	$X=$	$\theta=$	$\theta=$

为读数和计算方便，可适当调节扫速开关及微调旋钮，使波形一周期占整数格。

三、思考题

1. 用示波器观察波形时，要达到如下要求：波形清晰，亮度适中，移动波形位置，改变波形个数，改变波形高度，应调节哪些旋钮？

(1) 显示方式选择（Y_1、Y_2、Y_1+Y_2、交替、断续）

(2) 触发方式（常态、自动）

(3) 触发源选择（内、外）

(4) 内触发源选择（Y_1、Y_2、交替）

2. 交流毫伏表用来测量正弦波电压还是非正弦波电压？它的表头指示值是被测信号的什么数值？它是否可以用来测量直流电压的大小？

3. 用交流毫伏表测量交流电压时，信号频率的高低对读数有无影响？为什么一般不用万用表测量高频交流电压？

4.2.2 晶体管共射极单管放大电路 实验报告

一、实验报告要求

1. 认真记录和整理测试数据，按要求填入表格并画出波形。
2. 比较计算值和实测结果，找出产生误差的原因。
3. 讨论实验结果，写出对本次实验的心得体会和改进建议。

二、实验数据记录与分析

表4.4 晶体管直流工作状态

测量值					计算值		
I_C（mA）	U_B（V）	U_E（V）	U_C（V）	R_{B2}（kΩ）	U_{BE}（V）	U_{CE}（V）	I_C（mA）

注意：测试 R_{B2} 的值时应断开 U_{CC} 与 R_{B2} 之间的连线，关闭电源 U_{CC}。

表4.5 放大电路交流工作状态及负载电阻对输出波形的影响

$I_C=$ _____mA

R_C（kΩ）	R_L（kΩ）	U_o（V）	A_u	观察记录一组 u_o 和 u_i 波形
2.4	∞			
1.2	∞			
2.4	2.4			

表4.6 静态工作点对输出波形失真的影响

$R_C=2.4$kΩ $R_L=∞$ $U_i=$ _____mV

I_C（mA）	U_{CE}（V）	u_o 输出波形	失真情况	工作状态
最合适静态工作点 $I_C=$ ____				

注意：若失真不明显，可增大或减小输入电压的幅值重测。

表 4.7 静态工作点对电压放大倍数的影响

$R_C=2.4\text{k}\Omega$ $R_L=\infty$ $U_i=$_____mV

I_C（mA）					
U_o（V）					
A_u					

表 4.8 输入电阻和输出电阻的测量

$I_C=$_____mA $R_c=R_L=2.4\text{k}\Omega$

U_S（mV）	U_i（mV）	R_i（kΩ）		U_L（V）	U_o（V）	R_o（kΩ）	
		测量值	计算值			测量值	计算值

三、思考题

1. 阅读教材中有关单管放大电路的内容并估算实验电路的性能指标。

2. 假设：3DG6 的 $\beta=100$，$R_{B1}=20\text{k}\Omega$，$R_{B2}=60\text{k}\Omega$，$R_C=2.4\text{k}\Omega$，$R_L=2.4\text{k}\Omega$。估算放大电路的静态工作点、电压放大倍数 A_u、输入电阻 R_i 和输出电阻 R_o。

3. 能否用直流电压表直接测量晶体管的 U_{BE}？为什么实验中要采用测 U_B、U_E，再间接算出 U_{BE} 的方法？

4. 怎样测量 R_{B2} 阻值？当调节偏置电阻 R_{B2} 使放大电路输出波形出现饱和或截止失真时，晶体管的管压降 U_{CE} 怎样变化？

5. 改变静态工作点对放大电路的输入电阻 R_i 有否影响？改变外接电阻 R_L 对输出电阻 R_o 有否影响？

6. 在测量 A_u、R_i 和 R_o 时怎样选择输入信号的大小和频率？为什么信号频率一般选 1kHz，而不选 100kHz 或更高？

4.2.3 晶体管共射极单管放大电路仿真 实验报告

一、实验报告要求

1. 认真记录和整理测试数据，按要求填入表格并画出波形。
2. 比较计算值和实测结果，找出产生误差的原因。
3. 讨论实验结果，写出对本次实验的心得体会和改进建议。

二、实验数据记录与分析

1. 仿真和调试放大电路的静态工作点

表 4.9 放大电路的静态工作点仿真结果

I_B（μA）	I_C（mA）	I_E（mA）	U_B（V）	U_E（V）	U_C（V）	U_{BE}（V）	U_{CE}（V）

2. 研究上偏流电阻和发射极电阻对放大电路静态工作点的影响以及静态工作点变化对输出波形失真的影响

用直流参数扫描的方法研究放大电路静态工作点的影响，并将直流参数扫描的仿真结果填于自制表中，观察工作点变化对输出波形失真的影响，画于表中。

3. 放大电路的电压增益、输入电阻、输出电阻、频率响应的仿真

表 4.10 放大电路输入、输出电压及电压增益的仿真和测算结果

仿真方法	U_i（mV）	U_o（mV）	A_u
用双踪示波器			
用万用表交流挡			

表 4.11 放大电路输入、输出电阻的仿真

输入电阻的仿真	U_s（mV）	U_i（mV）	求输入电阻的公式	R_i（kΩ）
$R_S =$ _____				
输出电阻的仿真	U_o（mV）	U_L（mV）	求输出电阻的公式	R_o（kΩ）
$R_L =$ _____				

表 4.12　放大电路频率响应的仿真

仿真起始频率	仿真结束频率	下限截止频率 f_L	上限截止频率 f_H	带宽 BW	中频增益 A_{um}

三、思考题

1. 在放大电路中调节静态工作点用一个可调电位器，为什么还需要一个固定电阻与其串联？

2. 测量放大电路的输入电阻、输出电阻时，为什么首先要用示波器观察波形，确保输出波形不失真呢？

3. 电路中的哪些元器件会影响放大电路的输出电阻、输出电阻和电压增益？

4.2.4　场效应管放大电路　实验报告

一、实验报告要求

1. 整理实验数据，将测得的 A_u、R_i、R_o 和理论计算值进行比较。

2. 把场效应管放大电路与晶体管放大电路进行比较，总结场效应管放大电路的特点。

3. 分析实验中遇到的问题，总结实验收获。

二、实验数据记录与分析

1. 静态工作点的测量和调整

表 4.14　场效应管静态工作点的测量

测量值						计算值		
U_G（V）	U_S（V）	U_D（V）	U_{DS}（V）	U_{GS}（V）	I_D（mA）	U_{DS}（V）	U_{GS}（V）	I_D（mA）

2. 电压放大倍数 A_u、输入电阻 R_i 和输出电阻 R_o 的测量

表 4.15　场效应管放大倍数及输出电阻的测量

	测量值				计算值		u_i 和 u_o 波形
	U_i(V)	U_o(V)	A_u	R_o（kΩ）	A_u	R_o（kΩ）	
$R_L=\infty$							
$R_L=10\text{k}\Omega$							

表 4.16　场效应管输入电阻的测量

测量值			计算值
U_{o1}（V）	U_{o2}（V）	R_i（kΩ）	R_i（kΩ）

三、思考题

1. 复习有关场效应管的内容，并分别用图解法与计算法估算场效应管的静态工作点（根据实验电路参数），求出工作点处的跨导 g_m。

2. 场效应管放大电路输入回路的电容 C_1 为什么可以取得小一些（可以取 $C_1=0.1\mu F$）？

3. 在测量场效应管静态工作电压 U_{GS} 时，能否用直流电压表直接并在 g、s 两端测量？为什么？

4. 为什么测量场效应管输入电阻时要用测量输出电压的方法？

4.2.5　场效应管放大电路仿真　实验报告

一、实验报告要求

1. 整理实验数据，将测得的 A_u、R_i、R_o 和理论计算值进行比较。
2. 把场效应管放大电路与晶体管放大电路进行比较，总结场效应管放大电路的特点。
3. 分析实验中遇到的问题，总结实验收获。

二、实验数据记录与分析

1. 仿真和调试放大电路的静态工作点

表 4.17　放大电路静态工作点仿真结果

参数	U_G（V）	U_S（V）	U_D（V）	U_{GS}（V）
仿真值				

2. 研究源极电阻对放大电路静态工作点的影响

3. 放大电路的电压放大倍数、输入电阻、输出电阻、频率响应的仿真

表 4.18　放大电路输入、输出电压及电压增益的仿真和测算结果

仿真方法	U_i（mV）	U_o（mV）	A_u
用双踪示波器			
用交流电压表			

表 4.19　放大电路输入电阻、输出电阻的仿真

输入电阻的仿真	U_s（mV）	U_i（mV）	求输入电阻的公式	R_i（kΩ）
$R =$ _____				
输出电阻的仿真	U_o（mV）	U_L（mV）	求输出电阻的公式	R_o（kΩ）
$R_L=$ _____				

表 4.20　放大电路频率响应的仿真

仿真起始频率	仿真结束频率	下限截止频率 f_L	上限截止频率 f_H	带宽 BW	中频增益 A_{um}

三、思考题

1. 场效应管共源极放大电路的偏置电路与晶体三极管共射级放大电路的偏置电路有何异同点？

2. 场效应管共源极放大电路的源极电阻有何作用？

3. 仿真图中的偏置电路有何优点？

4.2.6　差分放大电路　实验报告

一、实验报告要求

整理实验数据，列表比较实验结果和理论估算值，分析误差原因。

1. 静态工作点和差模电压放大倍数。
2. 典型差分放大电路单端输出时的 K_{CMRR} 实测值与理论值比较。
3. 典型差分放大电路单端输出时的 K_{CMRR} 实测值与具有恒流源的差分放大电路的 K_{CMRR} 实测值比较。

二、实验数据记录与分析

表 4.21　静态工作点的测量

测量值	U_{B1}（V）	U_{C1}（V）	U_{E1}（V）	U_{B2}（V）	U_{C2}（V）	U_{E2}（V）	U_{RE}（V）
计算值	I_C（mA）			I_B（mA）		U_{CE}（V）	

表 4.22　差分放大电路差模电压放大倍数、共模电压放大倍数

参数	典型差分放大电路		具有恒流源的差分放大电路	
	差模单端输入	共模输入	差模单端输入	共模输入
u_i（V）	100mV	1V	100mV	1V
u_{c1}（V）				
u_{c2}（V）				
$A_{ud1} = \dfrac{u_{c1}}{u_{id}}$		/		/
$A_{ud} = \dfrac{u_{od}}{u_{id}}$		/		/
$A_{uc1} = \dfrac{u_{c1}}{u_{ic}}$	/		/	
$A_{uc} = \dfrac{u_{oc}}{u_{ic}}$	/		/	
$K_{CMRR} = \left\|\dfrac{A_{ud1}}{A_{uc1}}\right\|$				

三、思考题

1. 差分放大电路是否可以放大直流信号？

2. 为何要对差分放大电路进行调零？怎样进行静态调零点？用什么仪表测 U_o？

3. 怎样用交流毫伏表测双端输出电压 u_o？

4. 增大或者减小 R_E 的阻值，对输出有什么影响？

4.2.7　差分放大电路仿真　实验报告

一、实验报告要求

1. 整理实验数据，列表比较实验结果和理论估算值，分析误差原因。
2. 比较 u_i，u_{c1} 和 u_{c2} 之间的相位关系。
3. 根据实验结果，总结恒流源的作用。

二、实验数据记录与分析

1. 差分放大电路静态工作点的调试与仿真

表 4.23　放大电路静态工作点仿真结果

三极管	U_B（V）	U_C（V）	U_E（V）	U_{CE}(V)
VT_1				
VT_2				
VT_3				

2. 差分放大电路性能指标仿真

表 4.24　单端输入、差模输出电压及电压增益

单端输入差模增益　输入信号	测量值			测算值		
	U_{C1}	U_{C2}	$U_{O双}$	A_{d1}	A_{d2}	$A_{d双}$
U_P=50mV，f=1kHz						

表 4.25　共模输出电压及电压增益

共模输入　输入信号	测量值			测算值		
	U_{C1}	U_{C2}	$U_{O双}$	A_{c1}	A_{c2}	$A_{c双}$
U_P=1V，f=1kHz						

表 4.26　差模输出电压及电压增益

测量及计算值　输入信号	差模输入					
	测量值			测算值		
	U_{C1}	U_{C2}	$U_{O双}$	A_{d1}	A_{d2}	$A_{d双}$
U_{i1}=+0.1V						
U_{i2}=−0.1V						

表 4.27　共模输出电压、共模电压增益、共模抑制比

测量及计算值 输入信号	共模输入						共模抑制比
	测量值			测量值			计算值
	U_{C1}	U_{C2}	$U_{O双}$	A_{c1}	A_{c2}	$A_{c双}$	K_{CMCC}
U_{i1}=+0.1V							
U_{i2}=-0.1V							

三、思考题

1. 差分放大电路放大直流信号和放大交流信号有何区别？

2. 为何要对差分放大电路进行调零？怎样进行静态调零点？用什么仪表测 U_o？

3. 怎样用交流毫伏表和示波器测量和观测双端输出电压 U_o？

4.2.8 射极跟随器 实验报告

一、实验报告要求

1. 整理实验数据，并画出曲线 $u_L=F(u_i)$ 及 $u_L=F(f)$。
2. 分析射极跟随器的性能和特点。

二、实验数据记录与分析

1. 静态工作点的调整

表 4.28 静态工作点

U_E（V）	U_B（V）	U_C（V）	I_E（mA）

2. 测量电压放大倍数 A_u

表 4.29 电压放大倍数

U_i（V）	U_L（V）	A_u

3. 测量输出电阻 R_o

表 4.30 输出电阻

U_o（V）	U_L（V）	R_o（kΩ）

4. 测量输入电阻 R_i

表 4.31 输入电阻

U_S（V）	U_i（V）	R_i（kΩ）

5. 测试跟随特性

表 4.32 电压跟随特性

U_i（V）	
U_L（V）	

6. 测试频率响应特性

表 4.33 频率特性

f（kHz）	
U_L（V）	

三、思考题

1. 射极跟随器输入输出电阻有什么特点，常用在集成运放的哪些级？

2. 射极跟随器频率特性相比共射极电路有何优点？

4.2.10　OTL 功率放大电路　实验报告

一、实验报告要求

1. 整理实验数据，计算静态工作点、最大不失真输出功率 P_{om}、效率 η 等，并与理论值进行比较。画频率响应曲线。
2. 分析自举电路的作用。
3. 讨论实验中发生的问题及解决办法。

二、实验数据记录与分析

1. 测量静态工作点

表 4.40　各级静态工作点

$I_{C2}=I_{C3}=$＿＿＿＿＿mA　　$U_A=2.5V$

	T_1	T_2	T_3
U_B（V）			
U_C（V）			
U_E（V）			

2. 测量最大输出功率 P_{om} 和效率 η

表 4.41　最大不失真输出功率 P_{om}

	实际测量值		理论计算值	
P_{om}	U_{om}（V）	P_{om}（mW）	U_{om}（V）	P_{om}（mW）

三、思考题

1. 交越失真产生的原因是什么？怎样克服交越失真？

2. 如何将图 4.55 所示的电路改为 OCL 电路（基本元器件不变）？

3. 为什么引入自举电路能够扩大输出电压的动态范围？

4. 电路中电位器 R_{W2} 如果开路或短路，对电路工作有何影响？

5. 为了不损坏输出管，调试中应注意什么问题？

6. 如果电路有自激现象，应如何消除？

4.2.12 负反馈放大电路 实验报告

一、实验报告要求

1. 将基本放大电路和负反馈放大电路动态参数的实测值和理论估算值列表进行比较。

2. 根据实验结果，总结电压串联负反馈对放大电路性能的影响。

二、实验数据记录与分析

1. 测量静态工作点

表 4.44 静态工作点

	U_B（V）	U_E（V）	U_C（V）	I_C（mA）
第一级				
第二级				

2. 测量基本放大电路的各项性能指标

表 4.45 放大电路的增益、输入电阻、输出电阻

基本放大电路	U_S（mV）	U_i（mV）	U_L（V）	U_o（V）	A_u	R_i（kΩ）	R_o（kΩ）
负反馈放大电路	U_S（mV）	U_i（mV）	U_L（V）	U_o（V）	A_{uf}	R_{if}（kΩ）	R_{of}（kΩ）

3. 测量负反馈放大电路的各项性能指标

表 4.46 放大电路上、下限截止频率及带宽

基本放大电路	f_L（kHz）	f_H（kHz）	Δf（kHz）
负反馈放大电路	f_{Lf}（kHz）	f_{Hf}（kHz）	Δf_f（kHz）

4. 观察负反馈对非线性失真的改善

(1) 实验电路改接成基本放大电路形式，在输入端加入 $f=1\text{kHz}$ 的正弦信号，输出端接示波器，逐渐增大输入信号的幅度，使输出波形开始出现失真，记下此时的波形和输出电压的幅度。

(2) 在实验电路中引入负反馈（开关闭合），增大输入信号幅度，使输出电压幅度的大小与(1)相同，比较有负反馈时输出波形的变化。

三、思考题

1. 按如图 4.64 所示的实验电路估算放大电路的静态工作点（取 $\beta_1 = \beta_2 = 100$）。

2. 估算基本放大电路的 A_u、R_i 和 R_o；估算负反馈放大电路的 A_{uf}、R_{if} 和 R_{of}，并验算它们之间的关系。

3. 如按深度负反馈估算，则闭环电压放大倍数 A_{uf} 等于多少？和测量值是否一致？为什么？

4. 如输入信号存在失真，能否用负反馈来改善？

4.2.13　负反馈放大电路仿真　实验报告

一、实验报告要求

1. 将基本放大电路和负反馈放大电路动态参数的实测值和理论估算值列表进行比较。

2. 根据实验结果，总结电压串联负反馈对放大电路性能的影响。

二、实验数据记录与分析

表 4.47　静态工作点

测试参数	U_{B1}（V）	U_{C1}（V）	U_{E1}（V）	I_{C1}（mA）	U_{B2}（V）	U_{C2}（V）	U_{E2}（V）	I_{C2}（mA）
测试值 （开关 K 断开）								
测试值 （开关 K 闭合）								

表 4.48　放大电路的增益、输入电阻、输出电阻

基本放大电路	U_{S}（mV）	U_{i}（mV）	U_{L}（V）	U_{o}（V）	A_{u}	R_{i}（kΩ）	R_{o}（kΩ）
负反馈放大电路	U_{S}（mV）	U_{i}（mV）	U_{L}（V）	U_{o}（V）	A_{uf}	R_{if}（kΩ）	R_{of}（kΩ）

表 4.49　放大电路上、下限截止频率及带宽

基本放大电路	f_{L}（kHz）	f_{H}（kHz）	Δf（kHz）
负反馈放大电路	f_{Lf}（kHz）	f_{Hf}（kHz）	Δf_{f}（kHz）

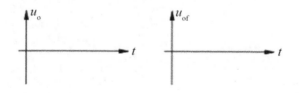

三、思考题

1. 怎样把负反馈放大电路改接成基本放大电路？为什么要把 R_F 并接在输入端和输出端？

2. 估算基本放大电路的 A_u、R_i 和 R_o，估算负反馈放大电路的 A_{uf}、R_{if} 和 R_{of}，并验算它们之间的关系。

3. 如按深度负反馈估算，则闭环电压放大倍数 A_{uf} 等于多少？和测量值是否一致？为什么？

4. 将实物实验所测的负反馈电路各项指标与仿真所测的各项指标进行对比，分析产生误差的原因。

4.2.14　基本模拟运算电路线性应用　实验报告

一、实验报告要求

1. 整理实验数据，画出波形图（注意波形间的相位关系）。
2. 将理论计算结果和实测数据相比较，分析产生误差的原因。
3. 分析讨论实验中出现的现象和问题。

二、实验数据记录与分析

表 4.50　反相比例运算电路的交流测量

U_i（V）	U_o（V）	u_i波形	u_o波形	A_u	
				实测值	计算值
0.1		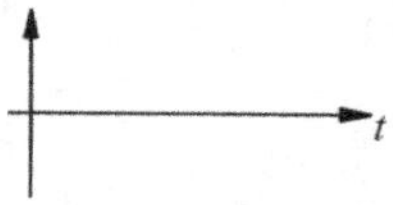	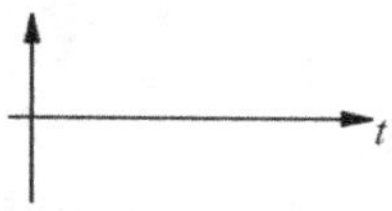		

表 4.51　反相比例运算电路的直流测量

直流输入电压 U_i（V）		0.03	0.2	0.3	1	3
输出电压 U_o（V）	理论估算					
	实测值					
	误差					

表 4.52　同相比例运算电路的测量

U_i（V）	U_o（V）	u_i波形	u_o波形	A_u	
				实测值	计算值
0.1		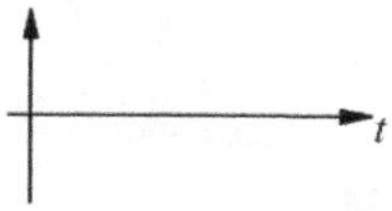	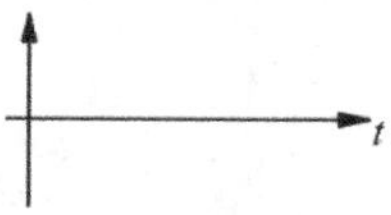		
0.1					

表 4.53　反相加法运算电路的测量

U_{i1}（V）	0.3	−0.3	0.5	−0.5	0.8
U_{i2}（V）	0.2	0.2	−0.2	−0.5	1.0
U_o（V）					

表 4.54　减法运算电路的测量

U_{i1}（V）	1	2	0.2	-0.2	2
U_{i2}（V）	0.5	1.8	-0.2	0.5	1
U_o（V）					

表 4.55　积分运算电路的测量

t（s）	0	5	10	15	20	25	30	……
U_o（V）								

三、思考题

1. 在实验中，不论如何设置集成运算放大器的两个输入端信号电压大小，其输出电压绝对值都一直保持在 10V 左右某个固定的值不变，原因何在？

2. 为了不损坏集成块，实验中应注意什么问题？

4.2.15　基本模拟运算电路线性应用仿真　实验报告

一、实验报告要求

1. 整理实验数据，画出波形图（注意波形间的相位关系）。
2. 将理论计算结果和实测数据相比较，分析产生误差的原因。
3. 分析讨论实验中出现的现象和问题。

二、实验数据记录与分析

1. 电压跟随器

表 4.56　电压跟随器测量

直流输入电压 U_i（V）		-2	-0.5	0	+5	+10
输出电压 U_o（V）	$R_L=\infty$					
	$R_L=5.1k\Omega$					

2. 同相比例运算电路

表 4.57　同相比例运算电路测量

直流输入电压 U_i（mV）		30	200	900	1000	2000
输出电压 U_o（V）	理论估算值					
	实测值					
	误差					

3. 反相比例运算电路

表 4.58　反相比例运算电路测量

直流输入电压 U_i（mV）		30	100	500	1000	2000
输出电压 U_o（V）	理论估算值					
	实测值					
	误差					

输入信号改为 U_{i1}=500mV（峰值），用示波器观察 u_o 和 u_i 波形，比较相位及大小关系，画于自制坐标系中。

4. 反相加法运算电路

表4.59 反相加法运算电路测量

U_{i1}（V）	0.1	0.2	−0.5	0.5	0.5
U_{i2}（V）	−0.5	0.5	1	0.5	1.5
U_o（V）					

5. 减法运算电路

表4.60 减法运算电路测量

U_{i1}（V）	0.1	1.0	−0.5	0.5	0.5
U_{i2}（V）	0.2	0.5	0.5	1.5	2.0
U_o（V）					

6. 积分运算电路

积分运算电路如图4.88所示，信号源分别输入f=100Hz、U_P=2V的正弦信号和方波信号，仿真观察输入输出信号大小及相位关系，测量饱和输出电压及有效积分时间。

三、思考题

1. 同相比例运算电路是否存在"虚地"，为什么？

2. 在积分运算电路中，电路满足线性积分运算关系的条件是什么？

4.2.16 正弦波振荡器 实验报告

一、实验报告要求

1. 总结实验数据，填写表格。
2. 由给定电路参数计算振荡频率，并与实测值比较，分析误差产生的原因。
3. 做出 RC 串并联网络的幅频特性曲线。

二、实验数据记录与分析

1. 无双向二极管稳幅的文氏桥振荡器

表 4.61 无稳幅环节的文氏桥振荡器 U_o 和 f_0 值

测试条件	$R=10\text{k}\Omega$，$C=0.01\mu\text{F}$				$R=10\text{k}\Omega$，$C=0.05\mu\text{F}$			
测试项目	U_o（V）		f_0（kHz）		U_o（V）		f_0（kHz）	
	最大	最小	最高	最低	最大	最小	最高	最低
测量值								

2. 有双向二极管稳幅的文氏桥振荡器

表 4.62 有稳幅环节的文氏桥振荡器 U_o 和 U_f 的有效值

U_o（V）	U_f（V）

表 4.63 有稳幅环节的文氏桥振荡器 U_o 和 f_0 值

测试条件	$R=10\text{k}\Omega$，$C=0.01\mu\text{F}$				$R=10\text{k}\Omega$，$C=0.05\mu\text{F}$			
测试项目	U_o（V）		f_0（kHz）		U_o（V）		f_0（kHz）	
	最大	最小	最高	最低	最大	最小	最高	最低
测量值								

三、思考题

1. 若通电后不起振，应该调整哪些元器件？为什么？

2. 若通电后有输出波形，但出现明显失真，应如何解决？

3. 如何用示波器来测量振荡电路的振荡频率？

4.2.18 有源滤波器 实验报告

一、实验报告要求

1. 整理实验数据，画出各电路的实测幅频特性曲线。
2. 根据实验曲线，计算截止频率、中心频率、带宽及品质因数。
3. 总结有源滤波器的特性。

二、实验数据记录与分析

1. 二阶低通滤波器

表 4.66 二阶低通滤波器幅频特性测量

f（Hz）	
U_o（V）	

2. 二阶高通滤波器

表 4.67 二阶高通滤波器幅频特性测量

f（Hz）	
U_o（V）	

3. 带通滤波器
实测电路的中心频率 $f_0 = $ _____

表 4.68 带通滤波器幅频特性测量

f（Hz）	
U_o（V）	

4. 带阻滤波器
实测电路的中心频率 $f_0 = $ _____

表 4.69 带阻滤波器幅频特性测量

f（Hz）	
U_o（V）	

三、思考题

1. 如何区别低通滤波器的 1 阶和 2 阶电路？它们有何相同点和不同点？它们的幅频特性曲线有什么区别？

2. 在幅频特性曲线的测量过程中，改变信号的频率时，信号的幅值是否也要做相应的改变？为什么？

3. 设计一个中心频率为 300Hz、带宽为 200Hz 的带通滤波器。

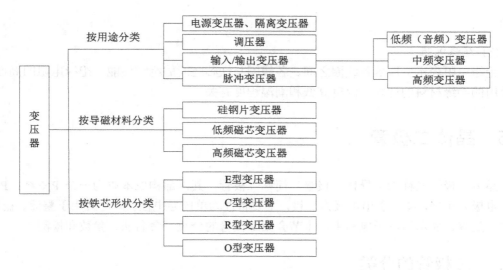

图 1.10　变压器分类

变压器的电路图形符号如图 1.11 所示。

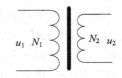

图 1.11　变压器的电路图形符号

3. 变压器的技术参数

(1) 工作频率

变压器铁芯损耗与频率关系很大，故应根据使用频率来设计和使用，这种频率称为工作频率。

(2) 额定功率

额定功率是指在规定的频率和电压下，变压器能长期工作而不超过规定温升的输出功率。

(3) 额定电压

额定电压是指在变压器的线圈上所允许施加的电压，工作时不得大于规定值。

(4) 电压比

电压比是指变压器初级电压与次级电压的比值，有空载电压比和负载电压比的区别。

(5) 空载电流

变压器次级开路时，初级仍有一定的电流，这部分电流称为空载电流。空载电流由磁化电流（产生磁通）和铁损电流（由铁芯损耗引起）组成。对于 50 Hz 电源变压器而言，空载电流基本上等于磁化电流。

(6) 空载损耗

空载损耗是指变压器次级开路时在初级测的功率损耗。主要损耗是铁芯损耗，其次是空载电流在初级线圈铜阻上产生的损耗（铜损），这部分损耗很小。

(7) 效率

效率是指次级功率 P_2 与初级功率 P_1 的比值。通常，变压器的额定功率越大，效率就越高。

(8) 绝缘电阻

绝缘电阻表示变压器各线圈之间、各线圈与铁芯之间的绝缘性能。绝缘电阻的高低与所使用的绝缘材料的性能、温度高低和潮湿程度有关。

1.5 晶体二极管

晶体二极管又称为半导体二极管，简称二极管，其内部构成本质为一个 PN 结，P 端引出电极为正极，N 端引出电极为负极。主要特性为单向导电性。广泛应用于整流、稳压、检波、变容、显示等电子电路中。本节介绍二极管的分类、命名法、参数和检测。

1.5.1 二极管的分类

普通二极管一般有玻璃和塑料两种封装形式，外壳上均印有型号和标记，识别方法很简单：小功率二极管的负极（N 极）在二极管外表大多采用一道色环标识出来，也有的采用符号标志"P""N"来确定二极管的极性。发光二极管的正、负极可通过引脚长短来识别，长脚为正，短脚为负。

二极管的种类很多，按材料不同可分为：锗二极管、硅二极管、砷化镓二极管等；按结构特点不同可分为：点接触型、面接触型、平面型；按用途不同可分为：整流二极管、检波二极管、稳压二极管、变容二极管、开关二极管、发光二极管、光电二极管、隧道二极管等。常用类型二极管所对应的电路图形符号及外形分别如图 1.12 和图 1.13 所示。

(a)普通二极管 (b)隧道二极管 (c)稳压二极管

(d)发光二极管 (e)光电二极管 (f)变容二极管

图 1.12　常用类型二极管的电路图形符号

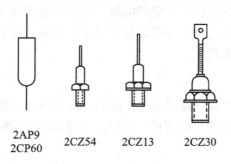

2AP9
2CP60 2CZ54 2CZ13 2CZ30

图 1.13　常用类型二极管的外形

1.5.2　二极管的型号命名法

国产二极管的型号命名由 5 部分组成（部分类型没有第 5 部分），各部分表示意义如表 1.7 所示。例如，"2CP60" 表示 N 型硅材料普通二极管，产品序号为 "60"；"2AP9" 表示 N 型锗材料普通二极管，产品序号为 "9"；"2CW55" 表示 N 型硅材料稳压二极管，产品序号为 "55"。

表 1.7　国产二极管型号命名规定

第 1 部分		第 2 部分		第 3 部分		第 4 部分	第 5 部分
用数字表示器件的电极数		用字母表示器件的材料与极性		用字母表示器件的类别		用数字表示器件的序号	用字母表示器件的规格号
符号	意义	符号	意义	符号	意义	意义	意义
2	二极管	A	N 型锗材料	P	普通管	反映极限参数、直流参数和交流参数等	反映承受反向击穿电压的程度。如规格号为 A、B、C、D 等，其中 A 承受反向击穿电压最低，B 次之，依此类推
		B	P 型锗材料	V	微波管		
		C	N 型硅材料	W	稳压管		
		D	P 型硅材料	Z	整流管		
				N	阻尼管		
				V	光电管		
				K	开关管		

1.5.3　二极管的主要技术参数

不同类型二极管所对应的主要技术参数是有所不同的。具有一定普遍意义的技术参数有以下几个。

1. 额定正向工作电流

额定正向工作电流是指二极管长期连续工作时允许通过的最大正向电流值。因为电流通过二极管时会使管芯发热，温度上升，温度超过容许限度（硅二极管为 140℃左右，锗二极管为 90℃左右）时，就会使管芯因过热而损坏。所以，二极管使用中不要超过二极管额定正向工作电流值。例如，常用的 1N4001~1N4007 型锗二极管的额定正向工作电流为 1 A。

2. 最高反向工作电压

加在二极管两端的反向电压高到一定值时，会将管子击穿，使其失去单向导电能力。为了保证使用安全，规定了最高反向工作电压值。例如，1N4001 二极管反向耐压为 50 V，1N4007 反向耐压为 1000V。

3. 反向电流

反向电流是指二极管在规定的温度和最高反向电压作用下流过二极管的反向电流。反向电流越小，则二极管的单方向导电性能越好。值得注意的是，反向电流与温度有着密切的关系，温度每升高 10℃，反向电流大约增大 1 倍。例如 2AP1 型锗二极管，在 25℃时反向电流为 250 μA，温度升高到 35℃，反向电流将上升到 500 μA；依此类推，在 75℃时，它的反向电流已达 8mA，不仅失去了单方向导电能力，还会使二极管因过热而损坏。又如 2CP10 型硅二极管，25℃时反向电流仅为 5μA，温度升高到 75℃时，反向电流也不过 160 μA。因此，在高温下，硅二极管比锗二极管具有更好的稳定性。

1.5.4　二极管的检测

1．二极管的极性判别与性能检测

根据二极管的单向导电性，可用机械式指针偏转模拟万用表的欧姆挡（R×1kΩ 或 R×100Ω 挡）检测二极管的极性及性能好坏。具体检测方法如图 1.14 所示：将万用表的两支表笔任意接触二极管的两个引脚，读取阻值，然后调换两支笔的位置再次读取阻值。对于性能完好的二极管而言，两次测量的阻值应相差很大，阻值大的称为二极管的反向电阻，阻值小的称为二极管的正向电阻。通常，硅二极管的正向电阻约为数百欧至数千欧，反向电阻在几兆欧以上；锗二极管的正向电阻约为数十欧至数百欧，反向电阻在几百千欧以上。若实测的反向电阻阻值很小，表明二极管已被反向击穿；若实测的正、反向电阻阻值均为 ∞，则表明二极管内部已断路；若实测的正、反向电阻阻值相差不大，即有一个阻值偏离正常值，则表明二极管性能不良，不宜选用。这种测试方法还可以用来判断一个性能完好的二极管的正、负极。

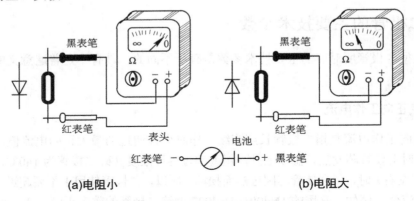

(a)电阻小　　　　　　　　　　　　　　(b)电阻大

图 1.14　二极管的极性判别和性能检测方法

测试注意事项：用数字式万用表测二极管时，红表笔接二极管的正极，黑表笔接二极管的负极，此时测得的阻值才是二极管的正向导通阻值，这与指针式万用表的表笔接法刚好相反。

2．稳压二极管

稳压二极管又称为齐纳二极管，有玻璃封装、塑料封装和金属外壳封装 3 种形式，它的电路图形符号如图 1.12(c)所示。稳压二极管的稳压原理是：被反向击穿后，两端的电压基本保持不变。这样，当把稳压二极管接入电路后，若由于电源电压发生波动或其他原因造成电路中各点电压变动，负载两端的电压将基本保持不变。常见型号稳压二极管对应的稳压值见表 1.8。

表 1.8　常见型号稳压二极管对应的稳压值

型号	1N4728	1N4729	1N4730	1N4731	1N4733	1N4734	1N4735	1N4744	1N4750	1N4751	1N4761
稳压值	3.3V	3.6V	3.9V	4.3V	5.1V	5.6V	6.2V	15V	27V	30V	75V

与普通二极管相比，稳压二极管被反向击穿后，反向特性曲线更陡直。其检测方法与普通二极管一致。应用电路为反向接法且串接分压限流电阻。应用电路的故障主要表现为开路、短路和稳压值不稳定 3 种情况。开路故障表现为电源电压升高，后两种故障表现为电源电压变低到 0V 或输出不稳定。

1.6　晶体三极管

晶体三极管又称为双极型晶体管或半导体三极管，简称晶体管或三极管，在模拟电子电路中主要作为放大管来应用。

1.6.1　三极管的分类

三极管按结构分为点接触型和面接触型；按材料分为硅管和锗管；按工作频率分为低频管、高频管；按功率大小分为大功率、中功率和小功率 3 类；按功能和用途分为放大管、开关管、低噪管、高反压管；按封装形式分为金属封装和塑料封装两种；按内部半导体极性结构的不同分为 NPN 型和 PNP 型，这两种类型的三极管的电路图形符号如图 1.15 所示，表征字母为"T"。图 1.16 所示的为常见三极管的外形。

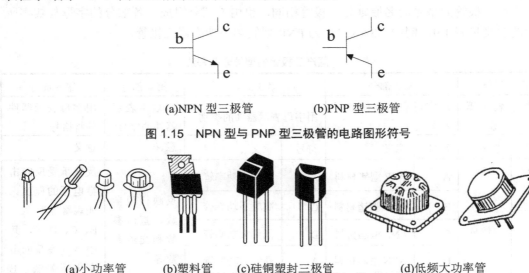

(a)NPN 型三极管　　　　(b)PNP 型三极管

图 1.15　NPN 型与 PNP 型三极管的电路图形符号

(a)小功率管　　(b)塑料管　　(c)硅铜塑封三极管　　　　(d)低频大功率管

图 1.16　三极管的外形

通常，可根据三极管壳上的符号辨别它的型号和类别。如 3DG4，表明它是 NPN 型高频小功率硅三极管。另外，要准确地了解一只三极管的类型、性能与参数，可用专门的测量仪器进行测试，但要粗略判别三极管的类型和管脚可直接通过三极管的型号简单判别。图 1.17 所示的为典型三极管的管脚排列。

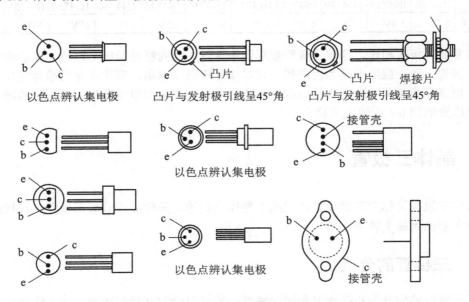

图 1.17　典型三极管的管脚排列

1.6.2　三极管的型号命名法

国产三极管的型号命名原则与二极管相同，也由 5 部分组成，各部分的字母与数字所表示的意义见表 1.9。例如，3AX31A 为 PNP 型低频小功率锗三极管。

表 1.9　国产三极管的型号命名方法

第 1 部分		第 2 部分		第 3 部分		第 4 部分	第 5 部分
用数字表示器件的电极数		用字母表示器件的材料与极性		用字母表示器件的类别		用数字表示器件的序号	用字母表示器件的规格号
符号	意义	符号	意义	符号	意义	意义	意义
3	三极管	A	PNP 型锗材料	X	低频小功率管	反映极限参数、直流参数和交流参数等	反映承受反向击穿电压的程度。如规格号为 A、B、C、D 等，其中 A 承受反向击穿电压最低，B 次之，依此类推
		B	NPN 型锗材料	G	高频小功率管		
		C	PNP 型硅材料	D	低频大功率管		
		D	NPN 型硅材料	A	高频大功率管		
		E	化合物材料				

1.6.3　三极管的主要技术参数

1. 电流放大系数

共射极电流放大系数包括直流电流放大系数 h_{FE} 和交流电流放大系数 β 两个参数，分别定义为：

$$h_{FE} = \frac{I_C - I_{CEO}}{I_B} \approx \frac{I_C}{I_B}$$

$$\beta = \frac{\Delta I_C}{\Delta I_B}$$

显然，这两个参数所表征的意义并不相同，h_{FE} 反映的是三极管共射电路在静态时集电极电流与基极电流的近似比，一般的机械指针式万用表或数字式万用表均可直接测得此参数值；β 则反映三极管共射电路在动态状态下的电流放大特性。但由于两者的取值较为接近，因此在实际应用中，一般视为同一参数，以 β 来表示。

2. 极间反向电流

三极管极间反向电流包括两个参数：集电极-基极反向饱和电流 I_{CBO} 和集电极-发射极反向饱和电流 I_{CEO}。I_{CBO} 表示当 e 极开路时，c、b 极间加上一定反向电压时产生的反向电流；I_{CEO} 表示当 b 极开路时，c、e 极间加上一定反向电压时产生的反向电流。两者都是衡量三极管质量的重要参数，值越小越好。而且，由于 I_{CEO} 比 I_{CBO} 数值大得多，测量比较容易，因此平时大多测量 I_{CEO}，并以此作为判断三极管质量优劣的重要依据。小功率锗管的 I_{CEO} 约为几十微安至几百微安，硅管的在几微安以下。I_{CEO} 是随环境温度的变化而变化的，所以 I_{CEO} 值大的三极管比 I_{CEO} 值小的三极管的性能稳定性要差。

3. 极限参数

三极管的极限参数包括：最大集电极电流 I_{CM}、最大集电极耗散功率 P_{CM} 及极间反向击穿电压 U_{CBO}、U_{CEO}、U_{EBO}。I_{CM} 是指三极管的参数变化不超过允许值时集电极允许通过的最大电流，当实际流经电流超过此电流值时，三极管性能会显著下降。P_{CM} 表示集电结上允许损耗的最大功率，当超过此值时，三极管性能会明显变差，甚至被烧毁。U_{CBO} 是 e 开路时，c、b 间的反向击穿电压，这是集电结所允许施加的最高反向电压；U_{CEO} 是 b 开路时，c、e 极间的反向击穿电压，此时集电结承受的是反向电压；U_{EBO} 是 c 开路时，e、b 极间的反向击穿电压，这是发射结所允许施加的最高反向电压。

1.6.4　三极管的检测

1. 类型、引脚判断

除了直接通过三极管的型号简单判断三极管的类型和管脚外，也可以利用万用表测量进行判断。三极管的引脚排列可借助机械式万用表的欧姆挡进行判断。

(1) 基极和三极管类型的判别

将万用表欧姆挡置为 R×100Ω 或 R×1kΩ 挡，先假设某电极为基极，将黑表笔与该电极稳定相接，将红表笔分别与另外的两个引脚相接，如图 1.18 所示，若两次测得的阻值均很大或很小，则假设正确，黑表笔所接电极为基极。若两次测得的阻值一大一小，则需要将黑表笔换接另一个引脚，直至两次测得的阻值均很大或很小。若两次测得的阻值均很大，则三极管为 PNP 型；若两次测得的阻值均很小，则三极管为 NPN 型。

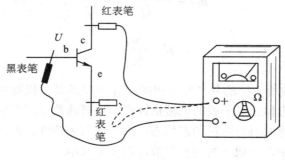

图 1.18 基极的判别

(2) 集电极和发射极的判别

在上面已判断出基极和三极管类型的基础上，可继续判断三极管的集电极和发射极，具体方法为：选用欧姆挡的 R×1kΩ 挡，若被测的三极管为 NPN 型，如图 1.19 所示，先假定一个引脚为集电极，接黑表笔，另一个引脚为发射极，接红表笔，然后用手捏一下基极和集电极（注意不要将两极直接相碰，为使测量现象明显，可将手指湿润一下，相当于在b、c 之间通过人体接入偏置电阻），并注意观察指针向右摆动的幅度，对调后再观察指针向右摆动的幅度，两次中摆幅较大者，假设极性与实际情况相符。若被测的三极管为 PNP 型，先假定一个引脚为集电极，接红表笔，另一个引脚为发射极，接黑表笔，然后用手捏一下基极和集电极（注意不要将两极直接相碰），并注意观察指针向右摆动的幅度，对调后再观察指针向右摆动的幅度，两次中摆幅较大者，假设极性与实际情况相符。

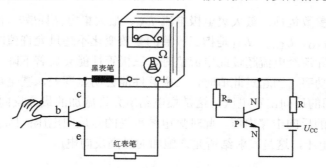

图 1.19 集电极和发射极的判别

2. 性能测试

通过万用表测量三极管的 I_{CEO}、h_{FE} 或者三极管各极间电阻，可以对其性能的优劣有基本的判断与把握。具体方法如下：令三极管的基极处于开路状态，用万用表测其集电极与发射极间的阻值，实测阻值应接近∞，即看不出表针的摆动。若实测阻值较小，则表明 I_{CEO} 值较大，此三极管的性能及其稳定性较差，一般不宜选用。若实测阻值接近于 0，则表明三极管的集电极与发射极之间已被击穿。一般情况下，锗管和中功率管的阻值应在 20 kΩ 以上，硅管的阻值应大于 10kΩ。

h_{FE} 参数可直接通过万用表的 "h_{FE}" 挡进行测量读数。

此外，通过测量三极管极间电阻的大小，也可判断三极管质量的好坏。在测量时，要注意量程的选择变换，以免产生误判或损坏三极管。在测小功率管时，应选用 R×1kΩ 或 R×100Ω 挡，而不能选用 R×1Ω 或 R×10 kΩ 挡，原因在于前者电流较大，后者电压较高，都有可能造成三极管的损坏。在测大功率管时，则应选用 R×1Ω 或 R×10 kΩ 挡，原因在于它的正、反向电阻均较小，选用其他挡位易发生误判。对于质量良好的中、小功率三极管，基极与集电极、基极与发射极之间的正向电阻一般为几百欧到几千欧。其余的极间电阻都很高，约为几百千欧。硅三极管的极间电阻要比锗三极管的极间电阻高。

注意，利用万用表检测中、小功率三极管的极性、管型及性能的各种方法，对检测大功率三极管来说基本上适用。但是，由于大功率三极管的工作电流比较大，因而其 PN 结的面积也较大；PN 结较大，其反向饱和电流也必然增大。若像测量中、小功率三极管极间电阻那样，使用万用表的 R×1kΩ 挡测量，测得的阻值必然很小，所以通常使用 R×10Ω 或 R×1Ω 挡测量大功率三极管。

1.7 场效应晶体管

场效应晶体管又称为单极型晶体管，简称场效应管。它的内部基本构成也是 PN 结，是一种通过电场效应实现电压对电流进行控制的新型三端电子元器件，其外部电路特性与三极管相似。本节介绍场效应晶体管的分类、参数、检测和使用注意事项。

1.7.1 场效应晶体管的分类

场效应晶体管根据内部构成特点的不同进行分类，主要分为结型场效应晶体管和金属-氧化物-半导体场效应晶体管（通常简称为 MOS 管）两种类型。根据工作原理的不同，结型场效应晶体管又分为 N 沟道和 P 沟道两种类型，图形符号见图 1.20。MOS 管也有 N 沟道和 P 沟道两种类型，但每一类又分为增强型和耗尽型两类，因此 MOS 管有 4 种具体类型：N 沟道增强型 MOS 管、P 沟道增强型 MOS 管、N 沟道耗尽型 MOS 管、P 沟道耗尽型 MOS 管，图形符号见图 1.21。

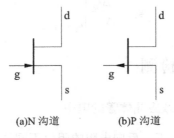

(a)N 沟道   (b)P 沟道

图 1.20 结型场效应晶体管符号

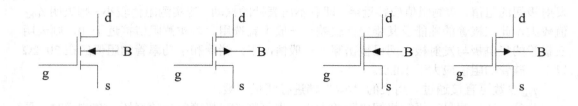

(a)N 沟道增强型 MOS 管　　(b) P 沟道增强型 MOS 管　　(c)N 沟道耗尽型 MOS 管　　(d)P 沟道耗尽型 MOS 管

图 1.21　MOS 管符号

1.7.2　场效应晶体管的主要技术参数

场效应晶体管的主要技术参数可分为直流参数和交流参数两大类，主要参数如下。

1. 夹断电压 U_P 和开启电压 U_T

夹断电压 U_P 一般是对结型场效应晶体管和耗尽型 MOS 管而言的，当其栅源之间的反向电压 U_{GS} 增加到一定值后，不管漏源电压 U_{DS} 大小，都不存在漏电流 I_D。这个使漏电流 I_D 开始为 0 的电压称为夹断电压。

开启电压 U_T 一般是对增强型 MOS 管而言的，表示开始出现漏电流 I_D 的栅源电压值。对于 N 沟道增强型 MOS 管，开启电压 U_T 为正值；对于 P 沟道增强型 MOS 管，开启电压 U_T 为负值。

2. 饱和漏电流 I_{DSS}

饱和漏电流 I_{DSS} 是指当栅源电压值为 0 且漏源电压值足够大时，漏电流的饱和值。

3. 栅电流 I_G

当栅极加上一定反向电压时，会有极小的栅极电流，即栅电流 I_G，此电流值越小，表明场效应晶体管的输入阻抗越高。

4. 跨导 g_m

在 U_{DS} 为定值的条件下，漏极电流变化量与引起这个变化的栅源电压变化量之比，称为跨导或互导，单位是西[门子]（S），表达式为：

$$g_m = \frac{\Delta i_D}{\Delta u_{GS}}\bigg|_{U_{DS}=\mathrm{constant}}$$

1.7.3　场效应晶体管的检测

1. 用测电阻法判别结型场效应晶体管的电极

根据场效应晶体管的 PN 结正、反向电阻的阻值不同的现象，可以判别出结型场效应晶体管的 3 个电极。具体方法是：将万用表拨在 R×1 kΩ 挡上，任选两个电极，分别测出其正、反向电阻的阻值。当某两个电极的正、反向电阻的阻值相等且为几千欧时，这两个电极分别是漏极 d 和源极 s。因为对结型场效应晶体管而言，漏极和源极可互换，所以剩下的电极肯定是栅极 g。也可以将万用表的黑表笔（红表笔也行）任意接触一个电极，另一支表笔依次接触其余的两个电极，测其阻值。当出现两次测得的阻值近似相等时，则黑表笔所接触的电极为栅极，其余两个电极分别为漏极和源极。若两次测出的阻值均很大，说明是反向 PN 结，即都是反向电阻，可以判定是 N 沟道场效应晶体管，且黑表笔接的是栅极；若两次测出的阻值均很小，说明是正向 PN 结，即都是正向电阻，可以判定为 P 沟道场效应晶体管，黑表笔接的也是栅极。若不出现上述情况，可以调换黑、红表笔，按上述方法进行测试，直到判别出栅极为止。

2. 用测电阻法判别场效应晶体管的好坏

测电阻法是用万用表测量场效应晶体管的源极与漏极、栅极与源极、栅极与漏极、栅极 g_1 与栅极 g_2 之间的电阻的阻值并看其与场效应晶体管手册标明的阻值是否相符，以此来判别场效应晶体管的好坏。具体方法是：首先将万用表置于 R×10Ω 挡或 R×100Ω 挡，测量源极 s 与漏极 d 之间的电阻，通常在几十欧到几千欧范围（从手册中可知，各种不同型号的场效应管，其阻值是各不相同的）。如果测得的阻值大于正常值，可能是内部接触不良；如果测得的阻值是∞，可能是内部断路。然后，把万用表置于 R×10kΩ 挡，再测栅极 g_1 与 g_2 之间、栅极与源极、栅极与漏极之间的电阻的阻值，当测得的各项阻值均为∞时，说明场效应晶体管是正常的；若测得的上述各阻值太小或为通路，则说明场效应晶体管是坏的。要注意，若两个栅极在场效应晶体管内断极，可用元件代换法进行检测。

3. 用感应信号输入法估测场效应晶体管的放大能力

具体方法是：将万用表置于 R×100Ω 挡，红表笔接源极 s，黑表笔接漏极 d，给场效应晶体管加上 1.5V 的电源电压，此时表针指示出漏源极间的电阻的阻值；然后用手捏住结型场效应晶体管的栅极 g，将人体的感应电压信号加到栅极上，这样，由于场效应晶体管的放大作用，漏源电压 U_{DS} 和漏电流 I_D 都会发生变化，也就是漏源极间电阻发生了变化，由此可以观察到表针有较大幅度的摆动；如果手捏栅极表针摆动较小，说明场效应晶体管的放大能力较差；表针摆动较大，说明场效应晶体管的放大能力较好；若表针不动，说明场效应晶体管是坏的。

测试举例：用万用表的 R×100Ω 挡测结型场效应晶体管 3DJ2F。首先将场效应晶体管的 g 极开路，测得漏源电阻 R_{DS} 为 600Ω，用手捏住 g 极后，表针向左摆动，指示的电阻 R_{DS} 为 12 kΩ。表针摆动的幅度较大，说明该场效应晶体管是好的，并有较好的放大能力。

应用这种方法时要注意以下几点：首先，在测试场效应晶体管过程中，用手捏住栅极时，万用表表针可能向右摆动（阻值减小），也可能向左摆动（阻值增加）。这是由于人体感应的交流电压较高，而不同的场效应晶体管用欧姆挡测量时的工作点可能不同（工作在饱和区或者非饱和区）所导致的。实验表明，多数场效应晶体管的 R_{DS} 增大，即表针向左摆动；少数场效应晶体管的 R_{DS} 减小，即表针向右摆动。但无论表针摆动方向如何，只要表针摆动幅度较大，就说明场效应晶体管有较好的放大能力。其次，此方法对 MOS 管也适用。但要注意，MOS 管的输入电阻高，栅极 g 允许的感应电压不应过高，所以不要直接用手去捏栅极，必须用手握螺丝刀的绝缘柄，用金属杆去碰触栅极，以防止人体感应电荷直接加到栅极，引起栅极击穿。再次，每次测量完毕，应当将 g-s 极间短路一下，这是因为 g-s 结电容上会充有少量电荷，建立起 U_{GS} 电压，造成再进行测量时表针可能不动。

4．用测电阻法判别无标志的场效应晶体管

首先用测量电阻的方法找出两个有阻值的引脚，也就是源极 s 和漏极 d，剩余的两个引脚为第 1 栅极 g_1 和第 2 栅极 g_2。把先用两支表笔测得的源极 s 与漏极 d 之间的阻值记下来，对调表笔再测量一次，把测得的阻值记下来，两次测得的阻值较大的一次，黑表笔所接的电极为漏极 d，红表笔所接的电极为源极 s。用这种方法判别出的 s、d 极，还可以用估测其场效应晶体管的放大能力的方法进行验证，即放大能力好的黑表笔所接的是 d 极，红表笔所接的是 s 极。两种方法的检测结果应一样。当确定了漏极 d、源极 s 的位置后，按 d、s 极的对应位置装入电路，一般 g_1、g_2 也会依次对准位置，这就确定了两个栅极 g_1、g_2 的位置，从而就确定了 d、s、g_1、g_2 引脚的顺序。

5．通过测反向阻值的变化判别跨导的大小

测量 N 沟道增强型 MOS 管的跨导性能时，可用红表笔接源极 s、黑表笔接漏极 d，这就相当于在源、漏极之间加了一个反向电压。此时栅极是开路的，MOS 管的反向阻值是很不稳定的。将万用表拨在 $R \times 10k\Omega$ 挡，此时表内电压较高。当用手接触栅极 g 时，会发现 MOS 管的反向阻值有明显变化，其变化越大，说明 MOS 管的跨导越大；如果被测 MOS 管的跨导很小，用此法测量时，反向阻值变化不大。

1.7.4 场效应晶体管的使用注意事项

(1) 为了安全使用场效应晶体管，在电路设计中不能超过场效应晶体管的耗散功率、最大漏源电压、最大栅源电压和最大电流等参数的极限值。

(2) 各类型场效应晶体管在使用时，都要严格按要求的偏置接入电路中，要遵守场效应晶体管偏置的极性。如结型场效应晶体管栅源漏之间是 PN 结，N 沟道管栅极不能加正偏压，P 沟道管栅极不能加负偏压，等等。

(3) MOS 管由于输入阻抗极高，所以在运输、保存中必须将引脚短路，用金属屏蔽包装，以防外来感应电势将栅极击穿。尤其要注意，不能将 MOS 管放入塑料盒内，保存时最好放在金属盒内，同时也要注意防潮。

(4) 为了防止场效应晶体管栅极感应击穿，要求一切测试仪器、工作台、电烙铁、电路本身都必须有良好的接地；引脚在焊接时，先焊源极；在连入电路之前，场效应晶体管的全部引线端保持互相短接状态，焊接完后再把短接材料去掉；从元器件架上取下场效应晶体管时，应以适当的方式确保人体接地，如采用接地环等；当然，如果采用先进的气热型电烙铁，焊接场效应晶体管是比较方便的，并且能够保证安全；在未断开电源时，绝对不可以把场效应晶体管插入电路或从电路中拔出。以上安全措施在使用场效应晶体管时必

须注意。

(5) 在安装场效应晶体管时，安装的位置要尽量避免靠近发热元件；为了防止场效应晶体管振动，有必要将管壳体紧固起来；在弯曲引脚时，应当在大于根部尺寸 5mm 处进行，以防止弯断引脚和引起漏气等。对于功率型场效应晶体管，要有良好的散热条件，因为功率型场效应晶体管在高负荷条件下运用，所以必须设计足够的散热器，确保壳体温度不超过额定值，从而使场效应晶体管长期、稳定、可靠地工作。

1.8　半导体模拟集成电路

集成电路（IC，Integrated Circuit）是在半导体制造工艺的基础上，把整个电路中的元器件制作在一块硅基片上，构成具有特定功能的电子电路，它的体积小，性能好。按其功能可分为模拟集成电路和数字集成电路。

1.8.1　模拟集成电路基础知识

模拟集成电路用来产生、放大和处理各种模拟电信号。相对于数字集成电路和分立元件电路，模拟集成电路具有以下几个特点：

(1) 电路处理的是连续变化的模拟量电信号，除输出级外，电路中的信号电平值较小，集成电路内的器件大多工作在小信号状态；

(2) 信号的频率范围通常可以从直流一直延伸至高频段；

(3) 模拟集成电路在生产中采用多种工艺手段，其制造技术一般比数字集成电路复杂；

(4) 除了应用于低压电器中的电路，大多数模拟集成电路的电源电压较高；

(5) 与分立元件电路相比，模拟集成电路具有内繁外简的电路特点，内部构成电路复杂，外部应用方便，外接电路元件少，电路功能更加完善。

模拟集成电路按其功能可分为线性集成电路、非线性集成电路和功率集成电路。

线性集成电路包括运算放大器、直流放大器、中频放大器、高频（宽频）放大器、稳压器、专用集成电路等，非线性集成电路包括电压比较器、A/D 转换器、D/A 转换器、读出放大器、调制-解调器、变频器、信号发生器等，功率集成电路包括音频功率放大器、射频发射电路、功率开关、变化器、伺服放大器等。

上述模拟集成电路的上限工作频率均在 300MHz 以下，300MHz 以上的称为微波集成电路。

1.8.2　集成运算放大器

集成运算放大器简称为集成运放，实质上是一种集成化的直接耦合式高放大倍数的多级放大器。当给其配置上适当的负反馈电路后，能对信号进行加、减、乘、除、积分、微分、指数、对数等运算，它是模拟集成电路中应用最广泛的一种。集成运放的电路图形符号如图 1.22 所示。

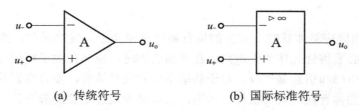

(a) 传统符号   (b) 国际标准符号

图 1.22　集成运放的电路图形符号

集成运放的封装形式（外形）有圆壳式、双列直插式、扁平式、贴片式 4 种。

不同特性和类型的集成运放内部电路按其对应的功能，均可分为输入级、中间级、输出级、偏置电路 4 部分。

1．集成运放的类型

(1) 按供电方式，分为双电源供电（正负对称型、正负不对称型）、单电源供电。

(2) 按内部集成度，分为单运放、双运放、四运放。

(3) 按制作工艺，分为双极型（**TTL** 型）、单极型（**CMOS** 型）、BiMOS 型。

(4) 按工作原理，分为电压放大型、电流放大型、跨导型（电压变电流）、互阻型（电流变电压）。

(5) 按可控性，分为可变增益运放、选通控制运放（输入切换运放）。

(6) 按适用范围，分为通用型、特殊型、专用型。

(7) 特殊型按性能指标的侧重点，分为高阻型、高速型、高精度型、低功耗型、高压型和大功率型等。

2．集成运放的主要性能参数

(1) 开环差模增益 A_{od}

指开环状态下对差模信号的放大倍数，即

$$A_{od} = \frac{u_o}{u_P - u_N}$$

此值越大越好，通常数值较大，可达几十万。

(2) 开环共模增益 A_{oc}

指开环状态下对共模信号的放大倍数。此值越小越好。

(3) 共模抑制比 K_{CMR}

开环差模增益与开环共模增益之比的绝对值称为共模抑制比，即

$$K_{CMR} = \left| \frac{A_{od}}{A_{oc}} \right|$$

此值越大越好。

(4) 差模输入电阻 R_{id}

指集成运放在差模信号作用下输入端的等效电阻。此值越大，说明集成运放从信号源

索取的电流越小。

(5) 共模输入电阻 R_{ic}

指集成运放两个输入端并联时对地的电阻。对于三级管做输入级的集成运放来说，R_{ic} 通常比 R_{id} 高两个数量级左右。对于采用场效应晶体管做输入级的集成运放来说，R_{ic} 和 R_{id} 数值相当。

(6) 最大共模输入电压 U_{icmax}

指集成运放输入级在正常放大差模信号情况下允许输入的最大共模信号电压。若输入的共模信号电压高于此值，则集成运放不能对差模信号进行放大。

(7) 最大差模输入电压 U_{idmax}

当集成运放所加差模信号大到一定程度时，输入级至少有一个 PN 结承受反向电压，此参数值是不至于使 PN 结反向击穿所允许的最大差模输入电压。当输入的差模电压高于此值时，集成运放的输入级将损坏。

(8) 最大输出电压 U_{omax}

指集成运放在输出信号没有发生明显失真变形情况下所对应的最大输出电压，其取值与集成运放的工作电源的压值大小密切相关，略低于其工作电源压值。

3. 选择使用集成运放的根据及其注意事项

在选择集成运放时应从信号源的性质、负载的性质、精度的要求、环境条件、性价比等 5 个方面加以综合考虑。

在使用集成运放时应注意以下事项。

(1) 明确集成运放的引脚排列和对应功能，掌握引脚的基本接法。

(2) 可用万用表 R×100Ω 挡或 R×1kΩ 挡检测引脚有无短路、断路现象，必要时可采用专用设备测试集成运放的主要参数。

(3) 调零或调整偏置电压。对于内部无自动稳零措施的集成运放，需外加调零电路，使之在输入信号为 0 时输出也为 0。

(4) 消除自激振荡。为防止集成运放应用电路产生自激振荡，应在集成运放的电源端加上去耦电容，有的电路需要外接频率补偿电容。

(5) 应采取对应的保护措施。集成运放在使用过程中常见的损坏原因和对应的保护措施如下：

1) 防止输入差模信号过大，PN 结被反向击穿损坏，保护措施见图 1.23(a)；

2) 防止输入共模信号过大，电路不能对差模信号进行放大，保护措施见图 1.23(b)；

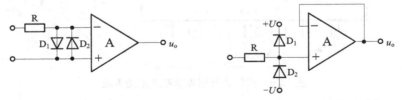

(a) 防止输入差模信号过大　　　　　(b) 防止输入共模信号过大

图 1.23　集成运放输入端保护措施

3) 防止工作电源电压极性接反或电压值过高，保护措施见图 1.24；

4) 防止输出端直接接地或接电源，导致输出级功耗过大而损毁，一般在集成运放输出端与负载之间加稳压限幅电路，见图 1.25。

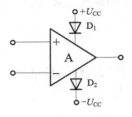

图 1.24　防止工作电源电压极性接反

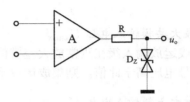

图 1.25　输出端稳压限幅保护电路

1.8.3　集成电路的检测

要对集成电路做出正确判断，首先要了解该集成电路的用途、内部结构原理、主要电气特性等，必要时还要分析内部电路原理图；此外，如果可获得该集成电路各引脚对地直流电压波形、对地正反向直流阻值，则会为检测前进行判断提供更有利的条件。然后，按故障现象判断其部位，再按部位查找故障元器件。有时需要多种判断方法证明元器件是否确属损坏。集成电路的检测方法一般有三种：非在路检测法、在路检测法、排除与代换法。

1．非在路检测法

非在路检测法是在集成电路未焊入电路（或与外围电路完全脱开）时对其进行检测的方法。通过用指针式万用表测量集成电路各引脚与接地引脚之间的正、反向电阻的阻值，或者用数字万用表测量集成电路各引脚与接地引脚之间的正、反向压降值，判断其是否正常。

(1) 测量方法

如图 1.26 所示，将指针式万用表置于 R×1kΩ 挡（或 R×100Ω、R×10Ω 挡）上，保持红表笔接集成电路的接地引脚（GND）不变，然后用黑表笔依次接触其他引脚，分别测出并记录下各引脚对接地引脚的阻值，得到一组正向电阻。

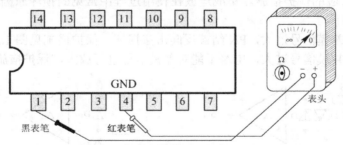

图 1.26　指针式万用表非在路测量电阻

现在互换两支表笔，黑表笔保持接集成电路的接地引脚不变，然后用红表笔依次接触其他引脚，分别测出并记录下各引脚对接地引脚的阻值，得到一组反向电阻。

再用同样的方法测出同型号的正常集成电路的各引脚对地电阻。

(2) 判断原则

将被测集成电路和正常集成电路各引脚对地正、反向电阻一一对照，如果两者完全相同，则说明被测集成电路正常；如果有引脚电阻差距很大，则说明被测集成电路损坏。另外，对某一集成电路而言：

1) 若正、反向电阻的阻值不相等，可以判断集成电路基本完好。

2) 若正、反向电阻的阻值相等，集成电路可能性能变差或者损坏。

3) 若正、反向电阻的阻值都为 0，该两极极间可能短路。

4) 若正、反向电阻的阻值都为无穷大，该两极极间可能开路。

(3) 注意事项

在测量各引脚电阻时，最好用同一挡位，如果因某引脚电阻过大或过小难以观察而需要更换挡位，则测量正常集成电路的该引脚电阻时也要换到该挡位。这是因为集成电路内部大部分是半导体元器件，不同欧姆挡所提供的电流不同，对于同一引脚，使用不同欧姆挡测量内部元器件导通程度有所不同，故不同的欧姆挡测同一引脚得到的阻值可能有一定的差距。

采用非在路测量电阻法判别集成电路好坏比较准确，并且对大多数集成电路都适用，其缺点是检测时需要找一个同型号的正常集成电路作为对照，解决这个问题的方法是平时多测量一些常用集成电路的开路电阻数据，以便以后检测同型号集成电路时作为参考。另外，也可查阅一些资料来获得这方面的数据，图 1.27 显示的是一种常用的内部有四个运算放大器的集成电路——LM324，表 1.10 中列出了其开路电阻数据，测量使用的是 VC890C+数字万用表 20MΩ 挡，表中有两组数据，一组为红表笔接 11 引脚（接地引脚）、黑表笔接其他各引脚测得的数据；另一组为黑表笔接 11 引脚、红表笔接其他各引脚测得的数据。在检测 LM324 时，也应使用数字万用表的 20MΩ 挡，再将实测的各引脚数据与表中数据进行对照来判别所测集成电路的好坏。

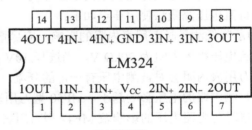

(a)外形图　　　　　　　　　　　(b)引脚图

图 1.27　通用四运放 LM324

表 1.10　LM324 开路电阻

引脚 项目	1	2	3	4	5	6	7	8	9	10	11	12	13	14
红表笔接 11 引脚（kΩ）	6.89	8.16	8.16	6.09	8.16	8.16	6.89	6.85	8.05	8.05	0	8.05	8.05	6.85
黑表笔接 11 引脚（kΩ）	∞	∞	∞	9.98	∞	∞	∞	∞	∞	∞	0	∞	∞	∞

（4）集成电路测试仪

条件较好的实验室还可以购置专用的集成电路测试仪来完成集成电路的检测工作，这样使用起来更有保证。集成电路测试仪分为功能测试仪和参数测试仪两种类型，一般实验室的集成电路测试仪为功能测试仪。图 1.28 显示的是中国台湾固纬电子公司生产的 GUT-6000B 集成电路测试仪，可以测量引脚数不超过 28 个的 1800 种集成电路，支持 54/74 系列 TTL 及 4000 和 5000 系列 CMOS，可实现循环测试、自动搜寻和自我诊断，并具有过载保护功能。使用时只需将集成电路插入芯片底座，并进行适当设置，即可测试芯片功能是否完好。

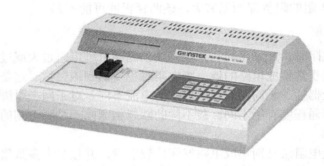

图 1.28　集成电路测试仪 GUT-6000B

2. 在路检测法

在路检测法是指在集成电路与其他电路连接时检测集成电路的方法。

（1）在路直流电压测量法

在路直流电压测量法是在通电的情况下，用万用表直流电压挡测量集成电路各引脚对地电压，再与参考电压进行比较来判断故障的方法。

在路直流电压测量法使用要点如下：

1）为了降低测量时万用表内阻的影响，应尽量使用内阻高的万用表。例如，MF47 型万用表直流电压挡的内阻为 20kΩ/V，当选择 10V 挡测量时，万用表的内阻为 200kΩ，在测量时，万用表内阻会对被测电压有一定的分流，从而使被测电压较实际电压略低。内阻越大，对被测电路的电压影响越小。MF50 型万用表直流电压挡的内阻较小，为 10kΩ/V，使用它测量时对电路电压的影响较 MF47 型万用表更大。

2）检测时，首先测量电源引脚电压是否正常。如果电源引脚电压不正常，可检查供电电路；如果供电电路正常，则可能是集成电路内部损坏，或者集成电路某些引脚外围元器件损坏，进而通过内部电路使电源引脚电压不正常。

3）在确定集成电路的电源引脚电压正常后，才可进一步测量其他引脚电压是否正常。如果个别引脚电压不正常，则先检测该引脚外围元器件，若外围元器件正常，则为集成电路损坏；如果多个引脚电压不正常，则可通过集成电路内部大致结构和外围电路工作原理分析这些引脚电压是否是因某个或某些引脚电压变化引起的，着重检查这些引脚外围元器件，若外围元器件正常，则为集成电路损坏。

4）有些集成电路在有信号输入（动态）和无信号输入（静态）时某些引脚电压可能不

同，在将实测电压与该集成电路的参考电压对照时，要注意其测量条件，实测电压也应在该条件下测得。

5) 有些电子产品有多种工作方式，在不同的工作方式下和工作方式切换过程中，有关集成电路的某些引脚电压会发生变化，对于这种集成电路，需要了解其电路工作原理才能进行准确的测量与判断。例如，DVD 机在光盘出、光盘入、光盘搜索和读盘时，有关集成电路的某些引脚电压会发生变化。

集成电路各引脚的直流电压参考值可以参看有关图纸或查阅有关资料来获得。

(2) 在路电阻测量法

在路电阻测量法是在切断电源的情况下，用万用表欧姆挡测量集成电路各引脚及外围元器件的正、反向电阻的阻值，再与参考数据相比较来判断故障的方法。

在路电阻测量法使用要点如下：

1) 测量前一定要断开被测电路的电源，以免损坏元器件和仪表，并避免测得的阻值不准确。

2) 万用表 R×10kΩ 挡内部使用 9V 电池，有些集成电路工作电压较低，如 3.3V、5V，为了防止高电压损坏被测集成电路，测量时万用表最好选择 R×100Ω 挡或 R×1kΩ 挡。

3) 在测量集成电路各引脚电阻时，一根表笔接地，另一根表笔接集成电路各引脚，如图 1.29 所示，测得的阻值是该引脚外围元器件（R_1、C）与集成电路内部电路及有关外围元器件的并联值，如果发现个别引脚电阻与参考电阻差距较大，则先检测该引脚外围元器件，如果外围元器件正常，通常为集成电路内部损坏；如果多数引脚电阻不正常，集成电路损坏的可能性很大，但也不能完全排除这些引脚外围元器件损坏。

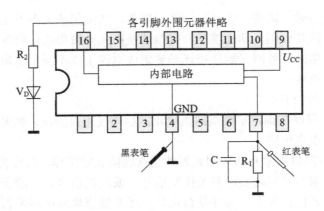

图 1.29　在路电阻测量法

集成电路各引脚的电阻参考值可以参看有关图纸或查阅有关资料来获得。

(3) 在路总电流测量法

在路总电流测量法是指测量集成电路的总电流来判断故障的方法。

集成电路内部元器件大多采用直接连接（耦合）方式组成电路，当某个元器件被击穿或开路时，通常对后级电路有一定的影响，从而使得整个集成电路的总工作电流减小或增大，测得集成电路的总电流后再与参考电流比较，过大、过小均说明集成电路或外围元器件存在故障。电子产品的图纸和有关资料一般不提供集成电路总电流参考数据，该数据可在正常电子产品的电路中实测获得。

在路测量集成电路总电流的方法如图 1.30 所示，在测量时，既可以断开集成电路的电源引脚直接测量电流，如图(a)所示；也可以测量电源引脚的供电电阻两端电压，然后利用 $I = U/R$ 来计算出电流值，如图(b)所示。

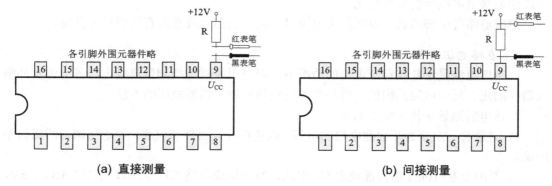

图 1.30　在路总电流测量法

3. 排除与代换法

不管是非在路检测法，还是在路检测法，都需要知道相应的参考数据。如果无法获得参考数据，则可使用排除与代换法。

(1) 排除法

在使用集成电路时，需要给它外接一些元器件，如果集成电路不工作，可能是集成电路本身损坏，也可能是外围元器件损坏。排除法是指先检查集成电路各引脚外围元器件，当外围元器件均正常时，外围元器件损坏导致集成电路工作不正常的原因则可排除，故障应为集成电路本身损坏。

排除法使用要点如下：

1) 在检测时，最好在确定集成电路供电正常后再使用排除法，如果电源引脚电压不正常，应先检查修复供电电路。

2) 有些集成电路只需本身和外围元器件正常就能正常工作，而有些集成电路（数字集成电路较多）还要求其他电路发送有关控制信号（或反馈信号）才能正常工作，对于这样的集成电路，除了要检查外围元器件是否正常，还要检查集成电路是否接收到相关的控制信号。

3) 对于外围元器件较少的集成电路，使用排除法更为快捷。对于外围元器件很多的集成电路，通常先检查一些重要引脚的外围元器件和易损坏的元器件。

(2) 代换法

代换法是指当怀疑集成电路可能损坏时，直接用同型号正常的集成电路代换，如果故障消失，则为原集成电路损坏；如果故障依旧，则可能是集成电路外围元器件损坏、更换的集成电路不良，也可能是外围元器件故障未排除导致更换的集成电路又被损坏，还有些集成电路可能是未接收到其他电路送来的控制信号。

代换法使用要点如下：

1) 由于在未排除外围元器件故障时直接更换集成电路可能会使集成电路再次损坏，因此，对于工作在高电压、大电流下的集成电路，最好在检查外围元器件正常的情况下再更换集成电路；对于工作在低电压下的集成电路，也应尽量在确定一些关键引脚的外围元器件正常的情况下再更换集成电路。

2) 有些数字集成电路内部含有程序，如果程序发生错误，即使集成电路外围元器件和有关控制信号都正常，集成电路也不能正常工作。对于这种情况，可使用一些设备重新给集成电路写入程序，或更换已写入程序的集成电路。

第 2 章
电子线路实验数据处理和误差分析

一切物理量的测量都不可能是完全准确的，这是因为在科学技术发展和水平提高过程中，人们的认识能力和测量仪器的制造精度都受到相应限制，测量误差的存在是一种不以人们意志为转移的客观事实。当今误差理论及其应用已发展成为一门专门的学科。作为对学生进行科学实验基本训练的物理实验课程，必须赋予学生最基本的误差理论知识。本章主要介绍测量误差的基本概念，在此基础上介绍有效数字及数据处理方法。

2.1　测量误差的基本知识

在人们的日常生产、生活及科学实验过程中，为了获取表征被研究对象的特征的定量信息，必须准确地进行测量。在测量过程中，由于各种原因，测量结果与待测量的客观真值之间总存在一定差别，即测量误差。因此，分析误差产生的原因，采取措施减少误差，使测量结果更加准确，对实验人员及科技工作者来说是必须了解和掌握的。

2.1.1　系统误差、随机误差和粗大误差

测量误差按其性质可以分为系统误差、随机误差和粗大误差。

1. 系统误差

系统误差的定义：在同一测量条件下，多次重复测量同一量时，测量误差的绝对值和符号都保持不变，或在测量条件改变时按一定规律变化的误差，称为系统误差。

系统误差是由固定不变的或按确定规律变化的因素造成的。

(1) 测量仪器的因素：仪器机构设计原理的缺点，仪器零件制造偏差和安装不正确，电路的原理误差和电子元器件性能不稳定等。例如把运算放大器当作理想运算放大器，由被忽略的输入阻抗、输出阻抗等引起的误差。

(2) 环境的因素：测量时的实际环境条件（温度、湿度、大气压、电磁场等）对标准环境条件的偏差，测量过程中温度、湿度等按一定规律变化引起的误差。

(3) 测量方法的因素：采用近似的测量方法或近似的计算公式等引起的误差。

(4) 测量人员的因素：由于测量人员的个人特点，在刻度上估计读数时，习惯偏于某一方向；动态测量时，记录快速变化信号有滞后的倾向。

系统误差 ε 的定量定义：在重复性条件下，对同一被测量量进行无限多次测量所得结

果 x_1，x_2，$\cdots$，$x_n\,(n\to\infty)$的平均值 $\overline{x}$ 与被测量量的真值 A_0 之差，即

$$\varepsilon = \overline{x} - A_0 \tag{2.1}$$

在去掉随机因素（即随机误差）的影响后，平均值偏离真值的大小就是系统误差。系统误差越小，测量就越准确。所以，系统误差经常用来表征测量准确度的高低。

2．随机误差（偶然误差）

随机误差的定义：在同一测量条件下（指在测量环境、测量人员、测量技术和测量仪器都相同的条件下），多次重复测量同一量值（等精度测量）时，每次测量误差的绝对值和符号都以不可预知的方式变化的误差，称为随机误差。

随机误差是由对测量值影响微小但却互不相关的大量因素共同造成的。这些因素主要是噪声干扰、电磁场微变、零件的摩擦和配合间隙、热起伏、空气扰动、大地微震、测量人员感官的无规律变化等。

随机误差 δ_i 的定量定义：随机误差 δ_i 是测量结果 x_i 与在重复性条件下对同一被测量量进行无限多次测量所得结果的平均值 $\overline{x}$ 之差，即

$$\delta_i = x_i - \overline{x} \tag{2.2}$$

$$\overline{x} = \frac{x_1 + x_2 + \ldots + x_n}{n} = \frac{1}{n}\sum_{i=1}^{n} x_i \qquad n\to\infty \tag{2.3}$$

定义的意义：随机误差是测量值与数学期望值之差，它表明了测量结果的分散性。随机误差越小，精密度越高。

3．粗大误差

粗大误差是一种显然与实际值不符的误差，又称疏失误差。产生粗大误差的原因有以下几个。

(1) 测量操作疏忽和失误：例如测错、读错、记错，以及实验条件未达到预定的要求而匆忙实验等。

(2) 测量方法不当或错误：例如用普通万用表电压挡直接测高内阻电源的开路电压、用普通万用表交流电压挡测量高频交流信号的幅值等。

(3) 测量环境条件突然变化：例如电源电压突然增高或降低、雷电干扰和机械冲击等引起测量仪器示值剧烈变化等。

含有粗大误差的测量值称为坏值或异常值，在数据处理时应剔除掉。

2.1.2　绝对误差和相对误差

测量误差可以用绝对误差和相对误差来表示。

1．绝对误差

设被测量量的真值为 A_0，测量仪器的示值为 x，则绝对误差值为：

$$\Delta x = x - A_0 \tag{2.4}$$

在某一时间及空间条件下，被测量量的真值虽然是客观存在的，但一般无法测得，只能尽量逼近它。因此，常用高一级标准测量仪器的测量值 A 代替真值 A_0，则

$$\Delta x = x - A \tag{2.5}$$

在测量前，测量仪器应由高一级标准仪器进行校正，校正量常用修正值 C 表示。对于被测量量，高一级标准仪器的示值减去测量仪器的示值所得的差值，就是修正值。实际上，修正值就是绝对误差，只是符号相反：

$$C = -\Delta x = A - x \tag{2.6}$$

利用修正值便可得到该仪器所测量的实际值：

$$A = x + C \tag{2.7}$$

例如，用电压表测量电压时，电压表的示值为 1.1V，通过鉴定得出其修正值为-0.01V，则被测电压的真值为：

$$A = 1.1 + (-0.01) = 1.09 \tag{2.8}$$

修正值给出的方式可以是曲线、公式或数表。对于自动测量仪器，修正值被预先编制成有关程序存于仪器中，测量时对误差进行自动修正，所得结果便是实际值。

2．相对误差

绝对误差值的大小往往不能确切地反映出被测量量的准确程度。例如，测 100 V 电压时，$\triangle x_1 = +2V$，而测 10V 电压时，$\triangle x_2 = +0.5V$，虽然 $\triangle x_1 > \triangle x_2$，但是实际 $\triangle x_1$ 只占被测量量的 2%，而 $\triangle x_2$ 却占被测量的 5%。显然，后者的误差对测量结果的影响相对较大。因此，工程上常采用相对误差来比较测量结果的准确程度。

相对误差又分为实际相对误差、示值相对误差和引用（或满度）相对误差。

(1) 实际相对误差：是用绝对误差 $\triangle x$ 与被测量的实际值 A 的比值的百分数来表示的相对误差，即

$$\gamma_A = \frac{\Delta x}{A} \times 100\% \tag{2.9}$$

(2) 示值相对误差：是用绝对误差 $\triangle x$ 与仪器给出值 x 的比值的百分数来表示的相对误差，即

$$\gamma_x = \frac{\Delta x}{x} \times 100\% \tag{2.10}$$

(3) 引用（或满度）相对误差：是用绝对误差 $\triangle x$ 与仪器的满刻度值 x_m 的比值的百分数来表示的相对误差，即

$$\gamma_m = \frac{\Delta x}{x_m} \times 100\% \tag{2.11}$$

电工仪表的准确度等级就是由 γ_m 决定的，如 1.5 级的电表表明 $\gamma_m \leqslant \pm 1.5\%$。我国电工

仪表按值共分 7 级：0.1、0.2、0.5、1.0、1.5、2.5、5.0。若某仪表的等级是 S 级，它的满刻度值为 x_m，则测量的绝对误差为：

$$\triangle x \leqslant x_m \times S\% \tag{2.12}$$

其示值相对误差为：

$$\gamma_m \leqslant \frac{x_m}{x} \times S\% \tag{2.13}$$

在上式中，总是满足 $x \leqslant x_m$ 的，可见当仪表等级 S 选定后，x 越接近 x_m，示值相对误差的上限值越小，测量越准确。因此，当我们使用这类仪表进行测量时，一般应使被测量的值尽可能在仪表满刻度值的二分之一以上。

2.2　测量数据的处理

上一节讨论了测量与误差的基本概念、误差的分类。然而，我们进行实验的最终目的是通过数据的获得和处理揭示出有关物理量的关系，或找出事物的内在规律性，或验证某种理论的正确性，或为以后的实验准备依据。因而，需要对所获得的数据进行正确的处理。数据处理贯穿于从原始数据的采集到得出结论的整个实验过程，包括数据记录、整理、计算、作图、分析等。

2.2.1　测量数据的采集

测量数据的采集包括实验的观察、数据的读取与记录。实验观察是指在实验过程中，要聚精会神地观察全部细节，并尽可能做好记录。注意，切不可把观察到的客观现象与个人对现象的解释混淆起来。

在读取测量数据时应首先明确：应读取哪些数据，以及如何读取。具体思路如下：

(1) 首先应明确所研究的电路指标是通过哪些电量来体现或计算出的，而这些电量需要通过怎样的测量工具以及电路中哪些节点来测量。

(2) 测量数据应保证是在电路处于正常工作状态下测量获得的有效数据。

(3) 电子实验通常是可重复再现的，为了减少测量误差，应对同一测量电量进行多次重复测量，防止偶然失误造成的误差。

(4) 在读取测量数据时，通常要求在读出的可靠数字之后再加上一位不可靠数字，共同组成数据的有效数字（有效数字位数规定为：第 1 个不为 0 的数字位及其右边的所有位数，例如，0.6500 是 4 位有效数字；2.45 是 3 位有效数字，0.03 是 1 位有效数字）。例如，刻有 100 条线的 10V 电压表两刻度线间的压差为 0.1 V，若在某次测量中指针稳定指向 41 刻度线位置，则读取的数据应为 4.10V；而若指针指向的是 41 和 42 两刻度线中间的位置，则读取的数据应为 4.15V。有效数字表示的是读取数据的准确度，不能随意增减，即使在进行单位换算时也不能增减有效数字位数。

对测量数据做好客观全面的记录是对实验者的基本实验素质要求，具体应进行如下处理：

(1) 对实验现象和数据必须以原始形式做好记录，不能做近似处理，也不能只记录经过计算或换算的数据，且必须保证数据的真实性。

（2）测量数据记录应全面，包括实验条件、实验中观察到的现象及客观存在的各种影响，甚至是失败的数据或是被认为与该实验目的无关的数据。因为有些数据可能隐含着解决问题的新途径或者可以作为分析电路故障的参考依据。另外，要注意记录有关信号的波形。

（3）数据记录一般采用表格方式，以方便处理。

（4）在记录数据的同时，要将其与提前或及时估算出的理论值或理想值进行比较，以便及时判断测试数据的正误，及时检查测试方法或调整实验电路。

2.2.2　实验数据的处理

1. 测量结果的数据处理

（1）有效数字

由于存在误差，所以测量结果总是近似值，它通常由可靠数字和欠准数字两部分组成。例如，由电流表测得的电流为 21.6mA，这是个近似数，21 是可靠数字，而末位 6 为欠准数字，即 21.6 为 3 位有效数字。有效数字对测量结果的科学表述极为重要。

对有效数字的正确表示，应注意以下几点：

1）计量单位有关的"0"不是有效数字，例如，0.054A 与 54mA 这两种写法均为 2 位有效数字。

2）小数点后面的"0"不能随意省略，例如，18mA 与 18.00mA 是有区别的，前者为 2 位有效数字，后者则是 4 位有效数字。

3）对后面带"0"的大数目数字，不同写法其有效数字位数是不同的，例如，3 000 若写成 3.0×10^3，则为 2 位有效数字；若写成 3×10^3，则为 1 位有效数字。

4）如已知误差，则有效数字的位数应与误差所在位相一致，即有效数字的最后一位数应与误差所在位对齐。例如，仪表误差为 ± 0.02V，测得的数据为 3.283 2V，其结果应写作 3.28V，因为小数点后面第 2 位"0"所在位已经产生了误差，所以从小数点后面第 3 位开始的"32"已经没有意义了，写结果时应舍去。

5）当给出的误差有单位时，则测量结果的写法应与其一致。例如，频率计的测量误差为千赫数量级，测得某信号的频率为 7 100kHz，可写成 7.100MHz 和 $7\ 100 \times 10^3$Hz，写成 7 100 000Hz 或 7.1MHz 是不行的，因为后者的有效数字与仪器的测量误差不一致。

（2）数据舍入规则

为了使正、负舍入误差出现的概率大致相等，现广泛采用"小于 5 舍，大于 5 入，等于 5 时取偶数"的舍入规则。即：

1）若保留 n 位有效数字，当后面的数值小于第 n 位的 0.5 单位时就舍去；

2）若保留 n 位有效数字，当后面的数值大于第 n 位的 0.5 单位时就在第 n 位数字上加 1；

3）若保留 n 位有效数字，当后面的数值恰为第 n 位的 0.5 单位时，则当第 n 位数字为偶数（0，2，4，6，8）时应舍去后面的数字（即末位不变）；当第 n 位数字为奇数（1，3，5，7，9）时，第 n 位数字应加 1（即将末位凑成偶数）。这样，由于舍入概率相同，当舍入次数足够多时，舍入的误差就会抵消。同时，这种舍入规则使有效数字的尾数为偶数的机会增多，能被除尽的机会比奇数多，有利于准确计算。

(3) 有效数字的运算规则

当测量结果需要进行中间运算时，有效数字的取舍原则上取决于参与运算的各数中精度最差的那一项。一般应遵循以下规则：

1) 几个近似值进行加、减运算时，在各数（采用同一计量单位）中，以小数点后位数最少的那一个数（如无小数点，则为有效位数最少者）为准，其余各数均舍入至比该数多1位后再进行加减运算，结果所保留的小数点后的位数应与各数中小数点后位数最少者的位数相同。

2) 进行乘除运算时，在各数中，以有效数字位数最少的那一个数为准，其余各数及积（或商）均舍入至比该数多 1 位后进行运算，而与小数点位置无关。运算结果的有效数字的位数应取舍成与运算前有效数字位数最少的数相同。

3) 将数平方或开方后，结果可比原数多保留 1 位。

4) 用对数进行运算时，n 位有效数字的数应该用 n 位对数表。

5) 若计算式中出现如 e、π 等常数时，可根据具体情况来决定它们应取的位数。

2. 测量结果的曲线处理

对于测量结果，除了可以用表格形式进行表达之外，还可以通过各种坐标曲线图进行表达，称为图解处理数据。此种表达方式比较直观方便，研究两个参量之间的关系尤其如此。图解处理数据时应注意以下几个方面。

(1) 坐标系的选择

当表示两个参量之间的函数关系时，通常选用直角坐标系（笛卡儿坐标系），也可选用极坐标系。

(2) 自变量的选择

一般将误差可忽略不计的量当作自变量，并用横坐标表示；另一变量则用纵坐标表示。

(3) 坐标分度与比例的选择

在直角坐标中常选用线性分度和对数分度，如放大电路的幅频特性曲线的横坐标就用对数分度。对于分度、比例的选择，应遵循的原则是：当自变量变化范围很大时，采用对数坐标分度；横纵坐标可各取适宜比例表示。坐标分度与测量误差应相对一致，如果分度过细，会在一定程度上夸大测量误差；过粗则会牺牲原有测量精度，增加作图的误差。此外，还应注意测量点数目多少的选择，测量点应在所作曲线上均匀分布，一般在曲线变化急剧的区域，测量点应适当多一些，密度大一些。

在实际测量过程中，由于各种误差的影响，测量数据将出现离散现象，如将测量点直接连接起来，不是一条光滑的曲线，而是呈折线状。对此应用有关误差理论，可以把各种随机因素引起的曲线波动抹平，使其成为一条光滑均匀的曲线，这个过程称为曲线修匀。

在要求不太高的测量中，常采用一种简便、可行的工程方法——分组平均法来修匀曲线。这种方法是将各测量点分成若干组，每组含 2~4 个数据点，然后分别估取各组的几何重心，再将这些重心连接起来。

第 3 章
Multisim 仿真软件

Multisim 是一款用于电子电路计算机仿真设计与分析的软件。本章介绍 Multisim 的功能与基本使用方法，包括基本界面、基本操作、仿真电路的创建与分析、虚拟仪器仪表的使用等。

本章知识点：

- Multisim 的菜单
- Multisim 的基本操作方法
- Multisim 的元器件库
- Multisim 的虚拟仪器仪表库
- Multisim 的分析功能

3.1 Multisim 软件简介

电子设计自动化（EDA，Electronic Design Automation）技术是 20 世纪 70 年代开始从电子 CAD 技术基础上发展起来的，是指以计算机为工作平台，融合应用电子技术、计算机技术、信息处理及智能化技术的最新成果，进行电子产品自动设计的技术。利用 EDA 工具，电子设计师可以从概念、算法、协议等开始设计电子系统，大量工作可以通过计算机完成，并可以将电子产品从电路设计、性能分析到设计出 IC 版图或 PCB 版图的整个过程在计算机上自动处理完成。

EDA 技术借助计算机存储量大、运行速度快的特点，可对设计方案进行人工难以完成的模拟评估、设计检验、设计优化和数据处理等工作。EDA 极大地推动了电子工业的发展，目前已经成为集成电路、印刷电路板、电子整机系统设计的主要技术手段，是现代电子工业不可缺少的一项重要技术。在众多的 EDA 仿真软件中，Multisim 软件界面友好、功能强大、易学易用，受到电子设计开发人员和相关专业师生的广泛青睐。

Multisim 是美国国家仪器公司（NI，National Instruments）开发的一款原理电路设计、电路功能测试的虚拟仿真软件。Multisim 用软件的方法虚拟电子与电工元器件，虚拟电子与电工仪器仪表，实现了"软件即元器件""软件即仪器"，可谓"装在计算机中的电子实验室"。

Multisim 的前身是由加拿大 IIT（Interactive Image Technologies）公司开发的 EWB（Electronics Workbench，虚拟电子工作台）。从诞生之初到现在，Multisim 发布了 6.0~14.1

的不同版本，每次发布新版本时，都会增加一些创新功能，以增强原型设计或电路教学的方法。目前的最新版是 Multisim 14.1，在高校教学中使用最多的是 10.0 和 12.0 版本。各版本之间的差异详见 NI 公司的网页（http://www.ni.com/white-paper/5590/zhs/）。

美国 NI 公司的 Multisim 包含电路仿真设计模块 Multisim、PCB 设计软件 Ultiboard、布线引擎 Ultiroute 及通信电路分析与设计模块 Commsim 4 个部分，能完成从电路仿真设计到电路版图生成的全过程。Multisim、Ultiboard、Ultiroute 及 Commsim 4 个部分相互独立，可以分别使用。Multisim、Ultiboard、Ultiroute 及 Commsim 4 个部分有增强专业版（Power Professional）、专业版（Professional）、个人版（Personal）、教育版（Education）、学生版（Student）和演示版（Demo）等多个版本，各版本的功能和价格有着明显的差异。

Multisim 的主要特点如下。

1. 系统高度集成，界面直观，操作方便

Multisim 将原理图的创建、电路的测试分析和结果的图表显示等全部集成到同一个电路窗口中。整个操作界面就像一个实验工作台，有存放仿真元器件的元器件库，有存放虚拟测试仪器仪表的仪器仪表库，有进行仿真分析的各种操作命令。虚拟测试仪器仪表和某些仿真元器件的外形与实物非常接近，操作方法也基本相同。直观便捷的操作方式，使得 Multisim 软件易学易用。

2. 丰富易扩展的元器件库和虚拟仪器仪表库

Multisim 的元器件库提供数千种电路元器件供实验选用，同时也可以新建或扩充已有的元器件库，而且建库所需的元器件参数可以从生产厂商的产品使用手册中查到，因此可以很方便地在工程设计中使用。

Multisim 的虚拟测试仪器仪表种类齐全，有一般实验室用的通用仪器，如万用表、函数信号发生器、双踪示波器、直流电源；还有一般实验室少有或没有的仪器，如波特图仪、字信号发生器、逻辑分析仪、逻辑转换器、失真仪、频谱分析仪和网络分析仪等。

从 9.0 版本开始，NI 将 Multisim 与虚拟仪器仪表技术（LABVIEW）结合，可让用户设计实现自定义的虚拟仪器仪表，使得软件系统的功能更加丰富和强大。从 10.1 版本开始，NI 还将 Multisim 与教学实验室虚拟仪器仪表套件（NI ELVIS）技术结合，将虚拟仪器仪表与实物测量平台结合起来。该技术借助计算机软件和轻巧的插入式板卡结构，可实现 12 款最为常用的仪器仪表的功能，包括示波器、数字万用表、函数发生器和波特图分析仪等。这种功能与实验室真实仪器仪表相仿的工具，可以当成便携的电子实验设备，便于使用者在实验室、课堂甚至学生寝室开展内容丰富的电子技术实验。

3. 电路分析手段完备

Multisim 扩充了先前版本的电路测试功能，除了能用常用的测试仪器仪表对仿真电路进行测试，还提供了电路的直流工作点分析、瞬态分析和稳态分析、时域和频域分析、元器件的线性和非线性分析、电路的噪声分析和失真分析、离散傅里叶分析、电路零极点分析、交直流灵敏度分析等电路分析方法，以帮助设计人员分析电路的性能。

4. 具有强大的仿真能力

在电路窗口，我们可以利用 Multisim 设计、测试和演示各种电子电路，包括电工学、模拟电路、数字电路、射频电路及微控制器和接口电路等，既可以分别对数字或模拟电路进行仿真，也可以将数字元器件和模拟元器件连接在一起进行数模混合仿真分析。从 Multisim 9 版本开始，还可以对单片机、可编程逻辑元器件电路进行仿真分析。

Multisim 可以对被仿真的电路中的元器件设置各种故障，如开路、短路和不同程度的漏电等，从而观察不同故障情况下的电路工作状况。在进行仿真的同时，软件还可以存储测试点的所有数据，列出被仿真电路的所有元器件清单，存储测试仪器仪表的工作状态、显示波形和具体数据等。

5. 提供了多种输入输出接口

Multisim 还提供了与国内外流行的印刷电路板设计自动化软件 Altium Designer（Protel）及电路仿真软件 OrCAD（PSpice）之间的文件接口，例如可以输入由 PSpice 等电路仿真软件所创建的 Spice 网表文件，并自动生成相应的电路原理图。也可以把 EWB 环境下创建的电路原理图文件输出给 Protel 等常见的 PCB 软件进行印刷电路板设计。也能通过 Windows 的剪贴板把电路图送往文字处理系统中进行编辑排版，支持 VHDL 和 Verilog HDL 语言的电路仿真与设计。

利用 Multisim 可以实现计算机仿真设计与虚拟实验，与传统的电子电路设计与实验方法相比，具有如下特点：设计与实验可以同步进行，可以边设计边实验，修改调试方便；设计和实验用的元器件及测试仪器仪表齐全，可以完成各种类型的电路设计与实验；可方便地对电路参数进行测试和分析；可直接打印输出实验数据、测试参数、曲线和电路原理图；实验中不消耗实际的元器件，实验所需元器件的种类和数量不受限制，实验成本低，实验速度快，效率高；设计和实验成功的电路可以直接在产品中使用。

本章以 Multisim 12.0 为例介绍软件的使用方法。本书中所有的实验项目，都可结合 Multisim 软件仿真，实现电路的辅助分析和设计。

3.2 Multisim 12.0 的基本界面

Multisim 软件以图形界面为主，采用菜单、工具栏和热键相结合的方式，具有一般 Windows 应用软件的界面风格，用户可以根据自己的习惯和熟悉程度自如使用。不同的 Multisim 版本中，虚拟仪器仪表和元器件的图形风格可能略有差异，但基本功能和操作方法都是类似的。本节主要介绍 Multisim 的主窗口界面、菜单栏和其中的各个菜单、子菜单命令功能、常用快捷工具栏、元器件库、仪器仪表库等内容。

3.2.1 Multisim 的主窗口界面

启动 Multisim 12.0 的方法为：在 Windows 系统中单击"开始" → "程序" → "National

Instruments"→"Circuit Design Suite 12.0"→"Multisim 12.0"选项。

启动 Multisim 12.0 后，将出现如图 3.1 所示的界面。

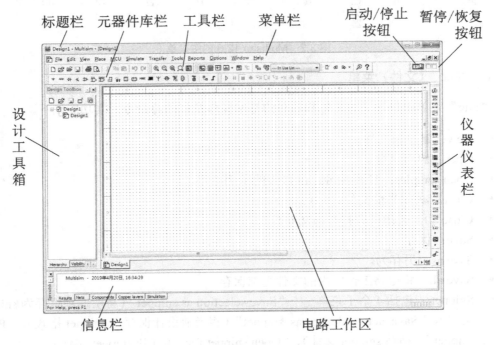

图 3.1　Multisim 12.0 的主窗口界面

Multisim 12.0 的主窗口如同一个实际的电子实验台。屏幕中央区域最大的窗口就是电路工作区，在电路工作区上可将各种电子元器件和测试仪器仪表连接成实验电路。电路工作区上方是菜单栏、工具栏和元器件库栏，右边是仪器仪表栏。从菜单栏可以选择电路连接、实验所需的全部命令。工具栏包含了菜单中一些常用的操作命令按钮。元器件库栏存放着各种电子元器件，仪器仪表栏存放着各种测试仪器仪表。用鼠标操作可以很方便地从元器件库栏和仪器仪表栏中提取实验所需的各种元器件及仪器仪表到电路工作区，并将其连接成实验电路。

主窗口左边是设计工具箱，在这里可以以资源管理器的形式显示所有打开的项目和相关文件资源。按下电路工作区上方的启动／停止按钮或暂停／恢复按钮可以方便地控制仿真的进程。

用户也可以通过"View"（视图）菜单中的命令或用鼠标拖动未锁定状态下的工具栏，改变主窗口的视图内容和排布形式，得到自定义的工作界面，以适应自己的操作习惯。

3.2.2　Multisim 的菜单栏

Multisim 12.0 有 12 个主菜单，如图 3.2 所示，菜单中提供了本软件几乎所有的功能命令。

File	Edit	View	Place	MCU	Simulate	Transfer	Tools	Reports	Options	Window	Help
文件	编辑	视图	放置	微控制器	仿真	传输	工具	报告	选项	窗口	帮助

图 3.2　Multisim 12.0 的主菜单

1.　"File"（文件）菜单

"File"菜单中包含了对文件和项目的基本操作及打印等命令，其功能如下。

- New：建立新文件。
- Open：打开文件。
- Open samples：打开 Multisim 自带的示例电路。
- Close：关闭当前文件。
- Close all：关闭所有打开的文件。
- Save：保存。
- Save as：另存为。
- Save all：将电路工作区内的文件全部保存。
- Snippets：包括 4 个子菜单——"Save selection as snippet"（将所选项保存为 snippet 格式）、"Save active design as snippet"（将当前设计保存为 snippet 格式）、"Paste snippet"（粘贴 snippet 文件）、"Open snippet file"（打开 snippet 文件）。

注：snippet 是一种特殊的.png 图片文件，其中包含 Multisim 设计电路（包括所有子电路）的图片和所有元器件信息（包括符号、模型、脚注和电路连接网表）。图片仅显示电路图，不显示电路具体信息。用户可以将 snippet 格式的文件发布在论坛上或者用 Email 传送，以便于在 Internet 上共享自己的设计。

注：如果用图片查看或者编辑软件（如 Paint）打开一个 Multisim snippet 的.png 文件，保存这个文件的 Multisim 版本和 snippet 信息会以标签（tab）形式显示在图片顶部。若用图片编辑软件保存此类文件，会导致其中的 Multisim 特殊数据被丢弃，再次用 Multisim 打开这个文件时将报错。因此，不可用图片编辑软件来保存 Multisim snippet 的.png 文件，或者在保存时改变文件名。

- Projects and packing：项目与打包，包括 8 个子菜单。

  - New project：新建项目；
  - Open project：打开项目；
  - Save project：保存当前项目；
  - Close project：关闭项目；
  - Pack project：打包当前项目；
  - Unpack project：解包当前项目；
  - Upgrade project：升级当前项目；

- o　Version control：版本管理。
- Print：打印电路图。
- Print preview：打印预览。
- Print options：打印选项，包括两个子菜单。

  - o　Print circuit setup：打印电路设置；
  - o　Print instruments：打印工作区域内的仪器仪表。

- Recent designs：最近编辑过的文件。
- Recent projects：最近编辑过的项目。
- File information：显示当前文件信息（保存路径、创建和修改时间、应用程序版本等）。
- Exit：退出 Multisim。

2．"Edit"（编辑）菜单

"Edit"菜单提供了类似于图形编辑软件的基本编辑功能，用于对电路图进行编辑。

- Undo：取消前一次操作。
- Redo：恢复前一次被撤销的操作。
- Cut：剪切所选择的元器件，放在剪贴板中。
- Copy：将所选择的元器件复制到剪贴板中。
- Paste：将剪贴板中的元器件粘贴到指定的位置。
- Paste special：特殊粘贴，包括两个子菜单。

  - o　Paste as subcircuit：作为子电路粘贴；
  - o　Paste without renaming on-page connectors：粘贴时不重命名页面上的连接器。

- Delete：删除所选择的元器件、导线或仪器仪表。
- Delete multi-page：删除多页面。
- Select all：选择电路中所有的元器件、导线和仪器仪表。
- Merge selected buses：合并选中的总线。
- Find：查找电原理图中的元器件。
- Graphic annotation：图形注释。可对工作区的图形元素（graphic elements）进行格式设置，包括线型、线条颜色、填充纹理等。图形元素可通过选择"View"→"Toolbars"→"Graphic annotation"菜单命令调用图形注释工具栏来添加。
- Order：图形叠放顺序，有两个子菜单。

  - o　Bring to front：上移一层；
  - o　Send to back：下移一层。

- Assign to layer：图层分配，用于将某个选中的对象分配到某个注释层。

- Layer settings：图层设置。单击后会调出对话框，列出当前可见的固定图层（layer），并可添加用户自定义图层。此功能亦可通过选择"Options"→"Sheet properties"菜单命令调出"Sheet Properties"对话框，在"Layer Settings"选项卡中实现。
- Orientation：旋转方向选择，包括4种操作。

  o Flip horizontal：将所选择的元器件左右翻转；
  o Flip vertical：将所选择的元器件上下翻转；
  o Rotate 90° clockwise：将所选择的元器件顺时针旋转90°；
  o Rotate 90° counter clockwise：将所选择的元器件逆时针旋转90°。

- Align：对齐，可将选中状态的对象对齐排布，包括6种对齐方式。

  o Align left：左对齐；
  o Align right：右对齐；
  o Align centers vertically：垂直中心对齐；
  o Align bottom：底部对齐；
  o Align top：顶部对齐；
  o Align centers horizontally：水平中心对齐。

- Title block position：工程图明细表位置，可选择原理图纸上的4个位置。

  o Bottom right：右下角；
  o Bottom left：左下角；
  o Top right：右上角；
  o Top left：左上角。

- Edit symbol/title block：编辑选中的元器件符号或者工程图明细表。
- Font：字体设置。
- Comment：编辑评论/注释。
- Forms/questions：格式/问题，用于显示"Edit Form"（编辑表格）对话框，可对设计相关问题进行编辑。
- Properties：属性编辑。单击后会显示当前选中对象的属性对话框；如果没有对象被选中，则打开"Sheet Properties"对话框。

3. "View"（视图）菜单

通过"View"菜单可以决定使用软件时的视图，对一些工具栏和窗口进行控制。

- Full screen：全屏显示电路工作区。
- Parent sheet：显示（当前子电路的）上级电路图。
- Zoom in：放大电路原理图。
- Zoom out：缩小电路原理图。

- Zoom area：放大选中的区域（用鼠标拖曳选择区域）。
- Zoom to sheet：显示完整电路图纸。
- Zoom to magnification：显示缩放对话框，按比例放大。
- Zoom selection：放大选中的元器件。
- Grid：显示或者隐藏工作区底纹栅格（打钩时表示显示）。
- Border：显示或者隐藏图纸边界的框格。
- Print page bounds：显示或者隐藏打印页边界。用虚线显示的页边界可帮助用户知道打印后图纸上的元素会显示在哪张或者哪部分打印纸上。
- Ruler bars：显示或者隐藏标尺栏。
- Status bar：显示或者隐藏状态栏。
- Design toolbox：显示或者隐藏设计工具箱。
- Spreadsheet view：显示或者隐藏电子数据表扩展显示窗口。
- SPICE Netlist viewer：显示 SPICE 网表查看器。
- LabVIEW co-simulation terminals：显示 LabVIEW 联合仿真终端窗口栏（注：联合仿真需安装相关软件和插件）。
- Description box：打开电路描述窗口栏，可用于添加或者编辑电路注释和其他信息。
- Toolbar：显示或者隐藏工具栏，下有多个子选项，打钩的工具栏会在界面上显示，子选项含义与功能详见 3.3.1 节。
- Show comment/probe：显示或者隐藏注释/标注。
- Grapher：显示或者隐藏图形编辑器。

4．"Place"（放置）菜单

通过"Place"菜单可输入电路图所需的各种元素。

- Component：放置元器件。单击后会显示元器件数据库浏览窗口，可选择需要的对象放入电路工作区。
- Junction：放置节点。
- Wire：放置导线。
- Bus：放置总线。
- Connectors：放置输入 / 输出连接器。子菜单中有 6 种类型的连接器，其含义和使用方法详见 3.3.2 节。
- New hierarchical block：新的层次模块，用于在层次结构中放置一个未添加任何元器件的新的层次模块。
- Hierarchical block from file：放置一个来自文件的层次模块。
- Replace by hierarchical block：将选中的一组元素用一个层次模块替换。
- New subcircuit：创建一个新的空白子电路。
- Replace by subcircuit：将选中的一组元器件用一个包含这些元器件的子电路替换。
- Multi-page：打开一个新的平面页面，用于在一个设计下设置多页电路图。
- Merge bus：合并总线。

- Bus vector connect：总线矢量连接。当一个多引脚器件（如 IC）与总线相连时，推荐采用总线矢量连接。
- Comment：注释，用于在工作区中或者元器件上添加一个注释标签。
- Text：放置文字。
- Grapher：放置图形。可选图形对象有以下几种。

  ○ Line：直线；
  ○ Multiline：组合直线；
  ○ Rectangle：矩形；
  ○ Ellipse：椭圆形；
  ○ Arc：弧线；
  ○ Polygon：多边形；
  ○ Picture：图片。

- Title block：放置工程标题栏。

5．"MCU"（微控制器）菜单

"MCU"菜单提供在电路工作区内 MCU 的调试操作命令，可对电路与 MCU 进行联合仿真，实现对嵌入式设备的软件开发，包括编写和调试程序代码等工作。

- No MCU component found：没有创建 MCU 元器件。
- Debug view format：调试视图格式。
- Line numbers：显示线路数目。
- Pause：暂停。
- Step into：单步执行，遇到子函数就进入并且继续单步执行。
- Step over：单步执行，遇到子函数就越过，即把子函数整个作为一步。
- Step out：与"Step into"配合使用。当单步执行到子函数内时，用"Step out"就可以执行完子函数余下部分，并返回到上一层函数。
- Run to cursor：使程序运行到当前鼠标光标所在行时暂停执行。
- Toggle breakpoint：设置断点。
- Remove all breakpoint：移除所有的断点。

6．"Simulate"（仿真）菜单

"Simulate"菜单中包括各种电路仿真设置与操作命令。

- Run：开始仿真。
- Pause：暂停仿真。
- Stop：停止仿真。
- Instruments：选择虚拟仪器仪表。可选虚拟仪器仪表与仪器仪表工具栏上的对象相同，使用详情参照 3.2.5 节和 3.4 节。其子菜单如下。

- o Multimeter：万用表；
- o Function generator：函数信号发生器；
- o Wattmeter：瓦特表/功率计；
- o Oscilloscope：双踪示波器；
- o Four channel oscilloscope：四通道示波器；
- o Bode plotter：波特图仪；
- o Frequency counter：频率计；
- o Word generator：字产生器；
- o Logic analyzer：逻辑分析仪；
- o Logic converter：逻辑转换仪；
- o IV analyzer：电流/电压分析仪；
- o Distortion analyzer：失真度分析仪；
- o Spectrum analyzer：频谱分析仪；
- o Network analyzer：网络分析仪；
- o Agilent function generator：安捷伦函数信号发生器；
- o Agilent multimeter：安捷伦万用表；
- o Agilent oscilloscope：安捷伦示波器；
- o LabVIEW instruments：LabVIEW 创建的虚拟仪器仪表；
- o Tektronix oscilloscope：泰克示波器；
- o Measurement probe：测量探针；
- o Preset measurement probes：预置（静态）测量探针；
- o Current probe：（钳夹感应式）电流测量探针。

- Interactive simulation settings：交互式仿真设置。用于对基于瞬态分析的仪器仪表（如示波器、频谱分析仪、逻辑分析仪）进行默认工作参数的设置。
- Mixed-mode simulation settings：混合模式仿真设置。当设计中包含数字器件时，允许用户选择仿真的最佳精度或最优速度。
- Analyses：选择仿真分析类型或停止当前仿真。Multisim 可实现多种仿真分析（具体分析内容详见 3.3.3 节）。

- o DC operating point：静态工作点分析；
- o AC analysis：交流分析；
- o Single frequency AC analysis：单频率交流分析；
- o Transient analysis：时域瞬态分析；
- o Fourier analysis：傅里叶分析；
- o Noise analysis：噪声分析；
- o Noise figure analysis：噪声系数分析；
- o Distortion analysis：失真分析；
- o DC sweep：直流扫描分析；

- ○ Sensitivity：灵敏度分析；
- ○ Parameter sweep：参数扫描分析；
- ○ Temperature sweep：温度扫描分析；
- ○ Pole zero：零-极点分析；
- ○ Transfer function：传递函数分析；
- ○ Worst case：最坏情况分析；
- ○ Monte Carlo：蒙特卡罗分析；
- ○ Trace width analysis：导线宽度分析；
- ○ Batched analysis：批处理分析；
- ○ User defined analysis：用户自定义分析；
- ○ Stop analysis：停止当前正在运行的仿真分析。

- Postprocessor：启动后处理器。
- Simulation error log/audit trail：仿真误差记录/查询索引。
- XSpice command line interface：XSpice 命令行界面。
- Load simulation setting：导入仿真设置。
- Save simulation setting：保存仿真设置。
- Auto fault option：自动故障选择。可在设计的电路中随机选择元器件设置故障进行仿真分析，故障数量和类型可由用户自行设定。
- Dynamic probe properties：显示动态探针属性对话框。
- Reverse probe direction：将一个已放置的探针极性反向。
- Clear instrument data：清除仪器仪表数据。
- Use tolerances：使用容差。当此菜单命令左侧显示 √ 时，仿真中会使用单个元器件参数中已设置的容差。

7.“Transfer”（传输）菜单

“Transfer”菜单提供的命令可以完成 Multisim 对其他 EDA 软件需要的文件格式的输出。

- Transfer to Ultiboard：将电路图传送给 Ultiboard 12.0 或者其他早期版本。
- Forward annotate to Ultiboard：创建 Ultiboard 12.0 注释文件或者其他早期版本注释文件。
- Backward annotate from file：从文件中反向传输注释。将一个 Ultiboard 设计文件中的修改（如删除某一元器件）用注释文件反向传送给 Multisim 设计文件。
- Export to other PCB layout：输出非 Ultiboard 格式的 PCB 设计图。
- Export netlist：输出网表文件。
- Highlight selection in Ultiboard：高亮显示被选中对象。当 Ultiboard 处于运行状态时，在 Multisim 中被选中的元器件会在 Ultiboard 中被高亮显示。

8.“Tools”（工具）菜单

“Tools”菜单主要提供针对元器件的编辑与管理命令。

- Component wizard：元器件编辑器。
- Database：数据库，下有 4 个子菜单。

  o Database manager：显示元件数据库管理窗口；
  o Save component to database：把当前选中元件（包括用户对其所做的修改）保存到数据库中；
  o Merge database：将其他元件数据的内容合并到用户或者公司的元件数据库中；
  o Convert database：将一个现有的公司或者用户元件数据库的元器件转换成 Multisim 格式。

- Variant manager：变量管理器。
- Set active variant：设置动态变量。
- Circuit wizards：电路编辑器，包括 4 个子菜单。

  o 555 timer wizard：555 定时器编辑器；
  o Filter wizard：滤波器编辑器；
  o Opamp wizard：运算放大器电路编辑器；
  o CE BJT amplifier wizard：共射极三极管放大电路编辑器。

- SPICE netlist viewer：网表查看器，包括 5 个子菜单。

  o Save SPICE netlist：将 SPICE 网表查看器中的内容另存为一个.cir 文件；
  o Select all：选中 SPICE 网表查看器中的所有文本内容；
  o Copy SPICE netlist：复制 SPICE 网表查看器中的内容；
  o Print SPICE netlist：打印 SPICE 网表查看器中的内容；
  o Regenerate SPICE netlist：更新当前设计的 SPICE 网表。

- Rename/renumber components：重新命名/编号元器件。
- Replace components：替换元器件。
- Update components on sheet：将用更早版本 Multisim 创建的电路图中的元器件更新，以匹配当前的元器件数据库。
- Update HB/SC symbols：更新层次模块（Hierarchical Block）或子电路（Subcircuit）的符号。
- Electrical rules check：电气规则检验。
- Clear ERC markers：清除 ERC 标志。
- Toggle NC marker：设置 NC 标志。
- Symbol editor：符号编辑器。
- Title block editor：工程图纸标题栏编辑器。
- Description box editor：描述箱编辑器。在描述箱中，可插入文本、位图、声音、视频等，对电路进行整体描述。

- Capture screen area：选择区域屏幕抓图。
- Online design resources：网上设计资源。将弹出 Web 页面，允许用户查找和选择网上的元器件。

9．"Reports"（报告）菜单

"Reports"菜单提供材料清单等 6 个报告命令。

- Bill of report：材料清单。用于列出当前用到的所有元器件，生成制作电路板所需的元器件汇总表。
- Component detail report：元器件详细报告。调出元器件数据库对话框，可选择某一元器件，生成该元器件的数据库详情报告。
- Netlist report：网表报告。生成网表文件，用文本方式显示/打印电路元器件之间的连接关系。
- Cross reference report：交叉引用报告。生成当前设计的所有元器件详情表。
- Schematic statistics：统计报告。列出设计中各种元素的统计数据，如元器件、门、引脚、页面等的数量。
- Spare gates report：剩余门电路报告。生成设计中所有元器件里未使用的门的列表。

10．"Options"（选项）菜单

通过"Options"菜单可以对软件的运行环境进行定制和设置。

- Global preferences：全局参数设置。
- Sheet properties：工作台界面设置。
- Lock toolbars：锁定工具栏。
- Customize user interface：用户界面设置。

11．"Window"（窗口）菜单

"Window"菜单提供各种窗口操作命令，同时在菜单中列出当前所有打开的文件名称。

- New window：建立新窗口。
- Close：关闭窗口。
- Close all ：关闭所有窗口。
- Cascade：窗口层叠。
- Tile horizontal：窗口水平平铺。
- Tile vertical：窗口垂直平铺。
- Next window：下一个窗口。
- Previous window：前一个窗口。
- Windows：窗口选择。

12．"Help"（帮助）菜单

"Help"菜单提供了对 Multisim 的在线帮助和辅助说明。

- Multisim help：主题目录，快捷键为"F1"，可检索关于 Multisim 软件的各种帮助信息。
- NI ELVISmx help：关于 NI ELVISmx 的帮助。
- Getting started：打开.pdf 格式的帮助文档"NI 电路设计套件入门"。
- Multisim fundamentals：打开.pdf 格式的帮助文档"NI Multisim 基础"。
- Release notes：打开.pdf 格式的文档"NI 电路设计套件版本说明"。
- Patents：专利权。
- Find examples：查找示例电路。
- About Multisim：有关 Multisim 的说明。

3.2.3　Multisim 的工具栏

图 3.3 显示的是 Multisim 的几种常用工具栏，使用时把鼠标悬停在某按钮上，就会显示按钮对应功能的简单英文注释说明。如需详细说明，可在选择"Help"→"Multisim help"菜单命令后打开的帮助对话框中用相关关键词进行搜索。

（a）标准工具栏与视图工具栏

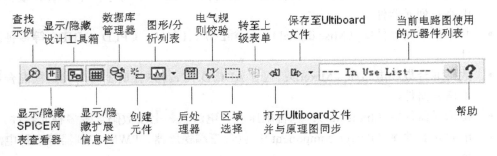

（b）主工具栏

图 3.3　Multisim 12.0 的常用工具栏

工具栏的所有功能都可在某个菜单命令里找到。"Option"→"Lock toolbars"菜单命令没有被选中（前面没有 √）时，表示工具栏没有被锁定，用户可以用鼠标拖动工具栏左侧或顶部的双线，自由安排每个工具栏的摆放位置。它们可以直接排列在菜单栏下面，也可作为一个独立对象，单独放在页面上任何位置。

3.2.4 Multisim的元器件库栏

Multisim 12.0 提供了丰富的元器件库，元器件库栏的图标及其名称如图 3.4 所示。

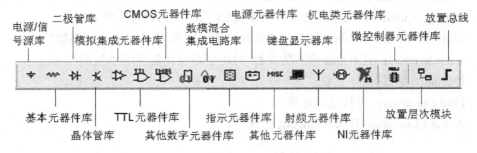

图 3.4 Multisim 12.0 的元器件库栏

用鼠标单击元器件库栏的某一个图标，即可打开该元器件库。读者还可使用在线帮助功能查阅有关的内容。在元器件库中，虚拟元器件的参数是可以任意设置的，非虚拟元器件的参数是固定的，但是是可以选择的。

- 电源/信号源库（Source）：包含接地端、直流电压源（电池）、正弦交流电压源、方波（时钟）电压源、压控方波电压源等多种电源与信号源。
- 基本元器件库（Basic）：包含电阻、电容等多种元器件。
- 二极管库（Diode）：包含普通二极管、发光二极管、开关二极管等多种元器件。
- 晶体管库（Transistor）：包含晶体管、FET 等多种元器件。
- 模拟集成元器件库（Analog）：包含多种运算放大器。
- TTL 元器件库（TTL）：包含 74×× 系列和 74LS×× 系列等 74 系列数字电路元器件。
- CMOS 元器件库（CMOS）：包含 40×× 系列和 74HC×× 系列等多种 CMOS 数字集成电路系列元器件。
- 其他数字元器件库（Misc digital）：包含 DSP、FPGA、CPLD、VHDL 等多种元器件。
- 数模混合集成电路库（Mixed）：包含 ADC/DAC、555 定时器等多种数模混合集成电路元器件。
- 指示元器件库（Indicator）：包含电压表、电流表、七段数码管等多种元器件。
- 电源元器件库（Power component）：包含三端稳压器、PWM 控制器等多种电源元器件。
- 其他元器件库（Miscellaneous）：包含晶体、滤波器等多种元器件。
- 键盘显示器库（Advanced peripherals）：包含键盘、LCD 等多种元器件。
- 机电类元器件库（Elector-mechanical）：包含开关、继电器等多种机电类元器件。
- 微控制器元器件库（MCU）：包含 8051、PIC 等多种微控制器。
- 射频元器件库（RF）：包含射频晶体管、射频 FET、微带线等多种射频元器件。
- NI 元器件库（NI components）：包含 NI 公司的通用接口、DAQ 芯片等 NI 公司的多种元器件。

3.2.5　Multisim的仪器仪表栏

对电路进行仿真运行，通过对运行结果的分析，判断设计是否正确合理，是 EDA 软件的一项主要功能。为此，Multisim 为用户提供了类型丰富的虚拟仪器仪表，可以用菜单命令（"Simulate"→"Instruments"）或者从仪器仪表栏中选用这些仪器仪表。在选用后，各种虚拟仪器仪表都以面板的方式显示在电路中。在这些虚拟仪器仪表中，有普通电子实验室常见的通用仪器仪表，如万用表、函数信号发生器、双踪示波器、直流电源等；还有一些科研开发中常用的测试仪器仪表，如波特图仪、字信号发生器、逻辑分析仪、逻辑转换器、失真仪、频谱分析仪和网络分析仪等；此外还有与现实中的特定仪器仪表结合的虚拟仪器仪表，如与安捷伦（Agilent）公司的示波器、万用表、函数信号发生器及泰克（Tektronix）公司的示波器对应的虚拟仪器仪表，其在软件中的工作面板和操作方式与实际仪器仪表完全一致，只是改用鼠标操作而已。Multisim 的仪器仪表栏中的图标及其功能如图 3.5 所示。习惯上，我们也经常在工作时把仪器仪表栏放到工作区的右边纵向排列，便于随时调用需要的仪器仪表。

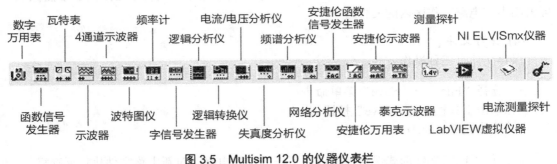

图 3.5　Multisim 12.0 的仪器仪表栏

3.3　Multisim 软件的基本操作

Multisim 软件界面简洁清晰，虚拟仪器仪表调用方便，易于学习，是一种特别适合初学者上手的电子电路仿真软件。本节主要介绍 Multisim 软件的常用基本操作、电路图的绘制与编辑方法，以及常用的电路分析方法。

3.3.1　常用基本操作

1. 文件的基本操作

(1) 新建文件

新建文件有三种操作方式：

- 选择 "File"→"New" 菜单命令。
- 单击工具栏中的 "New" 按钮 □。

- 按快捷键"Ctrl+N"。

此操作可打开一个无标题的电路窗口，可用它来创建一个新的电路。当启动 Multisim 时，也会自动打开一个新的无标题电路窗口，在关闭当前电路窗口前将提示是否保存它。

(2) 打开文件

打开文件有三种操作方式：

- 选择"File"→"Open"菜单命令。
- 单击工具栏中的"Open"按钮 🖙 。
- 按快捷键"Ctrl+O"。

此操作可打开一个标准的文件对话框，选择所需要的存放文件的文件夹，从中选择电路文件名并用鼠标单击，该电路便显示在电路工作区中。

(3) 关闭文件

用鼠标选择"File"→"Close"菜单命令，或者单击菜单栏同行中右上角的小图标 ✕，可关闭当前电路工作区内的文件。

(4) 保存文件

保存文件有三种操作方式：

- 选择"File"→"Save"菜单命令。
- 单击工具栏中的"Save"按钮 🖫 。
- 按快捷键"Ctrl+S"。

此操作以电路文件形式保存当前电路工作区中的电路。对新电路文件执行保存操作，会显示一个标准的保存文件对话框，选择保存当前电路文件的文件夹，键入文件名，单击保存按钮，即可将该电路文件保存。

(5) 文件换名保存

选择"File"→"Save As"菜单命令，可将当前电路文件换名保存，新文件名及保存路径均可选择。原来的电路文件仍保持不变。

(6) 打印

选择"File"→"Print"菜单命令，按快捷键"Ctrl＋P"，或者单击工具栏中的"Print"按钮 🖨 ，可对当前电路工作区中的电路及测试仪器仪表进行打印操作。

如果需要，可在进行打印操作之前进行打印设置。设置方法：选择"File"→"Print Options"→"Print Circuit Setup"菜单命令，显示一个标准的打印设置对话框，从中对各打印参数进行设置。打印设置内容主要有打印机选择、纸张选择、打印效果选择等。

2. 编辑的基本操作

(1) 撤销与重做

选择"Edit"→"Undo"菜单命令，单击工具栏中的"Undo"按钮 ↻ ，或者按快捷键

"Ctrl+Z"，可撤销最近一次的操作；选择"Edit"→"Redo"菜单命令，单击工具栏中的 "Redo"按钮 ⤳，或者按快捷键"Ctrl+Y"，可恢复最近一次被撤销的操作。

(2) 元器件旋转与翻转

如果元器件在电路图中的摆放方式不合适，可以通过旋转与翻转命令进行调整。

旋转包括顺时针旋转与逆时针旋转。用鼠标选择"Edit"→"Orientation"→"Rotate 90° clockwise"菜单命令或按快捷键"Ctrl＋R"，可将当前处于选中状态的元器件顺时针旋转 90°；用鼠标选择"Edit"→"Orientation"→"Rotate 90° counter clockwise"菜单命令或按 快捷键"Shift＋Ctrl＋R"，可将所选中的元器件逆时针旋转 90°。与元器件相关的文本，例 如标号、数值和模型信息，可能重置，但不会旋转。

翻转包括水平镜像翻转与垂直镜像翻转。用鼠标选择"Edit"→"Orientation"→"Flip horizontal"菜单命令，可将所选元器件以纵轴为轴翻转 180°；用鼠标选择"Edit"→ "Orientation"→"Flip vertical"菜单命令，可将所选元器件以横轴为轴翻转 180°。与元 器件相关的文本，例如标号、数值和模型信息，可能重置、翻转。

(3) 编辑元器件属性

选中元器件，用鼠标选择"Edit"→"Properties"菜单命令，按快捷键"Ctrl＋M"， 或者在电路工作区用鼠标双击所选元器件，可弹出该元器件的特性对话框。使用该对话框， 可对元器件的标签、编号、数值、模型参数等进行设置与修改。对话框中的选项与所选的 元器件类型有关。

3. 输入文字说明或电路注释

为加强对电路图的理解，为电路图添加适当的文字注释有时是必要的。在 Multisim 中， 有两种对电路进行注释说明的方法。

一种是在 Multisim 的电路工作区内放置文本框，输入中英文文字说明。操作方法是用 鼠标选中菜单命令"Place"→"Text"，在电路工作区中用鼠标单击需要放置文字的位置， 在该处放置一个文字块（文本框），然后在文本框中输入所需要的文字。文本框会随文字的 多少自动缩放，文字输入完毕后，用鼠标单击文本框以外的地方，文本框会自动消失。如 果需要改变字体或文字的颜色，可以用鼠标指向该文字块，单击鼠标右键弹出快捷菜单， 在快捷菜单中选择"Font"菜单命令改变文字的字体和字号；选择"Pen Color"命令，在 打开的"颜色"对话框中选择文字颜色。

第二种方式是在电路图中加入注释标签，操作方法是选择菜单命令"Place"→ "Comment"，在电路工作区中用鼠标单击需要放置文字的位置，在该处放置一个文字块（文 本框），然后在文本框中输入所需要的注释文字。利用注释标签可以对元器件的作用、电路 的功能等进行详尽的描述，并且在电路图中以一个小图标 ✍ 的形式出现，不占用电路图空 间，需要查看时鼠标悬停在小图标上即可打开注释，双击它时会出现一个注释属性对话框， 可以对注释的显示方式（包括颜色、字体、背景等）进行设置。

4. 编辑图纸标题块

选择菜单命令"Place"→"Title Block"，可打开一个标题块模板文件选择对话框，如

图 3.6 所示，包括 10 个可选择的标题块模板文件。

图 3.6 标题块模板文件选择对话框

选中其中一个模板文件，以 default.tb7 为例，单击"打开"按钮，选择电路工作区中合适的位置（通常习惯是选择电路图某一边角，不会遮盖电路图的空白区域），单击鼠标，即可将标题块放置在电路图中。此标题块模板如图 3.7 所示。

National Instruments 801-111 Peter Street Toronto, ON M5V 2H1 (416) 977-5550		NATIONAL INSTRUMENTS ELECTRONICS WORKBENCH GROUP
Title: Design2	Desc.: Design2	
Designed by:	Document No: 0001	Revision: 1.0
Checked by:	Date: 2014-12-21	Size: A
Approved by:	Sheet 1 of 1	

图 3.7 default.tb7 标题块模板

图 3.7 中的标题块模板包括以下栏位。

- Title：当前电路图的图名，程序会自动将文件名称设定为图名。
- Desc：当前电路图的功能描述，可以用来说明该电路图。
- Designed by：当前电路图的设计者姓名。
- Checked by：当前电路图的检查者姓名。
- Approved by：当前电路图的核准者姓名。
- Document No：当前电路图的图号。
- Date：当前电路图的绘制日期。
- Sheet…of…：标明当前电路图为哪个图集中的第几张图。
- Revision：当前电路图的版本号。
- Size：图纸尺寸。

双击鼠标可以打开标题栏设置对话框，编辑修改标题栏内容，编辑完毕，单击"OK"按钮即可。

5. 软件中的基本设置

(1) 电路符号标准设置

Multisim 提供两组常用标准的电路符号——美国 ANSI 标准元器件符号和欧洲 DIN 标准元器件符号，如表 3.1 所示。其中，DIN 标准与中国国内大部分电子技术类著作与教材采用的符号标准风格基本一致，所以本书将 Multisim 设置为采用 DIN 标准的电路符号。

表 3.1　部分常见元器件的 DIN 标准符号与美国 ANSI 标准符号对照表

元件名称	DIN 标准符号	ANSI 标准符号
定值电阻		
可变电阻	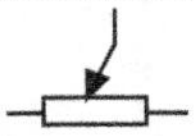	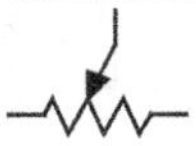
与门	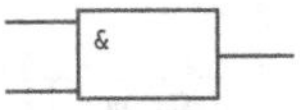	
或门	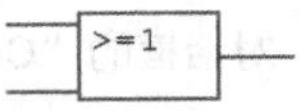	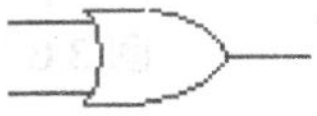
非门		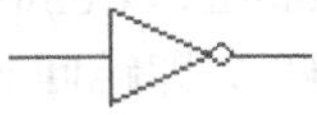
与非门	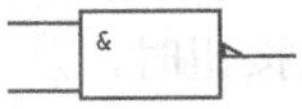	
或非门	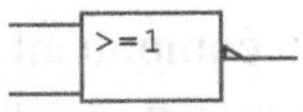	
异或门	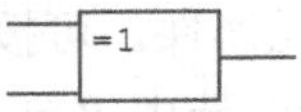	
同或门	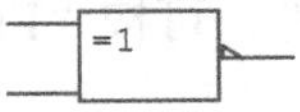	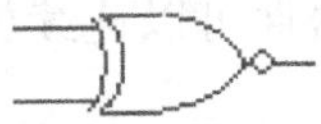

修改电路图中电路符号标准的方法是：选择"Options"→"Global preferences"菜单命令，在弹出的"Global Preferences"（全局设置）对话框（如图 3.8 所示）中选择"Components"选项卡，然后在"Symbol standard"区域中选择元器件符号为 DIN 标准，单击"OK"按钮确认设置。

注意，在同一个设计或者同一个电路图中应当保持元器件符号标准一致。

(2) 元器件操作模式设置

在如图 3.8 所示的对话框的"Components"选项卡的"Place component mode"区域中可设置放置元器件时的操作模式。

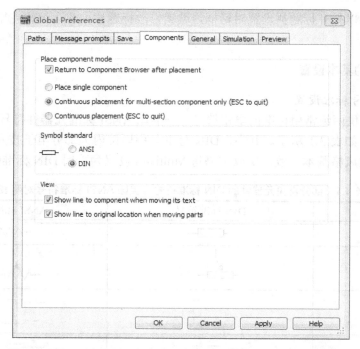

图 3.8 "Global Preferences" 对话框的 "Components" 选项卡

- Return to Component Browser after placement：选中此复选框时，每次放置完一个元器件，即跳回到元器件库浏览窗口，便于选择并放置下一个元器件；不选中此复选框时，每次放置完一个元器件，即回到电路工作区，不再跳回元器件库浏览窗口。
- Place single component：选中该单选按钮时，从元器件库里取出元器件只能放置一次。
- Continuous placement for multi-section component only（ESC to quit）：选中该单选按钮时，如果从元器件库里取出的元器件是 74xx 之类的单封装内含多组件的元器件，则可以连续放置元器件；停止放置元器件，可按"Esc"键退出。
- Continuous placement（ESC to quit）：选中该单选按钮时，从元器件库里取出的元器件可以连续放置；停止放置元器件，可按"Esc"键退出。

(3) 电路图显示方式的设置

选择"Options"菜单中的"Sheet properties"菜单命令，可设置与电路图显示方式有关的一些选项。需要注意的是，在执行菜单命令"Options"→"Sheet properties"出现的对话框中，左下角有一个用户默认设置，选中"Save as default"复选框，则将当前设置存为用户的默认设置，默认设置的影响范围是新建图纸；不选中"Save as default"复选框，直接单击"OK"按钮，则仅影响当前图纸的设置。下面对"Sheet Properties"对话框的常用选项卡进行介绍。

1) "Sheet visibility"（电路图纸可见性设置）选项卡

执行菜单命令"Options"→"Sheet properties"，在出现的对话框中打开"Sheet visibility"选项卡，如图3.9所示，其中：

- 在"Component"（元器件）区域中，可以选择是否显示各种元器件参数。例如，"Labels"复选框用于设置是否显示元器件的标志，"RefDes"复选框用于设置是否显示元器件编号，"Values"复选框用于设置是否显示元器件数值，"Initial conditions"复选框用于设置是否显示初始化条件，"Tolerance"复选框用于设置是否显示公差。
- 在"Net names"（网络别名）区域中，可以选择电路中各导线网络别名的显示方式，可以在"Show all"（全部显示）、"Use net-specific setting"（使用网络特定设置）、"Hide all"（全部隐藏）三个单选按钮中选择一个。
- 在"Connectors"（连接器）区域中，可以设置是否显示某一类连接器的名字。
- 在"Bus entry"（总线输入）区域中，可以设置是否显示总线的标签（Labels）以及总线的网络别名（Bus entry net names）。

2）"Colors"（颜色）选项卡

执行菜单命令"Options"→"Sheet properties"，在出现的对话框中打开"Colors"选项卡，如图 3.10 所示，其中：

- "Color scheme"（颜色方案）区域中有 1 个下拉列表框，该下拉列表框有 5 个下拉选项，每一选项对应一种颜色方案，用来确定合适的电路工作区的背景、元器件、导线、文字、已选中对象等的颜色。5 个下拉选项中有 4 个选项（"White background""Black background""White& Black""Black& White"）是已有的成套的颜色方案；还有一种是用户自定义方案（Custom），允许用户自己指定每种图形对象的颜色。
- "Preview"（预览）区域里，显示了当前选择的颜色方案的显示效果。

图 3.9　"Sheet visibility" 选项卡

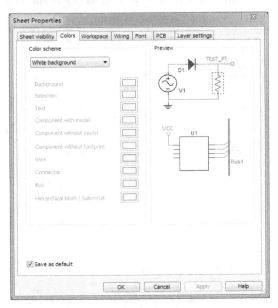

图 3.10　"Colors" 选项卡

3) "Workspace" 选项卡

执行菜单命令 "Options" → "Sheet properties"，在出现的对话框中打开 "Workspace" 选项卡，如图 3.11 所示，其中各选项的功能如下。

- Show grid：设置电路工作区里是否显示栅格点。这些栅格点的主要功能是在绘制电路图时便于对齐连线或元器件，可根据用户需求设置打开或关闭。执行菜单命令 "View" → "Show grid" 也可实现同样的功能。
- Show page bounds：设置电路工作区里是否显示页面分隔线（边界）。
- Show border：设置电路工作区里是否显示边界。
- "Sheet size" 区域的功能是设定图纸大小，可通过下拉列表框选择 A~E、A0~A4 等常规规格；也可设置用户自定义规格（Custom size），可选择尺寸单位为 "Inches"（英寸）或 "Centimeters"（厘米）；以及设定图纸方向（Orientation）为 "Portrait"（纵向）或 "Landscape"（横向）。

4) "Wiring" 选项卡

执行菜单命令 "Options" → "Sheet properties"，在出现的对话框中打开 "Wiring" 选项卡，在其中的 "Drawing option"（绘图选项）区域中可以设置两种类型导线在绘图中的线宽：

- Wire width：设置单股导线的线宽，默认数值为 1。
- Bus width：设置总线的线宽，默认数值为 3。

其中，线宽用数字表示，数字越大，表示相应导线的线条就越粗。

5) "Font" 选项卡

执行菜单命令 "Options" → "Sheet properties"，在出现的对话框中打开 "Font" 选项卡，如图 3.12 所示，其中各选项的功能如下。

图 3.11　"Workspace" 选项卡

图 3.12　"Font" 选项卡

- "Font" 区域用于设置字体，可以直接在列表框里选取所要采用的字体。
- "Font style" 区域用于选择字形，字形可以为粗体字（Bold）、粗斜体字（Bold Italic）、斜体字（Italic）、正常字（Regular）。
- "Size" 区域用于设置字号，可以直接在列表框里选取，也可直接在输入框中输入表示字号的数字。
- "Preview" 区域用于显示所设定的字体的预览效果。
- "Change all" 区域用于选择本选项卡所设定的字体应用于哪些对象。

  - Component RefDes：元器件编号；
  - Component values and labels：元器件标注文字和数值；
  - Component attributes：元器件属性文字；
  - Footprint pin names：引脚名称；
  - Symbol pin names：符号引脚；
  - Net names：网络表名称；
  - Schematic text：电路图里的文字；
  - Comments and probes：注释和标注；
  - Bus line name：总线名称。

- "Apply to" 区域用于选择本选项卡所设定的字体的应用范围。

  - Selection：应用于选取的项目；
  - Entire sheet：应用于整个电路图。

(4) 软件界面风格设置

用户可通过 "View" 菜单中的命令设置 Multisim 主窗口的各类栏目的显示模式，包括是否显示某些栏目、栏目的位置、工具栏的布局等。"View" 菜单的展开状态如图 3.13 所示，选中某命令时，该命令前面出现小钩，表示显示对应的栏目。例如，图 3.13 中 "Design Toolbox" 命令前面有一个小钩，表示主界面中显示设计工具箱；单击则可去掉小钩，表示主界面中不显示设计工具箱。

"View" 菜单中部分命令的作用解释如下。

- Spreadsheet View：显示或者关闭电子数据表扩展显示窗口。该窗口主要用于显示电路仿真进程、错误等相关信息。
- Description Box：显示或者关闭电路描述窗口。该窗口是一个文本记录窗口，其中的文本文字是由用户自定义的对电路各类信息的描述说明。
- Toolbars：显示或者关闭各种工具栏。工具栏的各项内容说明详见图 3.13 中的说明。
- Show comment/probe：显示或者关闭注释/标注。
- Grapher：显示或者关闭多用途图形显示工具 Grapher。Grapher 界面主要用于显示、保存或输出各种 Multisim 电路分析的结果，并以图形或表格的形式显示出来。

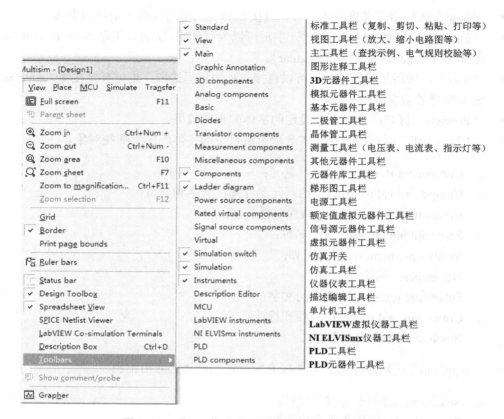

图 3.13　"View"菜单的展开状态及各工具栏说明

在"Options"菜单中，如果"Lock toolbars"菜单项处于非勾选状态，用户还可以用鼠标拖动各个显示在主窗口的工具栏，改变工具栏的位置和布局：用鼠标单击（按住不放）需要调整的工具栏左侧或上侧的双线（如图 3.14 中所示的视图工具栏左侧的划圈位置），将其拖曳到合适的位置，再放开鼠标，该工具栏即可被移动到新的位置上。如果"Lock toolbars"菜单项处于勾选状态，则工具栏将被锁定，不能改变位置和布局。

图 3.14　视图工具栏（虚线处为可拖动位置）

3.3.2　电路图的绘制与编辑

1. 元器件的选用与放置

绘制电路图首先需要在电路图中放置各种元器件，下面以放置 $1k\Omega$ 电阻为例，说明选用与放置元器件的基本方法。

首先打开元器件库。有两种方式，第一种是选择菜单命令"Place"→"Component"，然后从出现的元器件库对话框（如图 3.15 所示）的"Group"下拉列表框中选择"Basic"选项。第二种方式是在元器件库栏中直接用鼠标单击图标 ⌇⌇，打开 Basic 元器件库。

　　然后，在"Family"列表框中选择"RESISTOR"系列，在"Component"列表框选择"1.0k"选项（默认单位为欧姆），单击"OK"按钮（或直接用鼠标双击"1.0k"选项），元器件库对话框消失，"Symbol"框中的元器件图标黏附在鼠标上，用鼠标在电路工作区中需要放置该元器件的地方单击，1kΩ 电阻即出现在电路图中，如图 3.16 所示。电阻会被自动命名为 Rn，其中 n 是程序按照放置顺序自动分配的数字。用户可以使用元器件的默认名称，也可放置好后自行修改。注意，在 Multisim 的一个电路图中，每个元器件的名字都是不允许重复的。

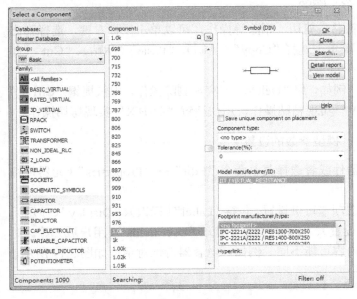

图 3.15　元器件库对话框

图 3.16　放置好的电阻

2. 选中元器件

　　在连接电路时，要对元器件进行移动、旋转、删除、设置参数等操作。这就需要先选中该元器件。要选中某个元器件，可使用鼠标单击该元器件。被选中的元器件的四周出现 4 个黑色小方块（电路工作区为白底），便于识别。用鼠标拖曳形成一个矩形区域，可以同时选中在该矩形区域内的一组元器件。

　　要取消某一个元器件的选中状态，只需单击电路工作区的空白部分即可。

3. 移动元器件

　　要想移动某一元器件，只需在电路图中用鼠标选中该元器件（按住鼠标左键不松手），将其拖动到合适的位置，然后松开鼠标即可。

　　要移动一组元器件，必须先用前述的矩形区域方法选中这些元器件。之后，用鼠标左键拖曳其中的任意一个元器件，则所有选中的元器件都会一起移动。元器件被移动后，与其相连接的导线会自动重新排列。

选中元器件后，也可使用键盘上的方向键（↑、↓、←、→）进行微小的移动。

4. 元器件的旋转与翻转

对元器件进行旋转或翻转操作，需要先选中该元器件，然后单击鼠标右键或者"Edit"菜单，接着选择"Flip horizontal"（将所选择的元器件左右翻转）、"Flip Vertical"（将所选择的元器件上下翻转）、"Rotate 90° clockwise"（将所选择的元器件顺时针旋转90°）、"Rotate 90° counter clockwise"（将所选择的元器件逆时针旋转90°）等菜单命令。也可使用"Ctrl"键实现旋转操作。"Ctrl"键的使用方法标在菜单命令的旁边。

5. 元器件的复制、粘贴、剪切、删除

对选中的元器件进行复制、粘贴、剪切、删除等操作，可以单击鼠标右键，选择弹出的快捷菜单命令，或者在"Edit"菜单中选择"Copy"（复制）、"Paste"（粘贴）、"Cut"（剪切）、"Delete"（删除）等菜单命令。

也可利用键盘实现相关功能。例如，用"Delete"键实现删除操作，用快捷键"Ctrl+C"实现复制操作，用快捷键"Ctrl+V"实现粘贴操作，用快捷键"Ctrl+X"实现剪切操作。

6. 元器件标签、编号、数值、模型参数的设置

在选中元器件后，双击该元器件或者选择菜单命令"Edit"→"Properties"（元器件特性），会弹出元器件特性对话框。

元器件特性对话框中有多个选项卡可供设置，包括"Label"（标识）、"Display"（显示）、"Value"（数值）、"Fault"（故障设置）、"Pins"（引脚端）、"User fields"（用户域）等。对于不同的元器件，标签中的具体内容可能不同。例如，电容器特性对话框如图3.17所示。

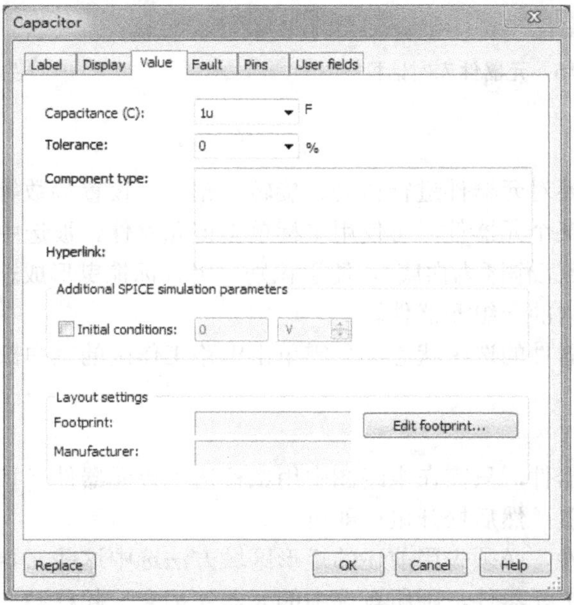

图3.17　电容器特性对话框的"Value"选项卡

(1)　"Label"（标识）选项卡

"Label"（标识）选项卡用于设置元器件的 Label（标识）和 RefDes（编号）。编号由系统自动分配，必要时可以修改，但必须保证编号的唯一性。注意，连接点、接地等元器件没有编号。在电路图上是否显示标识和编号可在"Sheet Properties"对话框的"Sheet visibility"选项卡中设置。

(2)　"Display"（显示）选项卡

"Display"（显示）选项卡用于设置"Label""Values""RefDes"等参数的显示方式。默认采用电路图纸的可见性设置（Use sheet visibility settings），此时相关参数的显示方式与"Sheet Properties"对话框的"Sheet visibility"选项卡中的设定有关。此外，也可采用元器件特定的参数显示设置（Use component-specific visibility settings），单独设置元器件的各项参数是否显示。

(3)　"Value"（数值）选项卡

"Value"（数值）选项卡用于设置元器件的电气参数。对于不同的元器件，该选项卡内可设置的内容不同。例如，电容器的"Value"选项卡如图 3.17 所示，其中可设置电容器容值（Capacitance），以 F（法拉）为基本单位，uF 表示"微法"。此外，还可设置容差（Tolerance）、元器件型号（Component type）、超链接（Hyperlink）、附加的 SPICE 仿真参数（Additional SPICE simulation parameters）、布线设置（Layout settings）等。

(4)　"Fault"（故障）选项卡

"Fault"（故障）选项卡可供人为设置元器件的隐含故障。例如，在三极管的"Fault"选项卡中，E、B、C 为与故障设置有关的引脚号，该选项卡提供"Leakage"（漏电）、"Short"（短路）、"Open"（开路）、"None"（无故障）等设置。如果选择了"Open"（开路）设置，则图中设置引脚 E 和引脚 B 为 Open（开路）状态，尽管该三极管仍连接在电路中，但实际上隐含了开路的故障。这可以为电路的故障分析提供方便。

(5)　改变元器件的颜色

在复杂的电路中，可以将元器件设置为不同的颜色，使电路图更加清晰易读。要改变元器件的颜色，用鼠标指向该元器件，单击右键，在出现的快捷菜单中选择"Color"菜单命令，打开颜色选择框，然后选择合适的颜色即可。

7. 导线的绘制与编辑

(1) 连接导线

在两个元器件之间，首先将鼠标指向一个元器件的端点，使其出现一个带十字的小圆点，按下鼠标左键并拖曳出一根导线，拉住导线并指向另一个元器件的端点使其出现小圆点，释放鼠标左键，则导线连接完成。

连接时，导线将自动选择合适的走向，不会与其他元器件或仪器仪表发生重合。如果用户希望自己选择导线的排布方式，可以在连线的中间单击鼠标，自主确定导线的转折点。

(2) 删除与移动导线

用鼠标单击一条导线，使之处于选中状态（导线上出现方形标示点），然后按键盘上的

"Delete"键，可删除选中的导线。用鼠标拖曳，可移动某段被选中的导线。

(3) 改变导线的颜色

在复杂的电路中，为使电路图更加清晰易读，可以将导线设置为不同的颜色。要改变导线的颜色，用鼠标指向该导线，单击右键，在出现的快捷菜单中选择"Net color"菜单命令，打开颜色选择框，然后选择合适的颜色即可。

(4) 在导线上插入元器件

将元器件直接拖曳放置在导线上，然后释放，即可在导线上插入元器件。

(5) 为导线设置网络名称（Net name）

在 Multisim 中，术语"Net"译为网络，用于描述电路图中引脚之间的导线。为导线命名有利于使电路图更具有可读性，并易于在电路分析时发现信号的走向。在 Multisim 的电路图中创建网络时，软件会自动用数字为导线进行命名，在一个电路图中，每一条导线都有一个独一无二的名称。

但有时用户可能希望为某条导线设置有特殊意义的名称，如"Output"，这时可以为导线指定所需的名称。设置自定义网络名称的方法是：双击要命名的导线，弹出"Net Properties"（网络属性）对话框，选择"Net name"选项卡，如图 3.18 所示。当前使用的网络名称和命名来源显示在选项卡中，在"Preferred net name"文本框里输入自定义网络名称，单击"OK"按钮，即可为选定导线指定新的网络名称。复选框"Show net name (when net-specific settings are enabled)"用于设置是否在电路图中显示网络名称。

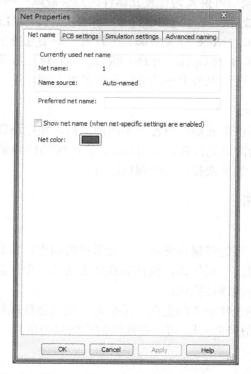

图 3.18 "Net Properties"（网络属性）对话框

在 Multisim 中，如果将两条导线命名为同一名称，则两条导线会在电路中自动实现连通，但由于在电路图中不一定有可见的连接线将其连接，因此称之为"虚拟接线"。这种方式可用于减少电路图的复杂程度，使电路图在视觉上更为简洁。

需要特别注意的是，如果一条导线连接在一些特殊节点上，如全局连接器 VCC、GND、页面内连接器（On-page connector）、页面间连接器（Off-page connector）和层次电路模块/子电路连接器（HB/SC connector），网络名称会自动匹配这些特殊节点的名称，不会再使用原有的自动命名名称或用户自定义名称。例如，任何与全局节点模拟地 ⊥ 相连的导线，均被自动更名为 0，不能再被编辑为其他名称。

(6) 在导线上放置连接点（Junction）

连接点（Junction）也叫节点，在电路中是导线交叉处的一个小圆点，可以实现交叉点导线的电连通。根据电路图绘制规范，在多条导线交叉时，有交叉相连和交叉不相连两种方式。只有交叉处有连接点的，这些导线才是电连通的；没有连接点的，即使位置上看来线路交叉，也是不连通的。

选择菜单命令"Place"→"Junction"可以放置连接点。一个连接点最多可以连接来自四个方向的导线。可以直接将连接点插入导线中。

在连接电路时，Multisim 自动为每个连接点分配一个编号。是否显示连接点编号可由选择菜单命令"Options"→"Sheet properties"打开的对话框中的"Circuit"选项设置。通过"RefDes"选项，可以选择是否显示连接点编号。

8. 创建子电路

子电路是由用户自己设计定义的一个电路，可存放在自定义元器件库中，成为一个电路模块，供电路设计时反复调用。利用子电路可使大型复杂系统的设计模块化、层次化，从而提高设计效率与设计文档的简洁性、可读性，实现设计的重用，缩短产品的开发周期。

子电路的创建示例如下：

首先在电路工作区连接好一个电路，图 3.19 所示的为一个反相求和电路。

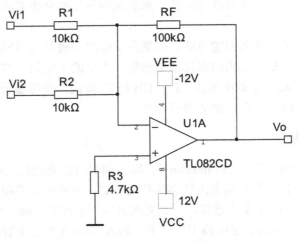

图 3.19　反相求和电路

选择菜单命令"Place"→"Replace by subcircuit"，出现子电路命名对话框，如图 3.20 所示。

输入电路名称如"FXQH"（最多为 8 个字符，包括字母与数字）后，用鼠标单击"OK"按钮，选择的电路便会复制到用户元器件库中，同时给出子电路图标，完成子电路的创建。生成的子电路图标如图 3.21 所示。

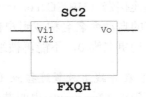

图 3.20　子电路命名对话框　　　　　图 3.21　生成的子电路图标

选择菜单命令"File"→"Save"或按快捷键"Ctrl+S"，可以保存生成的子电路。选择菜单命令"File"→"Save as"，可将当前子电路文件换名保存。

子电路的调用：执行菜单命令"Place"→"New subcircuit"或按快捷键"Ctrl+B"，在打开的对话框里输入已创建的子电路的名称"FXQH"，即可在电路图中放入一个反相求和电路的子电路模块。

子电路的修改：双击子电路模块，在出现的"Hierarchical Block/Subcircuit"（层次模块/子电路）对话框中单击"Edit HB/HC"按钮，可调出并显示子电路的电路图，直接修改该电路图，然后保存即可。

子电路的输入/输出连接器：为了能对子电路进行外部连接，需要对子电路添加输入/输出功能。添加方法如下：选择菜单命令"Place"→"Connectors"→"HB/SC connector"或按快捷键"Ctrl+I"，屏幕上出现输入/输出连接器（HB/SC connector）符号□—，将该符号与子电路的输入/输出信号端进行连接。注意，带有输入/输出连接器的子电路才能与外电路连接。当你把一个输入/输出连接器与电路中的某根导线连接时，如果这根导线已经有用户自定义的网络名称（Net name），那么这个连接器会自动被赋名为该导线的网络名称；如果这根导线的名称是自动分配的，那么这根导线的网络名称会与连接器名称匹配一致。

此外，还有一种子电路的创建方法。如果在子电路中进行调用操作时，输入的是新的未创建的子电路名称，则可在当前电路图中创建一个空的子电路。双击该子电路模块，在出现的层次模块/子电路对话框中单击"Edit HB/HC"按钮，则可显示一个空白的子电路内部电路图，直接修改该电路图，然后保存即可。

9. 输入/输出连接器

选择菜单命令"Place"→"Connectors"，即可调取所需要的输入/输出连接器，并将其放置在当前电路图之中。输入/输出连接器简称连接器，可用于实现和表示电路内部或多页面、多层次各电路之间的非实线连接，有些文献资料中也称其为端口或者接口。输入/输出连接器菜单如图 3.22 所示。在电路工作区中，输入/输出连接器可看作是只有一个引脚的元器件，所有操作方法与元器件相同。不同的是输入/输出连接器只有一个连接点。

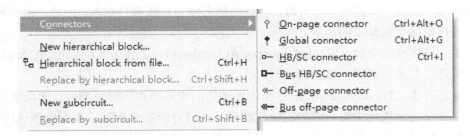

图 3.22   输入/输出连接器菜单

各连接器的含义如下。

- On-page connector：页面内连接器。用于在同一张电路图中，实现导线间的非实线连通。即不在电路图上增画实线形式的导线，也可用同名连接器实现多个连接点的电路连通。
- Global connector：全局连接器。用于定义一个全局网络名称。全局连接器无论放在层次电路图中的什么位置，网络名称均始终保持不变。
- HB/SC connector：层次电路模块或者子电路的输入或输出连接器。
- Bus HB/SC connector：层次电路模块或者子电路的总线输入或输出连接器。
- Off-page connector：用于在平面多张同级电路图（即非嵌套电路图）中作为电路图间的连接器。
- Bus off-page connector：用于在平面多张同级电路图（即非嵌套电路图）中作为电路图间的总线连接器。

注意，模拟地（Analog Ground）是一个特殊的全局连接器（也称全局端口），其名称是不可修改的。而在电路图中，如果想要知道某一个连接器的类型，只需将鼠标悬停在该连接器图标上，即可显示连接器类型的提示信息。

3.3.3 Multisim的电路分析方法

Multisim 的电路分析方法主要有直流工作点分析、交流分析、单一频率交流分析、瞬态分析、傅里叶分析、噪声分析、噪声系数分析、失真分析、直流扫描分析、灵敏度分析、参数扫描分析、温度扫描分析、零-极点分析、传递函数分析、最坏情况分析、蒙特卡罗分析、导线宽度分析、批处理分析、用户自定义分析。执行菜单命令"Simulate"→"Analyses"，在打开的子菜单中可调用这些分析。各种分析的功能如下。

- 直流工作点分析（DC operating point）：用于分析电路的静态工作点，即仅为电路接通直流电源，不加交流输入信号时，电路中各点的电压和电流值。在进行直流工作点分析时，电路中的交流源将被置零，电容开路，电感短路。
- 交流分析（AC analysis）：用于分析电路的频率特性。需先选定被分析的电路节点，在分析时，电路中的直流源将自动置零，交流信号源、电容、电感等均处在交流模式，输入信号也设定为正弦波形式。若把函数信号发生器的其他信号作为输入激励信号，在进行交流频率分析时，会自动把它作为正弦信号输入。因此，输出响应也是该电路交流频率的函数。

- 单一频率交流分析（Single frequency AC analysis）：工作方式类似于 AC analysis，但是只在单一频率下做仿真分析。

- 瞬态分析（Transient analysis）：指定所选定的电路节点的时域响应，即观察该节点在整个显示周期中每一时刻的电压波形。在进行瞬态分析时，直流电源保持常数，交流信号源随着时间而改变，电容和电感都是能量储存模式元器件。

- 傅里叶分析（Fourier analysis）：用于分析一个时域信号的直流分量、基频分量和谐波分量，即把被测节点处的时域变化信号进行离散傅里叶变换，求出它的频域变化规律。在进行傅里叶分析时，必须首先选择被分析的节点，一般将电路中的交流激励源的频率设定为基频，在电路中有几个交流源时，可以将基频设定在这些频率的最小公因数上。

- 噪声分析（Noise analysis）：用于检查电子线路输出信号的噪声功率幅度，计算、分析电阻或晶体管的噪声对电路的影响。在分析时，假定电路中各噪声源是互不相关的，因此它们的数值可以分开各自计算。总的噪声是各噪声在该节点的和（用有效值表示）。

- 噪声系数分析（Noise figure analysis）：主要用于研究元器件模型中的噪声参数对电路的影响。在 Multisim 的噪声系数定义中：N_0 是输出噪声功率，N_s 是信号源电阻的热噪声，G 是电路的 AC 增益（即二端口网络的输出信号与输入信号的比）。噪声系数的单位是 dB。

- 失真分析（Distortion analysis）：用于分析电子电路中的谐波失真和内部调制失真（互调失真），通常非线性失真会导致谐波失真，而相位偏移会导致互调失真。若电路中有一个交流信号源，该分析能确定电路中每一个节点的二次谐波和三次谐波的复值；若电路中有两个交流信号源，该分析能确定电路变量在三个不同频率处的复值：两个频率之和的值、两个频率之差的值以及二倍频与另一个频率的差值。该分析方法对电路进行小信号的失真分析，采用多维"Voterra"分析法和多维"泰勒"（Taylor）级数来描述工作点处的非线性，级数要用到三次方项。这种分析方法尤其适合观察在瞬态分析中无法看到的、比较小的失真。

- 直流扫描分析（DC sweep）：利用一个或者两个直流电源分析电路中某一节点上的直流工作点的数值变化的情况。注意，如果电路中有数字元器件，可将其当作一个大的接地电阻处理。

- 灵敏度分析（Sensitivity）：分析电路特性对电路中元器件参数的敏感程度。灵敏度分析包括直流灵敏度分析和交流灵敏度分析。直流灵敏度分析的仿真结果以数值的形式显示，交流灵敏度分析的仿真结果以曲线的形式显示。

- 参数扫描分析（Parameter sweep）：采用参数扫描分析方法分析电路，可以较快地获得某个元器件的参数在一定范围内变化时对电路的影响。相当于该元器件每次取不同的值，进行多次仿真。数字元器件在进行参数扫描分析时将被视为高阻接地。

- 温度扫描分析（Temperature sweep）：采用温度扫描分析，可以同时观察到在不同温度条件下的电路特性，相当于该元器件每次取不同的温度值进行多次仿真。可以通过温度扫描分析对话框选择被分析元器件的温度的起始值、终值和增量值。在进行其他分析时，电路的仿真温度默认值设定为 27℃。

- 零–极点分析（Pole zero）：用于寻找一个电路在交流小信号工作状态下，其传递函数的零点和极点，是一种对电路的稳定性分析相当有用的工具。通常先进行直流工作点分析，对非线性元器件求得线性化的小信号模型，在此基础上再分析传输函数的零、极点。零–极点分析主要用于模拟小信号电路的分析，数字元器件将被视为高阻接地。

- 传递函数分析（Transfer function）：可以分析一个源与两个节点的输出电压或一个源与一个电流输出变量之间的直流小信号传递函数。也可以用于计算输入和输出阻抗。需先对模拟电路或非线性元器件进行直流工作点分析，求得线性化模型，然后再进行小信号分析。输出变量可以是电路中的节点电压，输入必须是独立源。

- 最坏情况分析（Worst case）：是一种统计分析方法，可以使你观察到元器件参数变化时电路特性变化的最坏可能性。所谓最坏情况，是指电路中的元器件参数在其容差域边界上取某种组合时所引起的电路性能的最大偏差，而最坏情况分析是在给定电路元器件参数容差的情况下，估算出电路性能相对于标称值的最大偏差。

- 蒙特卡罗分析（Monte Carlo）：采用统计分析方法，观察给定电路中元器件参数按选定的误差分布类型在一定范围内变化时对电路特性的影响。分析的结果可用于预测电路在批量生产时的成品率和生产成本。

- 导线宽度分析（Trace width analysis）：主要用于计算电路中电流流过时所需的最小导线宽度。

- 批处理分析（Batched analysis）：在实际电路分析中，通常需要对同一个电路进行多种分析。例如，对于一个放大电路，为了确定静态工作点，需要进行直流工作点分析；为了了解其频率特性，需要进行交流分析；为了观察输出波形，需要进行瞬态分析。批处理分析可以将不同的分析功能放在一起依序执行。

- 用户自定义分析（User defined analysis）：允许用户手动载入一个 SPICE 卡片或者网表，并使用 SPICE 命令输入来创建一个仿真分析。相对于 Multisim 图形界面，这给了用户更多自由来设置仿真分析的内容和参数，但也需要用户具有 SPICE 程序设计知识。

3.4　虚拟仪器仪表的使用

强大易用、功能丰富的虚拟仪器仪表库是 Multisim 与其他电子电路仿真软件相比的一个突出亮点。本节主要介绍 Multisim 中虚拟仪器仪表的选用、连接、设置等一般操作，以及最常用的一些通用虚拟仪器仪表的功能、图标、面板等基本知识。这些通用的虚拟仪器仪表主要包括数字万用表、函数信号发生器、瓦特表、示波器、波特图仪、频率计、字信号发生器、逻辑分析仪、逻辑转换仪、电流/电压分析仪、测量探针、电压表、电流表等。

3.4.1　虚拟仪器仪表的基本操作

1. 仪器仪表的选用与连接

(1) 仪器仪表选用

仪器仪表的放置方法类似于元器件的拖放。在仪器仪表库栏中，用鼠标单击选中所需的仪器仪表图标，然后在电路工作区合适的位置单击，即可将仪器仪表图标放入电路图中。

(2) 仪器仪表连接

将仪器仪表图标上的连接端（接线柱）与相应电路的连接点相连，连线的方法类似于元器件。

2. 仪器仪表参数的设置

(1) 设置仪器仪表参数

双击电路图中的仪器仪表图标，即可打开仪器仪表面板。可以用鼠标操作仪器仪表面板上的相应按钮、旋钮，通过对话框设置仪器仪表参数。

(2) 改变仪器仪表参数

在测量或观察过程中，可以根据测量或观察结果来改变仪器仪表参数的设置，如示波器、逻辑分析仪等。

3.4.2　数字万用表

数字万用表（Multimeter）是一种可以用来测量交直流电压、交直流电流、电阻及电路中两点之间分贝损耗、自动调整量程的数字显示的多用表。数字万用表在电路中的图标、面板和参数设置对话框如图 3.23 所示。

用鼠标双击电路图中的数字万用表图标，可以显示数字万用表面板。可通过单击按钮确定万用表当前功能，如按钮"A"表示电流表、"V"表示电压表、"Ω"表示欧姆表、"dB"表示用分贝形式显示电压电平[1]。按钮 ⌒ 表示测量交流参量，按钮 ― 表示测量直流参量。

用鼠标单击数字万用表面板上的"Set"（设置）按钮，弹出参数设置对话框。在该对话框中，可以设置数字万用表的电流表内阻（Ammeter resistance）、电压表内阻（Voltmeter resistance）、欧姆表电流（Ohmmeter current）、分贝相对值（dB relative value）及测量范围（overrange）等参数。大部分时候，我们可以直接使用默认参数。

---

[1]: 使用"dB"功能时，显示的电平是一个相对量。一般电压表以 600Ω 电阻功耗为 1mW 时的端电压（有效值）0.775V 为参考，即 $u(dB)=20\log(u/0.775)$，如交流电压有效值分别为 0.775V 和 7.75V，其电压电平分别为 0dB 和 20dB。

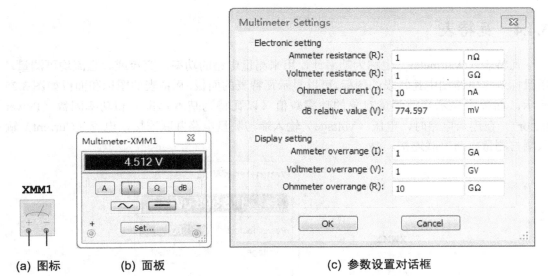

(a) 图标　　　　(b) 面板　　　　　　(c) 参数设置对话框

图 3.23　数字万用表

3.4.3　函数信号发生器

函数信号发生器（Function generator）是可提供正弦波、三角波、方波三种不同波形的信号的电压信号源。用鼠标双击电路图中的函数信号发生器图标，可以显示函数信号发生器的面板。函数信号发生器的图标、面板及方波输出时的上升/下降时间设置对话框如图 3.24 所示。

函数信号发生器的输出波形（Waveforms）、工作频率（Frequency）、占空比（Duty cycle）、幅度（Amplitude）和直流偏置（Offset），可通过鼠标单击波形选择按钮和在各窗口中设置相应的参数来设置。频率设置范围为 1Hz～999THz，占空比设置范围为 1%～99%，幅度设置范围为 1μV～999kV，直流偏置的偏移量设置范围为–999kV～999kV。若选择的波形是方波，还可单击函数信号发生器面板上的"Set rise/Fall time"按钮，打开上升/下降时间设置对话框，如图 3.24(c)所示，设置方波的上升和下降时间，以模拟实际情况中的非理想数字波形。

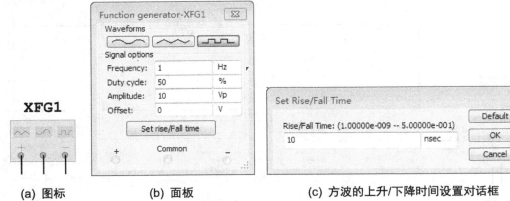

(a) 图标　　　　(b) 面板　　　　　　(c) 方波的上升/下降时间设置对话框

图 3.24　函数信号发生器

3.4.4 瓦特表

瓦特表（Wattmeter）也称为功率计，用来测量电路的功率，交流或者直流均可测量。用鼠标双击电路图中瓦特表的图标，可以显示瓦特表的面板。瓦特表的图标和面板如图 3.25 所示。面板中显示当前测量对象的功率数值（以瓦特为基本单位）和功率因数（Power factor）。在连入电路时，电压（Voltage）输入端与测量电路并联连接，电流（Current）输入端与测量电路串联连接。

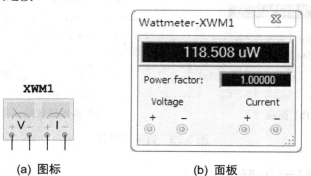

(a) 图标　　　　　　　　　(b) 面板

图 3.25　瓦特表

3.4.5 示波器

示波器（Oscilloscope）是用来显示电信号波形的形状、大小、频率等参数的仪器。用鼠标双击电路图中示波器的图标，可以显示示波器的面板。示波器面板中各按键的作用、调整及参数的设置与实际的示波器类似。示波器的图标和面板如图 3.26 所示。

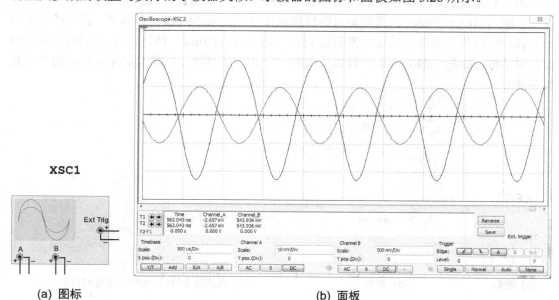

(a) 图标　　　　　　　　　(b) 面板

图 3.26　示波器

1. 时基（Timebase）控制部分的调整

(1) 时间基准

X 轴刻度显示示波器的时间基准，其基准刻度（Scale）范围为 0.1fs/Div～1000Ts/Div。其中，时间的基本单位为秒（s），"/Div" 的含义是 "per division"，表示横向的每个分格。

(2) X 轴位置

X 轴位置（X pos.(Div)）控制 X 轴的起始点。当 X 的位置调到 0 时，信号从显示器的左边缘开始，正值使起始点右移，负值使起始点左移。X 位置的调节范围为 −5.00～＋5.00，即可从左移 5 个分格变化到右移 5 个分格。

(3) 显示方式选择

利用示波器面板左下角的 4 个按钮可以选择示波器的显示方式。四个按钮分别表示四种垂直方式："Y/T"（幅度/时间）、"Add"（相加）、"B/A"（B 通道/A 通道）和 "A/B"（A 通道/B 通道）方式。

- Y/T 方式：X 轴显示时间，Y 轴显示电压值。可用于显示电压随时间变化的波形图。
- A/B、B/A 方式：X 轴与 Y 轴都显示电压值。A/B 方式表示以通道 A 的输入电压为纵坐标（Y 轴），以通道 B 的输入电压为横坐标（X 轴）；B/A 方式与 A/B 方式坐标取值相反。此方式可以用来测量相同频率信号之间的相位差，如观察李沙育图形，还可以用来进行元器件测试，例如描绘二极管的伏安特性曲线，测量集成运算放大器的电压转移特性等。
- Add 方式：X 轴显示时间，Y 轴显示 A 通道、B 通道的输入电压之和。

2. 示波器输入通道（Channel A 和 Channel B）的设置

(1) Y 轴刻度

Y 轴电压刻度（Scale）的范围为 1fV/Div～1000TV/Div，可以根据输入信号大小来选择 Y 轴刻度值的大小，使信号波形在示波器显示屏上显示出合适的幅度。其中，幅度的基本单位为伏特（V），"/Div" 的含义是 "per division"，表示纵向的每个分格。

(2) Y 轴位置

Y 轴位置（Y pos.(Div)）控制 Y 轴的起始点。当 Y 的位置调到 0 时，Y 轴的起始点与 X 轴重合，如果将 Y 轴位置增加到 1.00，则 Y 轴原点位置从 X 轴向上移一大格；若将 Y 轴位置减小到−1.00，则 Y 轴原点位置从 X 轴向下移一大格。Y 轴位置的调节范围为−3.00～＋3.00。改变 A、B 通道的 Y 轴位置有助于比较或分辨两通道的波形。

(3) Y 轴输入方式

Y 轴输入方式即信号输入的耦合方式，可通过每个通道下方的 "AC" "0" "DC" 三个按钮选择。当用 AC 耦合时，示波器显示信号的交流分量。当用 DC 耦合时，显示的是信号的 AC 和 DC 分量之和。当用 0 耦合时，在 Y 轴设置的原点位置显示一条水平直线。

3. 触发方式（Trigger）调整

触发方式通过示波器面板右下角的"Trigger"区域中的相关按钮和选项调整。

（1）触发信号选择

触发信号来源可选择通道 A、通道 B 或者外部信号 Ext。触发方式通过四个按钮选择，包括"Single"（单次脉冲触发）、"Normal"（常规脉冲触发）、"Auto"（自动触发）和"None"（无触发）。一般情况下选择"Auto"（自动触发）。

（2）触发沿（Edge）选择

可选择上升沿📶或下降沿📉。

（3）触发电平（Level）选择

可选择触发电平范围，直接在"Level"框中输入电平的数值，并选择电压单位即可。

4. 示波器显示波形读数

要显示波形读数的精确值，可用鼠标将垂直光标拖到需要读取数据的位置，光标与波形垂直相交点处的时间和电压值以及两光标位置之间的时间、电压的差值将显示在屏幕下方的方框内。

用鼠标单击"Reverse"按钮，可将示波器屏幕的背景颜色反色，即从默认的黑色背景变成白色背景。用鼠标单击"Save"按钮，可按 ASCII 码格式存储波形读数。

3.4.6 波特图仪

波特图仪（Bode Plotter）可以用来测量和显示电路的幅频特性（Magnitude）与相频特性（Phase），类似于扫频仪。用鼠标双击电路中的波特图仪图标，可显示波特图仪的面板图。波特图仪的图标和面板如图 3.27 所示。在面板中可选择幅频特性或者相频特性。波特图仪有 In 和 Out（图标中显示为大写 IN 和 OUT，为软件自动生成，但叙述中采用首字母大写、其余字母小写形式）两对端口，其中 In 端口的 + 和 - 分别接电路输入端的正端和负端；Out 端口的 + 和 - 分别接电路输出端的正端和负端。使用波特图仪时，必须在电路的输入端接入 AC（交流）信号源。

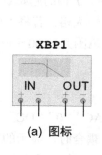

(a) 图标

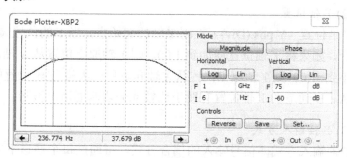

(b) 面板

图 3.27　波特图仪

1. 坐标设置

在垂直（Vertical）坐标或水平（Horizontal）坐标控制面板区域内，单击"Log"按钮，坐标以对数（底数为 10）的形式显示；单击"Lin"按钮，坐标以线性的结果显示。

在信号频率范围很宽的电路中，分析电路频率响应时，通常选用对数坐标（以对数为坐标所绘出的频率特性曲线称为波特图）。

水平（Horizontal）坐标标度（1mHz～1000THz）：水平坐标轴显示频率值。它的标度由水平轴的初始值（Initial）或终值（Final）决定。

垂直（Vertical）坐标：当测量电压增益时，垂直坐标轴显示输出电压与输入电压之比，若使用对数基准，则单位是分贝；若使用线性基准，则显示的是比值。当测量相位时，垂直坐标轴以度为单位显示相位差。

2. 坐标数值的读出

要得到特性曲线上任意点的频率、增益或相位差，可用鼠标拖动读数指针（位于波特图仪中的垂直光标），或者用读数指针移动按钮来移动读数指针（垂直光标）到需要测量的点，读数指针（垂直光标）与曲线的交点处的频率、增益或相位差的数值将显示在读数框中。

3. 分辨率设置

"Set"按钮用来设置扫描的分辨率。用鼠标单击"Set"按钮，出现分辨率设置对话框，数值越大，分辨率越高。

3.4.7　频率计

频率计（Frequency counter）主要用于测量信号频率和相关参数。频率计的图标和面板如图 3.28 所示。

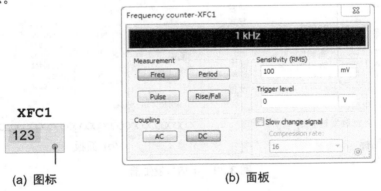

图 3.28　频率计

频率计面板中的各项设置说明如下。

1. Measurement（测量方式）

• Freq：用于测量频率。

- Pulse：用于测量一个正脉冲或负脉冲的脉冲宽度。
- Period：用于测量信号周期。
- Rise/Fall：用于测量一个信号周期的上升和下降时间。

2. Coupling（耦合方式）

- AC：单击该按钮，仅测量信号中的交流成分。
- DC：单击该按钮，测量信号中的交流分量和直流分量之和。

3. Sensitivity (RMS)（敏感度）

在左边的文本框中输入敏感度电压数值，在右边的单位栏中选择电压单位。

4.Trigger level（触发电平）

在左边的文本框中输入触发电平的数值，在右边的单位栏中选择电压单位。只有输入波形达到触发电平时，才会有读数显示。

3.4.8 字信号发生器

字信号发生器（Word generator）是能产生 32 路（位）同步逻辑信号的一个多路逻辑信号源，用于对数字逻辑电路进行测试。用鼠标双击电路图中的字信号发生器图标，可调出字信号发生器面板。字信号发生器的图标和面板如图 3.29 所示。

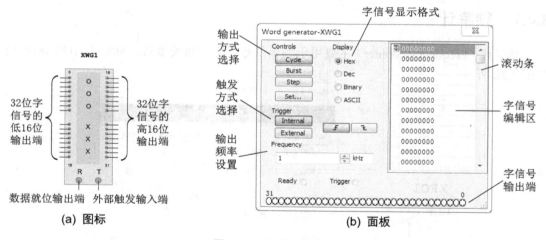

图 3.29 字信号发生器

1. 字信号的输入

在字信号编辑区，32 位的字信号以 8 位十六进制数编辑和存放，可以存放 1024 条字信号，地址编号为 0000～03FF。

字信号输入操作：将光标移至字信号编辑区的某一位，单击鼠标，由键盘输入字信号，光标自左至右、自上至下移位，可连续地输入字信号。

在字信号显示区（Display）可以设置字信号显示格式。四种格式分别为"Hex"（十六进制）、"Dec"（十进制）、"Binary"（二进制）和"ASCII"（ASCII 码）。字信号发生器被激活后，字信号按照一定的规律逐行从底部的输出端送出，同时在面板的底部对应于各输出端的小圆圈内实时显示输出字信号各个位（bit）的值。

2. 字信号的输出

字信号的输出方式有"Step"（单步）、"Burst"（单帧）、"Cycle"（循环）三种。用鼠标单击一次"Step"按钮，字信号输出一条。这种方式可用于对电路进行单步调试。用鼠标单击"Burst"按钮，则从首地址开始至本地址连续逐条地输出字信号。用鼠标单击"Cycle"按钮，则循环不断地进行"Burst"方式的输出。

采用"Burst"和"Cycle"方式时，输出节奏由设置的输出频率决定。

采用"Burst"方式时，当运行至该地址时输出暂停。再用鼠标单击"Pause"按钮，则恢复输出。

3. 字信号的触发

字信号的触发方式分为"Internal"（内部）和"External"（外部）两种。当选择"Internal"触发方式时，字信号的输出直接由输出方式按钮（"Step""Burst""Cycle"）启动。当选择"External"触发方式时，则需接入外触发脉冲，并定义"上升沿触发"或"下降沿触发"，然后单击输出方式按钮，待触发脉冲到来时才启动输出。此外，在数据准备好后，输出端还可以得到与输出字信号同步的时钟脉冲输出。

4. 字信号的存盘、重用、清除等操作

用鼠标单击"Set"按钮，弹出"Pre-setting patterns"对话框，其中的"Clear buffer"（清字信号编辑区）、"Open"（打开字信号文件）、"Save"（保存字信号文件）三个选项用于对编辑区的字信号进行相应的操作。字信号文件的后缀为.DP。该对话框中的"UP counter"（按递增编码）、"Down counter"（按递减编码）、"Shift right"（按右移编码）、"Shift left"（按左移编码）四个选项用于生成按一定规律排列的字信号。例如，选择"UP counter"，按 0000～03FF 排列；选择"Shift right"，则按 8000、4000、2000 等逐步右移一位的规律排列；其余类推。

3.4.9　逻辑分析仪

逻辑分析仪（Logic Analyzer）用于对数字逻辑信号进行高速采集和时序分析，可以同步记录和显示 16 路数字信号。逻辑分析仪的图标和面板如图 3.30 所示。

1. 数字逻辑信号与波形的显示、读数

面板左边的 16 个小圆圈对应 16 个输入端，各路输入逻辑信号的当前值在小圆圈内显示，按从上到下排列依次为最低位至最高位。16 路输入的逻辑信号的波形以方波形式显示在逻辑信号波形显示区。通过设置输入导线的颜色可修改相应波形的显示颜色。波形显示

的时间轴刻度可通过面板下边的"Clocks/Div"设置。读取波形的数据可以通过拖放读数指针完成。在面板下部的两个方框内显示指针所处位置的时间读数和逻辑读数（4 位十六进制数）。

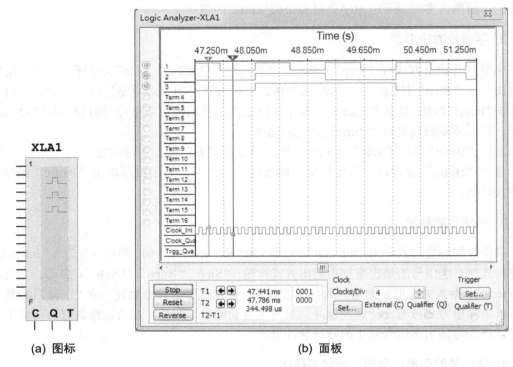

(a) 图标 (b) 面板

图 3.30 逻辑分析仪

2. 触发方式设置

单击"Trigger"区域的"Set"按钮，就会弹出触发方式设置对话框（如图 3.31 所示）。在"Trigger clock edge"区域，可以选择触发时钟的有效边沿是"Positive"（上升沿）、"Negative"（下降沿）或"Both"（两者皆可）。在"Trigger patterns"区域中可以输入 A、B、C 三个触发字（也称为触发模式）。逻辑分析仪在读到一个指定字或几个字的组合后触发。要输入触发字，可单击标为 A、B 或 C 的编辑框，然后输入二进制的字（0 或 1）或者 x，x 代表该位为"任意"（0、1 均可）。用鼠标单击"Trigger combinations"右边的下拉按钮，弹出由 A、B、C 组合的 8 组触发字，选择 8 种组合之一，并单击"OK"按钮，"Trigger combinations"就被设置为该种组合触发字了。

三个触发字的默认设置均为 xxxxxxxxxxxxxxxx，表示只要第一个输入逻辑信号到达，无论是什么逻辑值，逻辑分析仪均被触发，开始波形的采集，否则必须满足触发字条件才被触发。此外，"Trigger qualifier"（触发限定字）对触发有控制作用。若该位设为 x，则触发控制不起作用，触发完全由触发字决定；若该位设置为"1"（或"0"），则仅当触发控制输入信号为"1"（或"0"）时，触发字才起作用，否则即使触发字组合条件满足也不能引起触发。

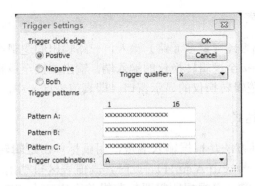

图 3.31　逻辑分析仪的触发方式设置对话框

3. 采样时钟设置

用鼠标单击逻辑分析仪面板下部 Clock 区域的 "Set" 按钮，会弹出时钟控制对话框。在该对话框中，波形采集的控制时钟源（Clock source）可以选择内时钟（Internal）或者外时钟（External）。如果选择内时钟，则可以设置内时钟频率（Clock rate）。此外，还可对采样数据的数量和阈值进行设置。"Clock qualifier"（时钟限定）仅当选择外时钟的时候有效，其设置决定时钟控制输入对时钟的控制方式，若该位设置为 "1"，表示时钟控制输入为 "1" 时开放时钟，逻辑分析仪可以进行波形采集；若该位设置为 "0"，表示时钟控制输入为 "0" 时开放时钟；若该位设置为 "x"，表示时钟总是开放的，不受时钟控制输入的限制。

3.4.10　逻辑转换仪

逻辑转换仪（Logic converter）是 Multisim 特有的虚拟仪器仪表，能够完成真值表、逻辑表达式和逻辑电路三者之间的相互转换，实际中不存在与此对应的设备。逻辑转换仪的图标和面板如图 3.32 所示。

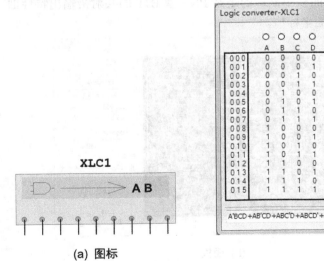

(a) 图标

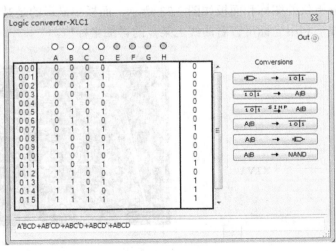

(b) 面板

图 3.32　逻辑转换仪

1. 逻辑电路→真值表

逻辑转换仪可以导出多路（最多 8 路）输入、一路输出的逻辑电路的真值表。首先画出逻辑电路，并将其输入端接至逻辑转换仪的输入端，输出端接至逻辑转换仪的输出端。单击 ⟨ → ⟨ 按钮，在逻辑转换仪的显示窗口（即真值表区）中，出现该电路的真值表。

2. 真值表→逻辑表达式

真值表的建立：一种方法是根据输入端数，用鼠标单击逻辑转换仪面板顶部代表输入端的小圆圈，选定输入信号（由 A 至 H）。此时，真值表区自动出现输入信号的所有组合，而输出列的初始值全部为零；可根据所需要的逻辑关系修改真值表的输出值，建立真值表。另一种方法是利用逻辑转换仪，将电路图转换为和其逻辑功能一致的真值表。

对已在真值表区建立的真值表，用鼠标单击 ⟨ → AIB 按钮后，在面板的底部逻辑表达式栏会出现相应的逻辑表达式。如果要简化该表达式或直接由真值表得到简化的逻辑表达式，可单击 ⟨ SIMP AIB 按钮，在逻辑表达式栏中会出现该真值表的简化逻辑表达式。逻辑表达式中的"'"表示逻辑变量的"非"。

3. 表达式→真值表、逻辑电路或逻辑与非门电路

可以直接在逻辑表达式栏中输入逻辑表达式，"与-或"式及"或-与"式均可，单击 AIB → ⟨ 按钮得到相应的真值表，单击 AIB → ⟨ 按钮得到相应的逻辑电路，单击 AIB → NAND 按钮得到由与非门构成的逻辑电路。

3.4.11　电流/电压分析仪

电流/电压分析仪（IV analyzer）用来分析二极管、PNP 和 NPN 晶体管、PMOS 和 CMOS FET 的伏安特性。注意，电流/电压分析仪只能测量未连接到电路中的元器件。电流/电压分析仪的图标和面板如图 3.33 所示，面板中显示的是某 PNP 型 BJT 的共射极输出特性曲线，利用光标可查看曲线上某点的详细坐标值。

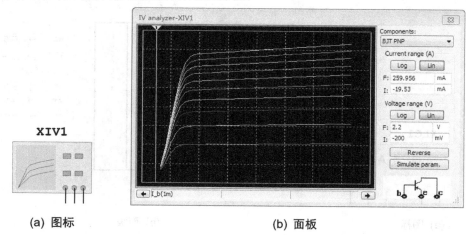

(a) 图标　　　　　　　　　(b) 面板

图 3.33　电流/电压分析仪

3.4.12　测量探针

Multisim 提供便于显示和放置的测量探针（Measurement probe）。在仪器仪表栏上单击图标 ![1.4v]，可调出测量探针。然后，在电路中单击被测量点的导线节点，可将测量探针放置到电路中的测量点上。在处于电路仿真状态时，测量探针旁即可以黄色小注释标签的形式显示该点的电压、电流和频率的相关参数。

3.4.13　电压表

电压表（Voltmeter）存放在指示元器件库中，在使用中数量没有限制，且仿真时可直接在其电路图图标中显示测量值。电压表用来测量电路中两点间的电压。测量时，将电压表与被测电路的两点并联。电压表预置的内阻很高，在 $1M\Omega$ 以上。在低电阻电路中使用极高内阻电压表，仿真时可能会产生错误。如需对电压表交、直流工作模式及其他参数进行设置，可双击电压表图标，打开电压表参数设置对话框。电压表的图标和参数设置对话框如图 3.34 所示。该对话框中有多个选项卡，包括"Label"（标识）、"Display"（显示）、"Value"（数值）、"Fault"（故障设置）、Pins（引脚）、User fields（用户域），参数的设置方法与元器件参数的设置方法相同。

(a) 图标　　　　　　　　　　　(b) 参数设置对话框

图 3.34　电压表

3.4.14　电流表

电流表（Ammeter）存放在指示元器件库中，在使用中数量没有限制。电流表用来测量电路中的电流，测量时将它串联在被测电路中，双击电流表图标，弹出电流表参数设置对话框。电流表的图标和参数设置对话框如图 3.35 所示，该对话框中有多个选项卡，包括"Label"（标识）、"Display"（显示）、"Value"（数值）、"Fault"（故障设置）、"Pins"（引脚）、"User fields"（用户域），参数的设置方法与元器件参数的设置方法相同。

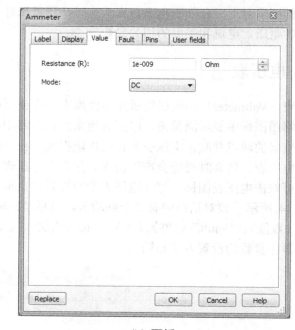

(a) 图标　　　　　　　　　　　(b) 面板

图 3.35　电流表

第 4 章
模拟电路实验与仿真

实践环节在电类专业实践动手能力的培养中至关重要，本章首先简要介绍电子技术实验的目的、意义和一般要求，然后分基本验证性实验（包含实物实验和仿真实验）和设计性实验两个部分重点介绍模拟电路的主要实验项目。本章强调实物实验与仿真实验相结合，除常用电子仪器仪表的使用外，其余所有实物实验均配备相应的仿真实验。

4.1 电子技术实验的一般过程

电子技术是一门工程性和实践性都很强的学科，课程的任务是使学生获得电子技术方面的基础理论、基础知识和基本技能。加强各种形式的实践环节，包括实验、课程设计和实习等，对于提高学生的素质和能力，特别是毕业后的实际工作能力，具有十分重要的意义。

4.1.1 电子技术实验的目的和意义

电子技术实验教学在培养学生的实践动手能力和工程应用能力等诸多方面都有着相当重要的地位。在实验过程中，通过分析、验证元器件和电路的工作原理及功能，对电路进行分析、调试、故障排除和性能指标测量，自行设计、制作各种功能的实际电路，学生的各种实验技能可以得到提高，实际工作能力也可以得到锻炼。同时，学生的创造性思维能力、观测能力、表达能力、动手能力、查阅文献资料的能力等也可以得到提高。此外，在实验中还可以培养学生勤奋进取、严肃认真、理论联系实际的务实作风和为科学事业奋斗的精神。

电子技术实验按性质可分为基本验证性实验、训练性实验、综合性实验和设计性实验四大类。

基本验证性实验和训练性实验是针对电子技术基础理论而设置的，强调的是电子技术这门学科范围内理论验证和实际技能的培养，着重奠定基础。学生通过实验可获得感性认识，验证和巩固重要的基础理论，同时掌握测量仪器仪表的工作原理和使用规范，熟悉常用元器件的原理和性能，掌握元器件的使用方法及其参数的测量方法，掌握基本实验知识、基本实验方法和基本实验技能。同时，掌握一定的安装、调试、分析、寻找故障等技能。

综合性实验侧重于对一些理论知识的综合应用和实验的综合分析，其目的是培养学生综合应用理论知识的能力和解决较复杂的实际问题的能力，包括实验理论的系统性，实验方案的完整性、可行性，元器件及测量仪器仪表的综合应用等。

设计性实验对学生来说，既有综合性又有探索性。它主要侧重于某些理论知识的灵活应用，要求学生在教师的指导下独立进行资料查阅、设计方案确立与组合实验等工作，并写出实验报告。借助于计算机仿真实验，可以使实验方案更加完善、合理。这类实验对提高学生的科学实验能力等非常有益。

近 20 年以来，电子技术发展呈现出系统集成化、设计自动化、用户专用化和测试智能化的态势，为了适应电子信息时代的要求，培养 21 世纪电子技术人才，除了完成常规的硬件实验，在电子技术实验教学中引入电子电路计算机辅助分析与设计的内容是必需的，也是很有益的。

常用电子电路仿真与设计软件有 Multisim 12.0、Altium Designer 10、Proteus 8.0、Quartus II 11.0、Filter Solutions 10.0、WEBENCH® Designer 等。这些软件各有特色。Multisim 12.0 界面直观，可以较快地掌握应用，功能较全面，特别适合电子技术的虚拟实验与系统设计，便于进行课堂演示和在实验室中进行电子电路的系统设计与仿真；Altium Designer 10 适合原理图与 PCB 制作；Proteus 8.0 适合单片机系统开发；Quartus II 11.0 为 FPGA 系统开发专用软件；Filter Solutions 10.0 为各类滤波器设计专用软件；WEBENCH® Designer 为 TI 公司提供的设计软件，适用于 TI 元器件。结合电子技术实验与课程设计知识点，本书主要选择 Multisim 12.0 进行详细介绍，并设计了一些仿真实验项目，教师和学生可结合计算机仿真与实物电路实验，辅助设计或单独实现一些实验和课程设计项目，灵活安排实验和设计内容。

总之，电子技术实验应当突出基本技能、设计性综合应用能力、创新能力和计算机应用能力的培养，以适应新世纪人才培养的要求。

4.1.2　电子技术实验的一般要求

尽管电子技术各个实验的目的和内容不同，但为了培养良好的学风，充分发挥学生的主动精神，促使其独立思考、独立完成实验并有所创造，我们对电子技术实验的准备阶段、进行阶段、完成阶段和实验报告分别提出下列基本要求。

1. 实验前准备

为避免盲目性，参加实验者应对实验内容进行预习。要明确实验目的，掌握有关电路的基本原理（设计性实验则要完成设计任务），拟出实验方法和步骤，熟悉或设计出原理电路图和主要参数的测量电路图，初步估算（或分析）实验结果（包括参数和波形），将理论计算值和待测参数列成表格，以便实验时填写，最后对思考题做出解答，写出完整的预习报告。实践证明，凡是预习做得好的同学，做起实验来得心应手，能有效提高实验效率，收到事半功倍的效果。

实验前，教师要检查预习情况，并对学生进行提问，预习不合格者不准进行实验。

2. 实验进行

(1) 参加实验者要自觉遵守实验室制度，维护实验室设备、环境良好，保持实验室的秩序和卫生。

(2) 根据实验内容合理布置实验现场。仪器仪表设备和实验装置安放要适当。检查所用元器件和仪器仪表是否完好，然后按实验方案搭接实验电路和测试电路。连好电路后认真检查，确保无误后，方可通电测试。

(3) 认真记录实验条件和所得数据、波形（并分析判断所得数据、波形是否正确）等。发生故障应独立思考，耐心寻找故障原因，并记下排除故障的过程和方法。

(4) 实验中发生事故和异常情况（如短路报警、异味、冒烟、元器件异常发烫等）应立即切断电源，并报告指导教师和实验室有关人员，等候处理。

师生的共同愿望是做好实验，保证实验质量。所谓做好实验，并不是要求学生在实验过程中不出现任何问题，一次成功。实验过程不顺利，不一定是坏事，学生常常可以从分析故障中学到知识，增强独立工作能力。"一帆风顺"反而不一定有更多收获。所以，做好实验的意思是独立解决实验中所遇到的问题，把实验做成功。

3. 实验完成

实验完成后，可请指导教师审查实验结果，将记录送指导教师审阅签字。经教师同意后，才能拆除线路，清理现场。

4. 实验报告

实验报告是对实验工作的全面总结，是完整、真实地记录实验结果和实验情况的文档。作为工程技术人员，必须具有撰写实验报告这种技术文件的能力。

(1) 实验报告内容
1) 列出实验条件，包括何日何时与何人共同完成什么实验，当时的环境条件，使用仪器仪表名称及编号等。
2) 认真整理和处理测试的数据和用坐标纸描绘的波形，并列出表格或用坐标纸画出曲线。
3) 对测试结果进行理论分析，得出简明扼要的结论。找出产生误差的原因，提出减少实验误差的方法。
4) 实验小结。简明扼要地总结实验完成情况，对实验方案和实验结果进行讨论，也可对实验中遇到的问题进行分析，简单叙述实验的收获和体会。
5) 完成思考题或其他扩展内容。

(2) 实验报告书写要求
实验报告书写的基本要求是：内容完整，文理通顺，简明扼要；字迹工整，符号、电路等符合规范，图表美观，标注清晰准确；数据记录完整，计算正确；分析合理有据，讨论切题深入，结论可靠。

4.2　基本验证性实验

模拟电子技术基本验证性实验是指初学者在学习模拟电子技术理论课程时，一边学习基本理论知识，一边动手进行实验，通过观察实验现象，测量、分析与计算实验数据，加深验证、理解基本理论知识，掌握基本实验技能的一种实验。

在基本验证性实验中，要求学生掌握、熟悉各种常用电子测量仪器仪表的使用、校准等，并对典型的模拟电子电路（分立、集成）进行测试、分析和计算，从而获得理论与实际技能两方面的知识。

基本验证性实物实验一般需要依托实验箱进行实验，而仿真实验则只需安装仿真软件即可进行实验验证。

4.2.1　常用电子仪器仪表的使用

1．实验目的

(1) 了解电子电路实验中常用的电子仪器仪表——示波器、函数信号发生器、直流稳压电源、交流毫伏表、频率计等的主要技术指标、性能及正确使用方法。

(2) 初步掌握用双踪示波器观察正弦信号波形和读取波形参数的方法。

(3) 掌握用万用表判断二极管、三极管的极性与好坏的方法。

2．实验原理

在模拟电子电路实验中，经常使用的电子仪器仪表有示波器、函数信号发生器、直流稳压电源、交流毫伏表及频率计等。它们和万用表一起使用，可以完成对模拟电子电路的静态和动态工作情况的测试。

实验中要对各种电子仪器仪表进行综合使用，可按照信号流向，以连线简捷、调节顺手、观察与读数方便等为原则进行合理布局，电子电路中常用的电子仪器仪表布局图如图4.1所示。接线时应注意，为防止外界干扰，各仪器仪表的公共接地端应连接在一起，称共地。信号源和交流毫伏表的引线通常用屏蔽线或专用电缆线，示波器接线使用专用电缆线，直流电源的接线用普通导线。

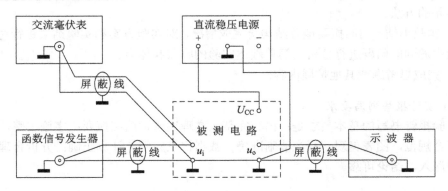

图 4.1　电子电路中常用的电子仪器仪表布局图

(1) 示波器

示波器是一种用途很广的电子测量仪器，它既能直接显示电信号的波形，又能对电信号进行各种参数的测量。现着重指出下列几点。

1) 寻找扫描光迹。将示波器 Y 轴显示方式置于"Y_1"或"Y_2"，输入耦合方式开关置于"GND"，开机预热后，若在显示屏上不出现光点和扫描基线，可按下列操作找到扫描线：①适当调节亮度旋钮。②触发方式开关置于"自动"。③适当调节垂直（↕）、水平（⇄）"移位"旋钮，使扫描光迹位于屏幕中央。（若示波器设有"寻迹"按键，可按下"寻迹"按键，判断光迹偏移基线的方向。）

2) 双踪示波器一般有五种显示方式，即"Y_1""Y_2""Y_1+Y_2"三种单踪显示方式和"交替""断续"两种双踪显示方式。"交替"显示一般适宜于输入信号频率较高时使用。"断续"显示一般适宜于输入信号频率较低时使用。

3) 为了显示稳定的被测信号波形，"触发源选择"开关一般选为"内"触发，使扫描触发信号取自示波器内部的 Y 通道。

4) 触发方式开关通常先置于"自动"，调出波形后，若被显示的波形不稳定，可置触发方式开关于"常态"，通过调节"触发电平"旋钮找到合适的触发电压，使被测试的波形稳定地显示在示波器屏幕上。

有时，由于选择了较慢的扫描速率，显示屏上将会出现闪烁的光迹，但被测信号的波形不在 X 轴方向左右移动，这样的现象仍属于稳定显示。

5) 适当调节"扫描速率"开关及"Y 轴灵敏度"开关使屏幕上显示 1～2 个周期的被测信号波形。在测量幅值时，应注意将"Y 轴灵敏度微调"旋钮置于"校准"位置，即顺时针旋到底且听到关的声音。在测量周期时，应注意将"X 轴扫速微调"旋钮置于"校准"位置，即顺时针旋到底且听到关的声音。还要注意"扩展"旋钮的位置。

根据被测波形在屏幕坐标刻度上垂直方向所占的格数（Div 或 cm）与"Y 轴灵敏度"开关指示值（V/Div）的乘积，即可算出信号幅值的实测值。

根据被测信号波形一个周期在屏幕坐标刻度水平方向所占的格数（Div 或 cm）与"扫速"开关指示值（t/Div）的乘积，即可算出信号频率的实测值。

(2) 函数信号发生器

函数信号发生器按需要输出正弦波、方波、三角波三种信号波形。输出电压最大可达 $20V_{p-p}$。通过输出衰减开关和输出幅度调节旋钮，可使输出电压在毫伏级到伏级范围内连续调节。函数信号发生器的输出信号频率可以通过频率分挡开关进行调节。

函数信号发生器作为信号源，它的输出端不允许短路。

(3) 交流毫伏表

交流毫伏表只能在其工作频率范围之内测量正弦交流电压的有效值。为了防止过载而损坏，测量前一般先把量程开关置于量程较大位置上，然后在测量中逐挡减小量程。

3. 实验设备与元器件

函数信号发生器、双踪示波器、交流毫伏表等。

4．实验内容

(1) 用机内校正信号对示波器进行自检

1) 扫描基线调节

将示波器的显示方式开关置于单踪显示（Y_1 或 Y_2），输入耦合方式开关置于"GND"，触发方式开关置于"自动"。开启电源开关后，调节"辉度""聚焦""辅助聚焦"等旋钮，使荧光屏上显示一条细且亮度适中的扫描基线。然后，调节"X 轴移位"（$\rightleftharpoons$）和"Y 轴移位"（$\updownarrow$）旋钮，使扫描线位于屏幕中央，并且能上下左右移动自如。

2) 测试"校正信号"波形的幅度、频率

将示波器的"校正信号"通过专用电缆线引入选定的 Y 通道（Y_1 或 Y_2），将 Y 轴输入耦合方式开关置于"AC"或"DC"，触发源选择开关置于"内"，内触发源选择开关置于"Y_1"或"Y_2"。调节 X 轴"扫描速率"开关（t/Div）和 Y 轴"输入灵敏度"开关（V/Div），使示波器显示屏上显示出一个或数个周期稳定的方波波形。

① 校准"校正信号"幅度

将"Y轴灵敏度微调"旋钮置于"校准"位置，"Y轴灵敏度"开关置于适当位置，读取校正信号幅度，记入表4.1。

② 校准"校正信号"频率

将"扫速微调"旋钮置于"校准"位置，"扫速"开关置于适当位置，读取校正信号周期，记入表4.1。

③ 测量"校正信号"的上升时间和下降时间

调节"Y 轴灵敏度"开关及微调旋钮，并移动波形，使方波波形在垂直方向上正好占据中心轴且上下对称，以便于阅读。通过扫速开关逐级提高扫描速度，使波形在 X 轴方向扩展（必要时可以利用"扫速扩展"开关将波形再扩展 10 倍），同时调节触发电平旋钮，从显示屏上清楚地读出上升时间和下降时间，记入表 4.1。

表 4.1　校正信号幅度、频率测量

	标准值	实测值
幅度 U_{p-p}（V）		
频率 f（kHz）		
上升沿时间（μS）		
下降沿时间（μS）		

注意：不同型号示波器标准值有所不同，请按所用示波器将标准值填入表格中。

(2) 用示波器和交流毫伏表测量信号参数

调节函数信号发生器有关旋钮，使输出频率分别为 100Hz、1kHz、10kHz、100kHz，有效值均为 1V（交流毫伏表测量值）的正弦波信号。

改变示波器"扫速"开关及"Y 轴灵敏度"开关等位置，测量信号源输出电压频率及峰峰值，记入表 4.2。

表 4.2　示波器和交流毫伏表测量信号频率、周期及电压值

信号电压频率	示波器测量值		信号电压 毫伏表读数（V）		示波器测量值			
	周期（ms）	频率（Hz）			峰峰值（V）		有效值（V）	
			0dB	20dB	0dB	20dB	0dB	20dB
100Hz								
1kHz								
10kHz								
100kHz								

（3）测量两波形间相位差

1）观察双踪显示波形"交替"与"断续"两种显示方式的特点

Y_1、Y_2 均不加输入信号，输入耦合方式开关置于"GND"，扫速开关置于扫速较低挡位（如 0.5s/Div 挡）和扫速较高挡位（如 5μs/Div 挡），把显示方式开关分别置于"交替"和"断续"位置，观察两条扫描基线的显示特点，记录之。

2）用双踪显示测量两波形间相位差

①两波形间相位差测量电路如图 4.2 所示。按图 4.2 连接实验电路，将函数信号发生器的输出电压调至频率为 1kHz、幅值为 2V 的正弦波，经 RC 移相网络获得频率相同但相位不同的两路信号 u_i 和 u_R，分别加到双踪示波器的 Y_1 和 Y_2 输入端。

为便于稳定波形，比较两波形相位差，应使内触发信号取自被设定作为测量基准的一路信号。

②把显示方式开关置于"交替"挡位，将 Y_1 和 Y_2 输入耦合方式开关置于"⊥"挡位，调节 Y_1、Y_2 的"移位"（↕）旋钮，使两条扫描基线重合。

③将 Y_1、Y_2 输入耦合方式开关置于"AC"挡位，调节触发电平、扫速开关及 Y_1、Y_2 灵敏度开关位置，使荧屏上显示出易于观察的两个相位不同的正弦波形 u_i 及 u_R，如图 4.3 所示。根据两波形在水平方向的差距 X 及信号周期 X_T，即可求得两波形相位差。

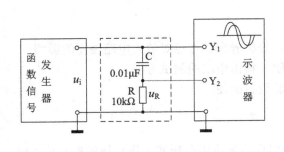

图 4.2　两波形间相位差测量电路

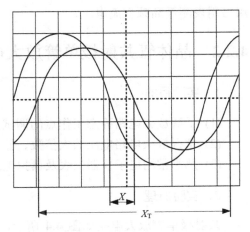

图 4.3　双踪示波器显示两相位不同的正弦波

$$\theta = \frac{X(\text{Div})}{X_{\text{T}}(\text{Div})} 360°$$

式中：X_{T}——一周期所占格数

X——两波形在 X 轴差距格数

记录两波形相位差于表 4.3。

表 4.3　两波形间相位差

一周期格数	两波形 X 轴差距格数	相位差	
		实测值	计算值
$X_{\text{T}}=$	$X=$	$\theta=$	$\theta=$

为读数和计算方便，可适当调节扫速开关及微调旋钮，使波形一周期占整数格。

5．实验报告要求

(1) 根据实验记录，列表整理、计算实验数据，并绘出观察到的波形。

(2) 比较实验中的实测值与计算值，分析产生误差的原因。

6．思考题

(1) 用示波器观察波形时，要达到如下要求：波形清晰，亮度适中，移动波形位置，改变波形个数，改变波形高度，应调节哪些旋钮？

1) 显示方式选择（Y_1、Y_2、$Y_1 + Y_2$、交替、断续）

2) 触发方式（常态、自动）

3) 触发源选择（内、外）

4) 内触发源选择（Y_1、Y_2、交替）

(2) 交流毫伏表用来测量正弦波电压还是非正弦波电压？它的表头指示值是被测信号的什么数值？它是否可以用来测量直流电压的大小？

(3) 用交流毫伏表测量交流电压时，信号频率的高低对读数有无影响？为什么一般不用万用表测量高频交流电压？

4.2.2　晶体管共射极单管放大电路

1．实验目的

(1) 了解放大电路静态工作点的调试方法，分析静态工作点对放大电路性能的影响。

(2) 掌握放大电路电压放大倍数、输入电阻、输出电阻的测试方法。

(3) 熟悉常用电子仪器仪表及模拟电路实验设备的使用。

2．实验原理

共射极单管放大电路如图 4.4 所示，该共射电路为电阻分压式工作点稳定单管放大电路。它的偏置电路采用 R_{B1} 和 R_{B2} 组成的分压电路，并在发射极中接有电阻 R_E，以稳定放大电路的静态工作点。当在放大电路的输入端加入输入信号 u_i 后，在放大电路的输出端便可得到一个与 u_i 相位相反、幅值被放大了的输出信号 u_o，从而实现电压放大。

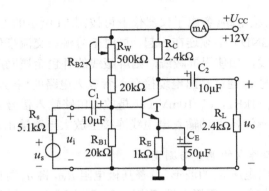

图 4.4　共射极单管放大电路实验电路

在图 4.4 的电路中，当流过偏置电阻 R_{B1} 和 R_{B2} 的电流远大于晶体管 T 的基极电流 I_B 时（一般为 5～10 倍），它的静态工作点可用下式估算：

$$U_B = \frac{R_{B1}}{R_{B1} + R_{B2}} U_{CC} \, ; \quad I_E = \frac{U_B - U_{BE}}{R_E} \approx I_C \, ; \quad U_{CE} = U_{CC} - I_C(R_C + R_E)$$

电压放大倍数：

$$A_u = -\beta \frac{R_C // R_L}{r_{be}}$$

输入电阻：$R_i = R_{B1} // R_{B2} // r_{be}$
输出电阻：$R_o \approx R_C$

3．实验设备与元器件

(1) +12V 直流电源　　　　　(2) 函数信号发生器

(3) 双踪示波器　　　　　　(4) 交流毫伏表

(5) 直流电压表　　　　　　(6) 直流毫安表

(7) 频率计　　　　　　　　(8) 万用表

(9) 晶体三极管3DG6×1(β＝50～100)或9011×1（管脚排列如图4.5所示），电阻、电容若干

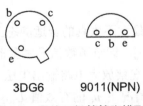

3DG6　　　　9011(NPN)

图 4.5　晶体三极管管脚排列

4．实验内容

(1) 连接线路

按图 4.4 所示连接实验电路。各电子仪器仪表可按图 4.1 所示的方式连接，为防止干扰，各仪器仪表的公共端（GND）必须连在一起，同时信号源、交流毫伏表和示波器的引线应采用专用电缆线或屏蔽线，如使用屏蔽线，则屏蔽线的外包金属网应接在公共接地端上。将信号发生器的输出信号 u_s 通过输出电缆接至单管放大电路的信号输入端，调整信号发生器输出的正弦信号，使 $f=1\text{kHz}$，$U_i=10\text{mV}$（U_i 是放大电路输入信号 u_i 的有效值，用交流毫伏表测量 u_i 可得），将示波器 Y 轴输入电缆线连接至放大电路输出端。

(2) 放大电路静态工作点的调整与测量

在示波器上观察输出电压 u_o 的波形，调整基极电阻 R_W，将 u_o 调整到最大不失真输出。一般情况，调节 R_W 使其减小，基极上偏流电阻 R_{B2} 随之减小，基极电位 U_B 增大，I_C 随之增大，静态工作点升高，工作点偏高，放大电路在加入交流信号以后易产生饱和失真，此时 u_o 的负半周将被削底；反之，调节 R_W 使其增大，基极上偏流电阻 R_{B2} 随之增大，基极电位 U_B 减小，I_C 随之减小，静态工作点降低，工作点偏低则易产生截止失真，即 u_o 的正半周被缩顶（一般截止失真不如饱和失真那样有明显分界可供判断）。注意观察静态工作点的变化对输出波形的影响过程，观察何时出现饱和失真、截止失真。为此，在放大电路正常工作情况下，应逐步增大输入信号的幅度，并同时调节 R_W（改变静态工作点），用示波器观察 u_o，当输出波形同时出现削底和缩顶现象时，说明静态工作点已调在交流负载线的中点。调整好工作点后 R_W 电位器不能再动。

测静态工作点时，需将信号源从放大电路输入端断开，即在输入信号 $u_i=0$（放大电路输入端与地端短接）的情况下进行，选用量程合适的万用表直流电压挡和直流电流挡分别测量晶体管的集电极电流 I_C 以及各电极对地的电位 U_B、U_C 和 U_E。一般实验中，为了避免断开集电极，所以采用测量电压 U_E 或 U_C，然后算出 I_C 的方法。例如，只要测出 U_E，即可用 $I_C \approx I_E = U_E/R_E$ 算出 I_C（也可根据 $I_C = (U_{CC}-U_C)/R_C$，由 U_C 确定 I_C），同时也能算出 $U_{BE} = U_B-U_E$，$U_{CE} = U_C-U_E$。测量静态工作点的数据记录于表 4.4。

表 4.4 晶体管直流工作状态

测量值					计算值		
I_C（mA）	U_B（V）	U_E（V）	U_C（V）	R_{B2}（kΩ）	U_{BE}（V）	U_{CE}（V）	I_C（mA）

注意：测试 R_{B2} 的值时应断开 U_{CC} 与 R_{B2} 之间的连线，关闭电源 U_{CC}。

(3) 测量电压放大倍数

保持实验内容(2)已调整好的最大不失真的合适静态工作点不变，然后在放大电路输入端加入频率为 1kHz 的正弦信号 u_S，调节函数信号发生器的输出旋钮使放大电路输入电压有效值 $U_i=10\text{mV}$，同时用示波器观察放大电路输出电压 u_o 的波形，在 u_o 波形不失真的条件下用交流毫伏表测量下述三种情况下 u_o 的有效值 U_o，则 $A_u=U_o/U_i$，并用双踪示波器观察 u_o 和 u_i 的相位关系，记于表 4.5。

表 4.5 放大电路交流工作状态及负载电阻对输出波形的影响

$I_C =$ _____ mA ［实验内容(2)所测的最大不失真的静态工作点的值］

R_C（kΩ）	R_L（kΩ）	U_o（V）	A_u	观察记录一组 u_o 和 u_i 波形
2.4	∞			
1.2	∞			
2.4	2.4			

(4) 观察静态工作点对输出波形失真的影响

改变电路参数 U_{CC}、R_C、R_B（R_{B1}、R_{B2}）都会引起静态工作点的变化，但通常多采用调节偏置电阻 R_{B2} 的方法来改变静态工作点，例如减小 R_{B2}，可使静态工作点提高等。

保持实验内容(2)已调整好的最合适的静态工作点，置 $R_C=2.4$kΩ，$R_L=∞$，$u_i=0$，重测 I_C 和 U_{CE} 值，再逐步加大输入信号，使输出电压 u_o 足够大但不失真，即可得到一组数据和波形。然后，保持输入信号不变，分别增大和减小 R_W 到极限状态使波形出现失真，绘出 u_o 的波形，并用万用表直流挡测出失真情况下的 I_C 和 U_{CE} 值，记入表 4.6 中。每次测 I_C 和 U_{CE} 值时都要将信号源的输出旋钮旋至零。

表 4.6 静态工作点对输出波形失真的影响

$R_C = 2.4$kΩ $R_L = ∞$ $U_i =$ _____ mV

I_C（mA）	U_{CE}（V）	u_o 输出波形	失真情况	工作状态
最合适静态工作点 $I_C=$ _____				

注意：若失真不明显，可增大或减小输入电压的幅值重测。

(5) 观察静态工作点对电压放大倍数的影响

置 $R_C = 2.4$kΩ，$R_L = ∞$，U_i 适量，调节 R_W，用示波器观察输出电压波形，在 u_o 不失真的条件下，测量数组 I_C 和 U_o 值，记于表 4.7。

表 4.7 静态工作点对电压放大倍数的影响

$$R_C = 2.4\text{k}\Omega \quad R_L = \infty \quad U_i = \underline{\hspace{2cm}}\text{mV}$$

I_C（mA）					
U_o（V）					
A_u					

测量 I_C 时，要先将信号源输出旋钮旋至零（即使 $U_i = 0$）。

（6）测量输入电阻和输出电阻

1）输入电阻 R_i 的测量

调节 R_W 恢复实验内容(2)所调节的最大不失真输出波形时静态工作点 I_C 的值。为了测量放大电路的输入电阻，按图 4.6 所示的电路在被测放大电路的输入端与信号源之间串入一个已知电阻 R_S，在放大电路正常工作的情况下，用交流毫伏表测出 u_S 和 u_i 的有效值 U_S 和 U_i，根据输入电阻的定义可得：

$$R_i = \frac{U_i}{I_i} = \frac{U_i}{U_R / R_S} = \frac{U_i}{U_S - U_i} R_S$$

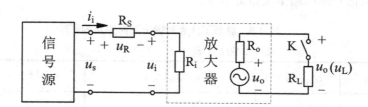

图 4.6 输入、输出电阻测量电路

测量时应注意下列几点：

① 由于电阻 R_S 两端没有电路公共接地点，所以测量 R_S 两端电压 U_R 时必须分别测出 U_S 和 U_i，然后用 $U_R = U_S - U_i$ 求出 U_R 值。

② 电阻 R_S 的值不宜取得过大或过小，以免产生较大的测量误差，通常取 R_S 与 R_i 为同一数量级为好，本实验可取 $R_S = 1 \sim 2\text{k}\Omega$。

2）输出电阻 R_o 的测量

按图 4.6 电路所示，在放大电路正常工作条件下，测出输出端不接负载 R_L 的输出电压 U_o 和接入负载后的输出电压 U_L，根据 $U_L = \dfrac{R_L}{R_o + R_L} U_o$ 即可求出

$$R_o = \left(\frac{U_o}{U_L} - 1\right) R_L$$

置 $R_C = 2.4\text{k}\Omega$，$R_L = 2.4\text{k}\Omega$，I_C 继续保持测输入电阻时最大不失真输出电压所确定的静态工作点不变（即 R_W 不能变动），输入 $f = 1\text{kHz}$ 的正弦信号，在输出电压 u_o 不失真的情况下，用交流毫伏表测出 U_S、U_i 和 U_L 记入表 4.8。

保持 U_S 不变，断开 R_L，测量输出电压 U_o，记入表 4.8。

表 4.8   输入电阻和输出电阻的测量

$I_C=$＿＿mA［实验内容(2)所测最大不失真的静态工作点］$R_c=R_L=2.4\text{k}\Omega$

U_S（mV）	U_i（mV）	R_i（kΩ）		U_L（V）	U_o（V）	R_o（kΩ）	
		测量值	计算值			测量值	计算值

5. 实验报告要求

(1) 认真记录和整理测试数据，按要求填入表格并画出波形。

(2) 比较计算值和实测结果，找出产生误差的原因。

(3) 讨论实验结果，写出对本次实验的心得体会和改进建议。

6. 思考题

(1) 阅读教材中有关单管放大电路的内容并估算实验电路的性能指标。

(2) 假设：3DG6 的 $\beta=100$，$R_{B1}=20\text{k}\Omega$，$R_{B2}=60\text{k}\Omega$，$R_C=2.4\text{k}\Omega$，$R_L=2.4\text{k}\Omega$。估算放大电路的静态工作点、电压放大倍数 A_u、输入电阻 R_i 和输出电阻 R_o。

(3) 能否用直流电压表直接测量晶体管的 U_{BE}？为什么实验中要采用测 U_B、U_E，再间接算出 U_{BE} 的方法？

(4) 怎样测量 R_{B2} 阻值？当调节偏置电阻 R_{B2} 使放大电路输出波形出现饱和或截止失真时，晶体管的管压降 U_{CE} 怎样变化？

(5) 改变静态工作点对放大电路的输入电阻 R_i 有否影响？改变外接电阻 R_L 对输出电阻 R_o 有否影响？

(6) 在测量 A_u、R_i 和 R_o 时怎样选择输入信号的大小和频率？为什么信号频率一般选 1kHz，而不选 100kHz 或更高？

4.2.3 晶体管共射极单管放大电路仿真

1. 实验目的

(1) 掌握用 Multisim 软件进行晶体管放大电路的仿真设计与分析方法。

(2) 学会放大电路静态工作点的仿真测量方法，分析静态工作点对放大电路性能的影响。

(3) 理解放大电路电压放大倍数、输入电阻、输出电阻、最大不失真输出电压、频率特性的概念，掌握其仿真测试方法。

2. 仿真原理

仿真原理图如图 4.7 所示，该电路为工作点稳定的电阻分压式单管放大电路。它的偏置电路采用 R_{B11} 和 R_{B12} 以及滑动变阻器 R_P 组成的分压电路，并在发射极中接有电阻 R_E，以稳定放大电路的静态工作点。当在放大电路的输入端加入输入信号 u_i 后，在放大电路的输出端便可得到一个与 u_i 相位相反、幅值被放大了的输出信号 u_o，从而实现电压放大。放大电路直流工作点与偏置电路有关，基极上偏流电阻为可变电阻，可通过改变上偏流电阻来改变直流工作点。

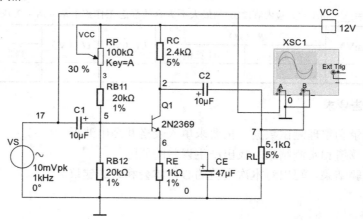

图 4.7　仿真原理图

(1) 放大电路静态工作点的仿真方法

首先调节上偏流的可调电阻（为 30%左右），打开示波器，按仿真按钮，进行波形仿真，使波形为不失真，放大电路输入输出波形如图 4.8 所示。

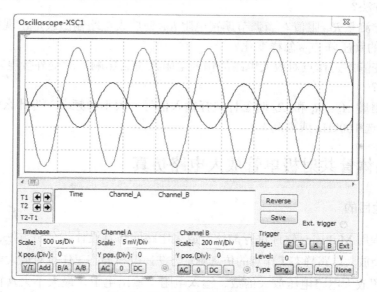

图 4.8　放大电路输入输出波形

按照单管共射放大电路实物实验中，通过调节可调电位器 R_W 改变静态工作点，同时适当增加输入信号，得到最大不失真输出电压的方法，调节可调电阻 R_P，同时增大 U_S，观察示波器直至得到最大不失真输出波形，执行菜单命令"Options"→"Sheet properties"，在弹出的"Sheet Properties"对话框的"Sheet visibility"选项卡的"Net names"区域选中"Show all"，使图 4.7 显示节点编号，然后选择菜单命令"Simulate"→"Analysis"→"DC operating point"，出现如图 4.9 所示的界面。在图 4.9 的"Output"选项卡中选择需要用来仿真的变量或节点，单击"Add"（添加）按钮，然后单击"Simulate"按钮，系统自动显示出运行结果，如图 4.10 所示。

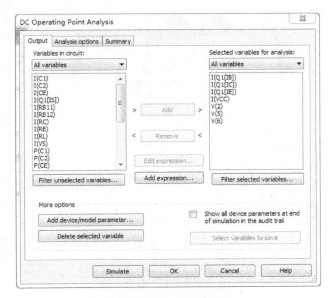

图 4.9　选择输出节点

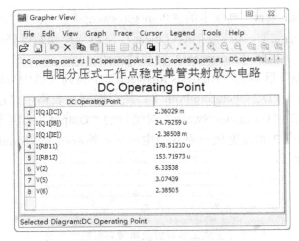

图 4.10　直流工作点仿真结果

(2) 直流参数的扫描

除了上偏流电阻变化影响直流工作点，下偏流电阻、发射极电阻、直流负载电路的变化都会影响直流工作点，Multisim 对这些因素的变化可以用直流参数的扫描来仿真，如观察发射极电阻变化对晶体管集电极和发射极电压的影响。

首先选择菜单命令"Simulate"→"Analysis"→"Parameter sweep"，出现如图 4.11 所示的参数扫描对话框。在该对话框的"Analysis parameters"选项卡的"Sweep parameter"下拉列表框中选择"Device parameter"（元器件参数）选项，在"Device type"下列列表框中选择"Resistor"（电阻）选项，在"Name"下拉列表框中选择"RE"选项，在"Parameter"下拉列表框中选择"resistance"（阻值）选项，此刻在"Present value"框中自动显示出发射极电阻的当前数值。

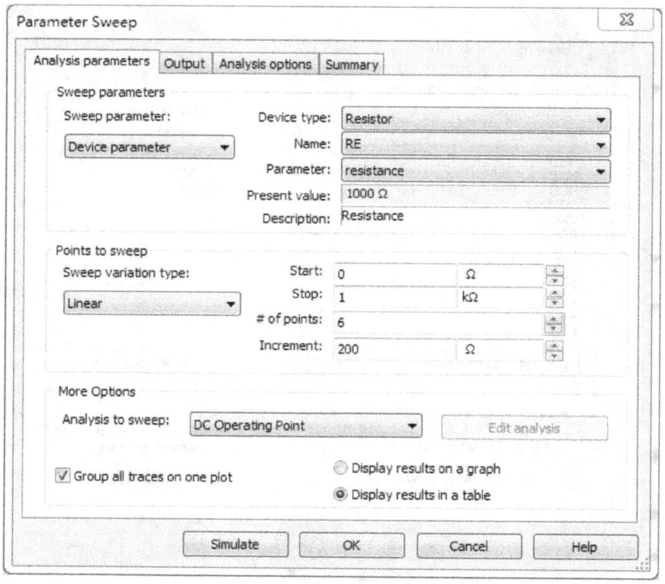

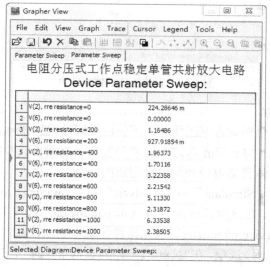

图 4.11　参数扫描对话框

在“Analysis parameters”选项卡的“Points to sweep”区域的“Sweep variation type”下拉列表框中选择扫描类型，如线性扫描（Linear），然后选择起始值（Start）、终止值（Stop）和点数（# of points），增量（Increment）会自动生成。

在“More Options”区域的“Analysis to sweep”下拉列表框中可以选择分析内容，这里选择分析直流工作点（DC Operating Point）；然后选择在表格中显示仿真结果（Display results in a table）。在“Parameter Sweep”对话框的“Output”选项卡中选择需要用来仿真的节点（集电极节点 2 和发射极节点 6 的电位），然后单击“Simulate”按钮，出现仿真结果，如图 4.12 所示。

1	V(2), rre resistance=0	224.28646 m
2	V(6), rre resistance=0	0.00000
3	V(2), rre resistance=200	1.16486
4	V(6), rre resistance=200	927.91854 m
5	V(2), rre resistance=400	1.96373
6	V(6), rre resistance=400	1.70116
7	V(2), rre resistance=600	3.22358
8	V(6), rre resistance=600	2.21542
9	V(2), rre resistance=800	5.11330
10	V(6), rre resistance=800	2.31872
11	V(2), rre resistance=1000	6.33538
12	V(6), rre resistance=1000	2.38505

图 4.12　参数扫描结果

从仿真结果中可以分析发射极电阻每变化一增量对晶体管集电极与发射极之间的电压的影响，确定晶体管工作在放大区、饱和区还是截止区，确定晶体管的工作点是否合适。

(3) 放大电路的交流仿真

放大电路的交流仿真除了可以直接观察输入、输出波形是否失真，还可以求出放大电路的电压增益、输入电阻、输出电阻等。

1) 求电压增益

仿真电路与测量仪器仪表的连接如图 4.13 所示，可通过双踪示波器测量和观察输入、输出波形。另外，可以从图 4.14 所示的仿真波形界面中求出电压增益。

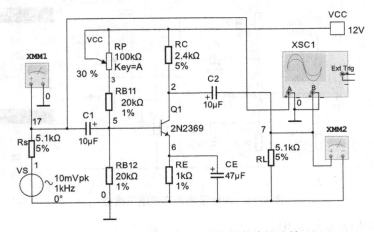

图 4.13　仿真电路与测量仪器仪表的连接

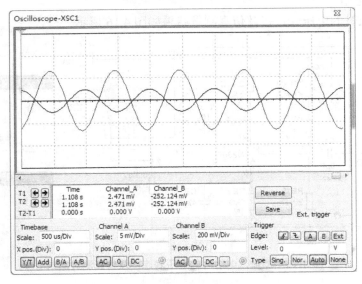

图 4.14　仿真波形

图 4.14 中的 A 通道（Channel_A）为输入波形，B 通道（Channel_B）为输出波形，根据显示框中两个通道波形出现的正负峰值可以求出电压增益：

$$A_u = \frac{-252.124}{2.471} = -102.03$$

用电压表仿真求电压增益时的结果如图 4.15 所示，输入输出端两个电压表交流挡可测出有效值，也可以计算出放大电路电压增益：

$$A_u = \frac{-188.868}{1.77} = -106.7$$

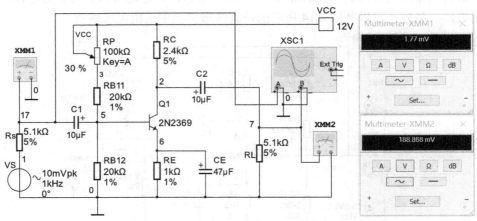

图 4.15　用电压表仿真求电压增益

上面两次仿真结果大体相近。

2) 求输入电阻

测输入电阻时的电压表连接及仿真测量结果如图 4.16 所示

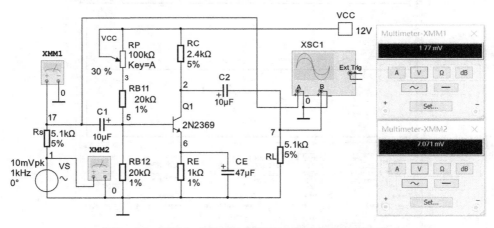

图 4.16　测输入电阻时的电压表连接及仿真测量结果

由信号源电压及放大电路输入电压的测量结果可测算出输入电阻：

$$R_i = \frac{U_i}{U_S - U_i} R_S = \frac{1.77}{7.071 - 1.77} \times 5.1 \times 10^3 = 1702.89\,\Omega$$

3) 求输出电阻

按图 4.17 和图 4.18 分别测出有负载电阻 R_L 时和无负载电阻 R_L 时的输出电压。

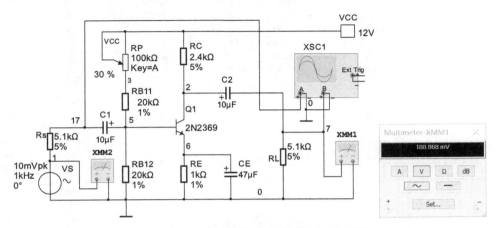

图 4.17 有负载电阻 R_L 时的输出电压测量

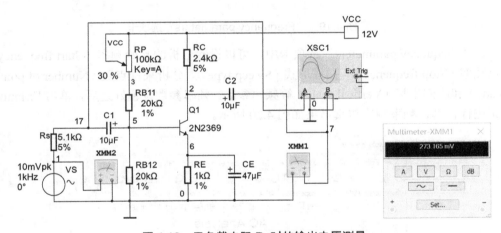

图 4.18 无负载电阻 R_L 时的输出电压测量

由两次测量的输出电压值可求出输出电阻：

$$R_o = (\frac{U_o}{U_L} - 1) R_L = (\frac{273.165}{188.865} - 1) \times 5.1 \times 10^3 = 2276.39\Omega$$

与理论值 $R_o \approx R_C = 2.4k\Omega$ 较接近。

4) 放大电路的频率响应分析

对图 4.7 所示的电路进行频率响应分析时，执行菜单命令"Simulate"→"Analysis"→"AC analysis"，弹出"AC Analysis"对话框，进入交流分析状态。"AC Analysis"对话框有"Frequency parameters""Output""Analysis options"和"Summary"4 个选项卡，本实验中首先打开"Output"选项卡，选定放大电路输出端，即对图 4.7 中的节点 7 进行仿真，然后打开"Frequency parameters"选项卡，如图 4.19 所示。

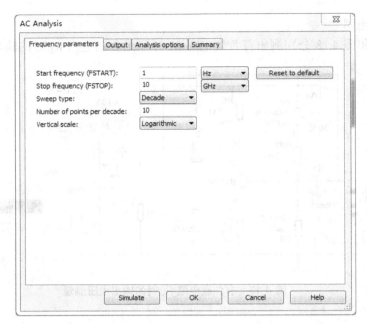

图 4.19 "Frequency parameters" 选项卡

在 "Frequency parameters" 选项卡中，可以设置分析的起始频率（Start frequency）、终点频率（Stop frequency）、扫描形式（Sweep type）、分析采样点数（Number of points per decade）和纵向坐标（Vertical scale）等频率参数。频率参数设置好之后，单击 "Simulate" 按钮进行仿真，频率响应仿真结果如图 4.20 所示。

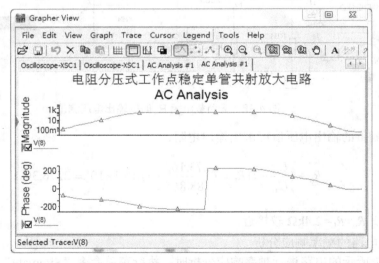

图 4.20 频率响应仿真结果

从图 4.20 所示的仿真结果界面中可以分析放大电路的频率响应，用工具栏中的 按钮可以求出对应的上下限截止频率，求放大电路截止频率的界面如图 4.21 所示。

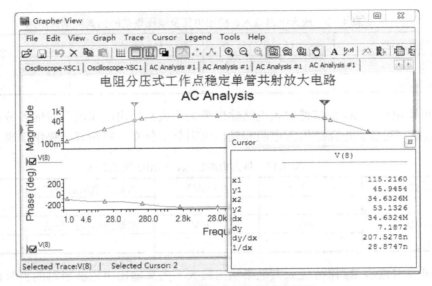

图 4.21　求放大电路截止频率的界面

如果用波特图仪连至电路的输入端和被测节点，双击波特图仪，同样也可以获得交流频率特性。

3．实验内容

(1) 仿真和调试放大电路的静态工作点

1) 类似于 4.2.2 节实物实验最大不失真输出波形静态工作点的调节，调节仿真图中的电位器，并增大输入信号，使输出波形幅度最大且不失真，记录电位器调节百分比。

2) 放大电路电位器的调节百分比不变，进行放大电路的直流工作点仿真，并将仿真结果填入表 4.9 中。

表 4.9　放大电路的静态工作点仿真结果

I_B（μA）	I_C（mA）	I_E（mA）	U_B（V）	U_E（V）	U_C（V）	U_{BE}（V）	U_{CE}（V）

(2) 研究上偏流电阻和发射极电阻对放大电路静态工作点的影响以及静态工作点变化对输出波形失真的影响

用直流参数扫描的方法研究放大电路静态工作点的影响，并将直流参数扫描的仿真结果填于自制表中，观察工作点变化对输出波形失真的影响，画于表中。

(3) 放大电路的电压增益、输入电阻、输出电阻、频率响应的仿真

1) 可调电位器 R_P 保持使放大电路输出最大不失真输出电压波形时的百分比不变，用前述双踪示波器观测和万用表交流挡测量两种方法进行放大电路的电压增益仿真和测算，并将仿真结果填于表 4.10 中。

表 4.10　放大电路输入、输出电压及电压增益的仿真和测算结果

仿真方法	U_i（mV）	U_o（mV）	A_u
用双踪示波器			
用万用表交流挡			

2）可调电位器 R_P 保持使放大电路输出最大不失真输出电压波形时的百分比不变，适当连接电路，对放大电路的输入电阻和输出电阻分别仿真，将仿真结果填于表 4.11 中。

表 4.11　放大电路输入、输出电阻的仿真

输入电阻的仿真 $R_S =$ _____	U_s（mV）	U_i（mV）	求输入电阻的公式	R_i（kΩ）
输出电阻的仿真 $R_L=$ _____	U_o（mV）	U_L（mV）	求输出电阻的公式	R_o（kΩ）

3）可调电位器 R_P 保持使放大电路输出最大不失真输出电压波形时的百分比不变，仿真放大电路的频率响应，从仿真图中求出上限截止频率、下限截止频率和中频增益，并将仿真结果填于表 4.12 中。

表 4.12　放大电路频率响应的仿真

仿真起始频率	仿真结束频率	下限截止频率 f_L	上限截止频率 f_H	带宽 BW	中频增益 A_{um}

4．思考题

(1) 在放大电路中调节静态工作点用一个可调电位器，为什么还需要一个固定电阻与其串联？

(2) 测量放大电路的输入电阻、输出电阻时，为什么首先要用示波器观察波形，确保输出波形不失真呢？

(3) 电路中的哪些元器件会影响放大电路的输出电阻、输出电阻和电压增益？

4.2.4　场效应管放大电路

1．实验目的

(1) 了解结型场效应管的性能和特点。

(2) 进一步熟悉放大电路动态参数的测试方法。

2．实验原理

不同于电路控制的晶体三极管，场效应管是一种电压控制型元器件，按结构可分为结型和绝缘栅型两种类型。由于场效应管栅源之间处于绝缘或反向偏置，因此输入电阻很高（一般可达上百兆欧）；又由于场效应管是一种多数载流子控制元器件，因此热稳定性好，抗辐射能力强，噪声系数小。加之制造工艺较简单，便于大规模集成，因此场效应管得到

了越来越广泛的应用。

结型场效应管可以分为 N 沟道结型场效应管和 P 沟道结型场效应管两类；绝缘栅型场效应管也称为 MOS 管，按其类型可以分为增强型 MOS 管和耗尽型 MOS 两种。

(1) 结型场效应管的特性和参数

N 沟道结型场效应管是在一块 N 型半导体的两边扩散高浓度的 P 型区（用 P^+ 表示），形成两个 PN 结，N 沟道结型场效应管结构示意图如图 4.22 所示，两边 P 型区引出两个欧姆接触电极并连接在一起成为栅极 g，N 型本体材料的两端各引出一个欧姆接触电极，分别称为漏极 d 和源极 s。3DJ6F 引脚图和电路符号图如图 4.23 所示。

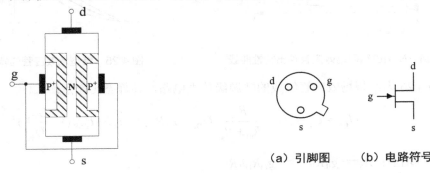

图 4.22　N 沟道结型场效应管结构示意图　　　　图 4.23　3DJ6F 引脚和电路符号

结型场效应管的直流参数主要有饱和漏极电流 I_{DSS}、夹断电压 U_P 等，交流参数主要有低频跨导 g_m，3DJ6F 的典型参数值及测试条件如表 4.13 所示。

$$g_m = \frac{\Delta i_D}{\Delta u_{GS}}\bigg|_{U_{DS}=\text{constant}}$$

表 4.13　3DJ6F 的典型参数值及测试条件

参数名称	饱和漏极电流 I_{DSS}（mA）	夹断电压 U_P（V）	跨导 g_m（μA/V）
测试条件	$U_{DS}=10V$ $U_{GS}=0V$	$U_{DS}=10V$ $I_{DS}=50μA$	$U_{DS}=10V$ $I_{DS}=3mA$ $f=1kHz$
参数值	1.0～3.5	<|-9|	＞100

(2) 场效应管放大电路性能分析

图 4.24 为 N 沟道结型场效应管输出特性曲线，可以分为 4 个工作区域：可变电阻区、饱和区（或放大区）、截止区（或夹断区）和击穿区。在可变电阻区，沟道还没有出现预夹断，当 u_{GS} 为一定值时，曲线近似于一条直线，其斜率的倒数可以看成是一个受 u_{GS} 控制的电阻（即场效应管的 d、s 之间的等效电阻）。

当场效应管中的沟道被夹断后，进入饱和区，此时电流 i_D 的大小几乎完全受到 u_{GS} 的控制，可以把场效应管看成是一个电压控制电流源，此区域也称为线性放大区。

结型场效应管的转移特性如图 4.25 所示，图中 $u_{GS}=0$ 时的 i_D 称为饱和漏电流 I_{DSS}，$i_D=0$ 时的 u_{GS} 称为夹断电压 U_P。

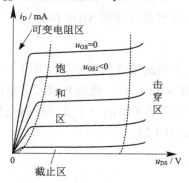

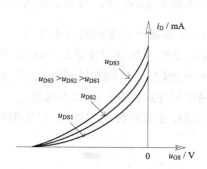

图 4.24　N 沟道结型场效应管输出特性曲线　　图 4.25　结型场效应管的转移特性

图 4.26 为结型场效应管组成的共源级放大电路。其静态工作点：

$$U_{GS} = U_G - U_S = \frac{R_{g1}}{R_{g1}+R_{g2}}U_{DD} - I_D R_S \; ; \qquad I_D = I_{DSS}(1-\frac{U_{GS}}{U_P})^2$$

中频增益：$A_u = -g_m R_L{}' = -g_m R_D // R_L$

输入电阻：$R_i = R_G + R_{g1} // R_{g2}$

输出电阻：$R_o \approx R_D$

跨导 g_m 可由特性曲线用作图法求得，或用公式 $g_m = -\dfrac{2I_{DSS}}{U_P}(1-\dfrac{U_{GS}}{U_P})$ 计算，但要注意，计算时 U_{GS} 要用静态工作点处之数值。

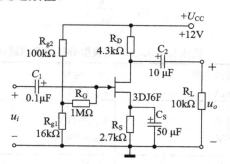

图 4.26　结型场效应管共源级放大电路

(3) 输入电阻的测量方法

场效应管放大电路的静态工作点、电压放大倍数和输出电阻的测量方法与 4.2.2 节中晶体管放大电路的测量方法相同。其输入电阻的测量，从原理上讲，也可采用 4.2.2 节共射级放大电路中输入电阻的测量方法，但由于场效应管的 R_i 比较大，如直接测输入电压 U_S 和 U_i，由于测量仪器仪表的输入电阻有限，必然会带来较大的误差。因此，为了减小误差，常利用被测放大电路的隔离作用，通过测量输出电压 U_o 来计算输入电阻。测量电路如图 4.27 所示。

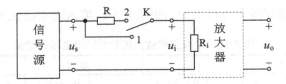

图 4.27 输入电阻测量电路

在放大电路的输入端串入电阻 R，把开关 K 掷向位置 1（即使 $R=0$），测量放大电路的输出电压 $U_{o1}=A_u U_S$；保持 U_S 不变，再把 K 掷向 2（即接入 R），测量放大电路的输出电压 U_{o2}。由于两次测量中 A_u 和 U_S 保持不变，故：

$$U_{o2} = A_u U_i = A_u \cdot U_S \frac{R_i}{R+R_i}，将 U_{o1}=A_u U_S 代入可得 U_{o2}=U_{o1}\frac{R_i}{R+R_i}，可推出：$$

$$R_i = \frac{U_{o2}}{U_{o1}-U_{o2}} R$$

式中 R 和 R_i 不要相差太大，本实验可取 $R=100\sim200\text{k}\Omega$。

3．实验设备与元器件

(1) ＋12V 直流电源   (2) 函数信号发生器

(3) 双踪示波器   (4) 交流毫伏表

(5) 直流电压表   (6) 结型场效应管 3DJ6F×1，电阻、电容若干

4．实验内容

(1) 静态工作点的测量和调整

1) 按图 4.26 所示的结型场效应管共源极放大电路连接电路，令 $u_i=0$，接通＋12V 电源，用直流电压表测量 U_G、U_S 和 U_D。检查静态工作点是否在特性曲线放大区的中间部分，如合适则把结果记入表 4.14。

2) 若不合适，则适当调整 R_{g2} 和 R_S，调好后，再测量 U_G、U_S 和 U_D 以及 U_{DS}、U_{GS} 和 I_D，填入表 4.14。通过 U_G、U_S 和 U_D 的测量值，计算 U_{DS}、U_{GS} 和 I_D，填入表 4.14 中，比较测量值和计算值。

表 4.14 场效应管静态工作点的测量

测量值						计算值		
U_G（V）	U_S（V）	U_D（V）	U_{DS}（V）	U_{GS}（V）	I_D（mA）	U_{DS}（V）	U_{GS}（V）	I_D（mA）

(2) 电压放大倍数 A_u、输入电阻 R_i 和输出电阻 R_o 的测量

1) 电压放大倍数 A_u 和输出电阻 R_o 的测量

在放大电路的输入端加入 $f=1\text{kHz}$ 的正弦信号 $u_i(\approx50\sim100\text{mV})$，并用示波器观察输出电压 u_o 的波形。在输出电压 u_o 没有失真的条件下，用交流毫伏表分别测量 $R_L=\infty$ 和 $R_L=10\text{K}\Omega$ 时的输出电压 U_o（注意：保持 U_i 幅值不变），填入表 4.15。用示波器同时观察 u_i

和 u_o 的波形，用作图法描绘并分析它们的相位关系，填入表 4.15 的坐标中。

表 4.15　场效应管放大倍数及输出电阻的测量

	测量值				计算值		u_i 和 u_o 波形
	U_i(V)	U_o(V)	A_u	R_o(kΩ)	A_u	R_o(kΩ)	
$R_L=\infty$							
$R_L=10\text{k}\Omega$							

2) R_i 的测量

按图 4.27 改接实验电路，选择合适大小的输入电压 u_S（约 50~100mV），将开关 K 掷向 "1"，测出 $R=0$ 时的输出电压 U_{o1}，然后将开关掷向 "2"，（接入 R），保持 U_S 不变，再测出 U_{o2}，根据公式

$$R_i = \frac{U_{o2}}{U_{o1}-U_{o2}} R$$

求出 R_i，记入表 4.16。

表 4.16　场效应管输入电阻的测量

测量值			计算值
U_{o1}（V）	U_{o2}（V）	R_i（kΩ）	R_i（kΩ）

5．实验报告要求

(1) 整理实验数据，将测得的 A_u、R_i、R_o 和理论计算值进行比较。

(2) 把场效应管放大电路与晶体管放大电路进行比较，总结场效应管放大电路的特点。

(3) 分析实验中遇到的问题，总结实验收获。

6．思考题

(1) 复习有关场效应管的内容，并分别用图解法与计算法估算场效应管的静态工作点（根据实验电路参数），求出工作点处的跨导 g_m。

(2) 场效应管放大电路输入回路的电容 C_1 为什么可以取得小一些(可以取 $C_1=0.1\mu F$)？

(3) 在测量场效应管静态工作电压 U_{GS} 时，能否用直流电压表直接并在 g、s 两端测量？为什么？

(4) 为什么测量场效应管输入电阻时要用测量输出电压的方法？

4.2.5　场效应管放大电路仿真

1．实验目的

(1) 熟悉场效应管放大电路偏置电路和静态工作点的分析。
(2) 观察放大电路静态工作点对输出波形的影响。
(3) 学会场效应管放大电路的动态分析方法。
(4) 学会放大电路输入电阻、输出电阻的测量方法。
(5) 学会放大电路的频率响应分析。

2．仿真原理

(1) 静态工作点的仿真

N 沟道结型共源极场效应管放大电路仿真原理图如图 4.28 所示。

图 4.28 所示的共源极放大电路的直流通路如图 4.29 所示，由直流通路可列出：

$$U_{GSQ} = \frac{R_{g3}}{R_P + R_{g2} + R_{g3}} U_{DD} - I_{DQ} R_S ; \qquad I_{DQ} = I_{DSS}(1 - \frac{U_{GSQ}}{U_P})^2$$

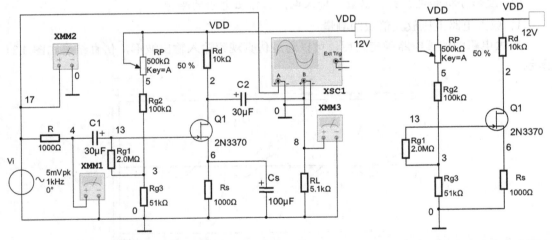

图 4.28　共源极场效应管放大电路仿真原理图　　图 4.29　共源极放大电路直流通路

如果知道场效应管的夹断电压 U_P 和源极饱和漏电流 I_{DSS}，则可以求出放大电路的直流工作点 U_{GSQ} 和 I_{DQ}。但是，传统的计算方法求解这样的联立方程比较麻烦，而使用 Multisim 仿真就方便多了。

要对图 4.28 所示的电路静态工作点仿真，只要调节可调电位器使放大电路的输出波形不失真，然后与 4.2.3 节单级共射放大电路的直流工作点仿真类似，执行菜单命令"Simulate" → "Analysis" → "DC operating point"，直流工作点仿真结果如图 4.30 所示。

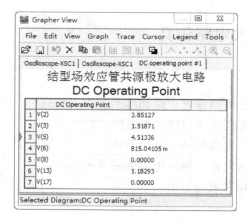

图 4.30　直流工作点仿真结果

将图 4.30 的仿真结果与图 4.28 对照可知：

$$I_{DQ} = \frac{U_6}{R_S} = \frac{815.04105}{1000} = 815.04105 \times 10^{-3} (\text{mA})$$

$$U_{GSQ} = U_{13} - U_6 = 1.18293 - 815.04105 \times 10^{-3} = 367.91895 \times 10^{-3} (\text{mV})$$

(2) 波形分析和电压放大倍数、输入电阻、输出电阻的测量

1) 放大电路电压放大倍数的测量

放大电路的偏置电路确定之后，可以通过仿真观察输入输出波形，仿真结果如图 4.31 所示。

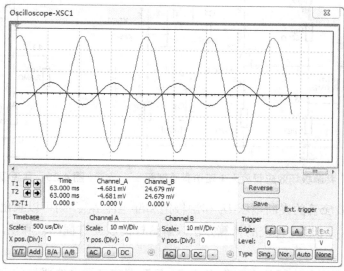

图 4.31　输入输出波形仿真结果

由图 4.31 可以求出电压放大倍数为：

$$A_u = \frac{U_{om}}{U_{im}} = \frac{24.679}{-4.681} = -5.272$$

2) 放大电路输入电阻的测量

测量输入电阻的界面如图 4.32 所示，与信号源串联的电阻 R=1.0kΩ，由图 4.32 可求得输入电阻为：

$$R_{\mathrm{i}} = \frac{U_{\mathrm{i}}}{U_S - U_{\mathrm{i}}} R = \frac{3.511 \times 1 \times 10^3}{3.536 - 3.511} = 140.44 \ \mathrm{k\Omega}$$

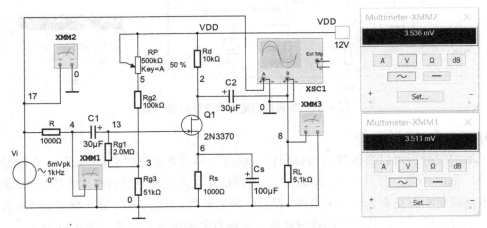

图 4.32　测量输入电阻的界面

3) 放大电路输出电阻的测量

放大电路输出电阻的测量中需要测量有负载和无负载两种情况下的输出电压值，图 4.33 和图 4.34 所示的分别为有负载和无负载时的测量界面。

由图 4.33 和图 4.34 的测量结果可求出输出电阻：

$$R_{\mathrm{o}} = (\frac{U_{\mathrm{o}}}{U_{\mathrm{L}}} - 1) R_{\mathrm{L}} = (\frac{52.43}{18.524} - 1) \times 5.1 \times 10^3 = 9.334 \ \mathrm{k\Omega}$$

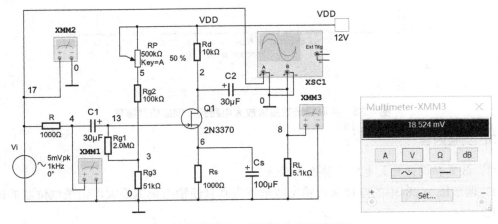

图 4.33　测量输出电阻有负载时的界面

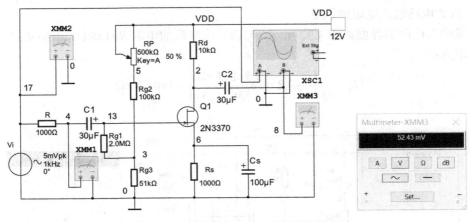

图 4.34　测量输出电阻无负载时的界面

4) 频率响应分析

频率响应分析可以直接使用波特图仪，也可选择菜单命令"Simulate"→"Analysis"→"AC Analysis"，打开"AC Analysis"对话框，进入交流分析状态，方法与 4.2.3 节共射极电路频率响应交流分析完全相同，设定好频率参数（起始频率、终止频率、扫描类型、点数和垂直坐标等）。共源极场效应管放大电路频率响应仿真结果如图 4.35 所示。

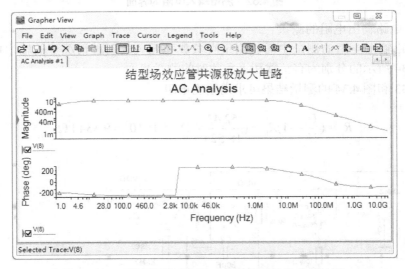

图 4.35　共源极场效应管放大电路频率响应仿真结果

3. 实验内容

(1) 仿真和调试放大电路的静态工作点

1) 调节图 4.28 中的电位器使输出波形不失真且使输出幅度最大，记录电位器的调节百分比。

2) 放大电路电位器的调节百分比不变，进行放大电路的直流工作点仿真，并将仿真结果填入表 4.17 中。

表 4.17　放大电路静态工作点仿真结果

参数	U_G（V）	U_S（V）	U_D（V）	U_{GS}（V）
仿真值				

（2）研究源极电阻对放大电路静态工作点的影响

用直流参数扫描方法研究源极电阻变化对放大电路工作点的影响，并将直流参数扫描的仿真结果填入自制的表格中。

（3）放大电路的电压放大倍数、输入电阻、输出电阻、频率响应的仿真

1）可调电位器 R_P 保持使放大电路输出最大不失真电压波形时的百分比不变，用两种方法测量放大电路的电压增益，并将仿真结果填入表 4.18 中。

表 4.18　放大电路输入、输出电压及电压增益的仿真和测算结果

仿真方法	U_i（mV）	U_o（mV）	A_u
用双踪示波器			
用交流电压表			

2）保持可调电位器 R_P 百分比不变，适当连接电路，对放大电路的输入电阻和输出电阻分别仿真，将仿真结果填于表 4.19 中。

表 4.19　放大电路输入电阻、输出电阻的仿真

输入电阻的仿真 $R =$ _____	U_s（mV）	U_i（mV）	求输入电阻的公式	R_i（kΩ）
输出电阻的仿真 $R_L =$ _____	U_o（mV）	U_L（mV）	求输出电阻的公式	R_o（kΩ）

3）可调电位器 R_P 保持使放大电路输出最大不失真输出电压波形时的百分比不变，仿真放大电路的频率响应，从仿真图中求出上限截止频率、下限截止频率和中频增益，并将仿真结果填于表 4.20 中。

表 4.20　放大电路频率响应的仿真

仿真起始频率	仿真结束频率	下限截止频率 f_L	上限截止频率 f_H	带宽 BW	中频增益 A_{um}

4．思考题

（1）场效应管共源极放大电路的偏置电路与晶体三极管共射级放大电路的偏置电路有何异同点？

（2）场效应管共源极放大电路的源极电阻有何作用？

（3）仿真图中的偏置电路有何优点？

4.2.6 差分放大电路

1．实验目的

(1) 加深对差分放大电路性能及特点的理解。
(2) 学习差分放大电路主要性能指标的测试方法。

2．实验原理

差分放大电路的实验电路如图 4.36 所示，该差分放大电路的基本结构由两个元器件参数相同的基本共射放大电路组成。当开关 K 拨向左边的"1"时，构成典型的差分放大电路，带 R_E 的差分放大电路又称为长尾式差分放大电路。调零电位器 R_P 用来调节 T_1、T_2 管的静态工作点，使得输入信号 $u_i=0$ 时，双端输出电压 $u_o=0$。R_E 为两管共用的发射极电阻，它对差模信号无负反馈作用，因而不影响差模电压放大倍数，但对共模信号有较强的负反馈作用，故可以有效地抑制零点漂移，稳定静态工作点。

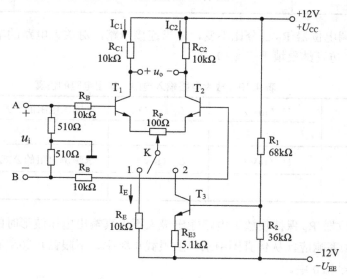

图 4.36 差分放大电路的实验电路

当开关 K 拨向右边的"2"时，构成具有恒流源偏置的差分放大电路。用晶体管构成的恒流源电路代替发射极电阻 R_E，恒流源同样对差模信号无任何影响，但却可以进一步提高差分放大电路抑制共模信号的能力。

3．实验设备与元器件

(1) ±12V 直流电源
(2) 函数信号发生器
(3) 双踪示波器
(4) 交流毫伏表
(5) 直流电压表
(6) 晶体三极管 3DG6（或 9011）×3，要求 T_1、T_2 管特性参数一致；电阻、电容若干

4．实验内容

(1) 典型差分放大电路性能测试

按图 4.36 连接实验电路，将开关 K 拨向左边，构成典型差分放大电路。

1) 测量静态工作点

①调节放大电路零点

信号源先不要接入，将放大电路输入端 A、B 与地短接，接通±12V 直流电源，用万用表直流挡测量输出电压 U_o，调节调零电位器 R_P，使 $U_o=0$。调节要仔细，力求准确。

②测量静态工作点

零点调好以后，用万用表直流挡测量 T_1、T_2 管各电极电位以及射极电阻 R_E 两端电压 U_{RE}，记入表 4.21。

表 4.21　静态工作点的测量

测量值	U_{B1}（V）	U_{C1}（V）	U_{E1}（V）	U_{B2}（V）	U_{C2}（V）	U_{E2}（V）	U_{RE}（V）
计算值	I_C（mA）			I_B（mA）		U_{CE}（V）	

典型差分放大电路的静态工作点用以下公式估算：

$$I_E=\frac{\left|U_{EE}\right|-U_{BE}}{R_E}\quad\text{（认为 }U_{B1}=U_{B2}\approx0\text{）}$$

$$I_{C1}=I_{C2}=\frac{1}{2}I_E$$

2) 测量差模电压放大倍数

当 A 端与 B 端所加信号为大小相等、相位相反的输入信号时，称为差模信号输入。当差分放大电路的发射极电阻 R_E 足够大或采用恒流源偏置电路时，差模电压放大倍数 A_{ud} 由输出方式决定，而与输入方式无关。由于在 A、B 两端外加两个相位相反的信号不易实现，因而本实验在测量差模电压放大倍数时，所使用的是差模单端输入方式。输出方式分为单端输出和双端输出两种。

双端输出：$R_E=\infty$，R_P 在中心位置时，

$$A_{ud}=\frac{u_{od}}{u_{id}}=\frac{u_{c1}-u_{c1}}{u_{i1}-u_{i2}}=\frac{u_o}{u_i}=-\frac{\beta R_C}{R_B+r_{be}+\frac{1}{2}(1+\beta)R_P}$$

单端输出：

$$A_{ud1}=\frac{u_{c1}}{u_{id}}=\frac{u_{c1}}{u_i}=\frac{1}{2}A_{ud}\qquad A_{ud2}=\frac{u_{c2}}{u_{id}}=\frac{u_{c2}}{u_i}=-\frac{1}{2}A_{ud}$$

断开直流电源，将差分放大电路的输入端 A 接函数信号发生器的输出，输入端 B 接地，即可构成单端输入方式，调节输入信号为频率 $f=1\text{kHz}$ 的正弦信号，并使输出旋钮旋至零，用示波器观察输出端（集电极 C_1 或 C_2 与地之间）。

接通±12V 直流电源，逐渐增大输入电压 u_i（有效值约 100mV），在输出波形无失真的情况下，用交流毫伏表测 u_i，u_{c1} 和 u_{c2} 的有效值，填入表 4.22 中，并观察 u_i，u_{c1}，u_{c2} 之间的相位关系及 U_{RE} 随 u_i 改变而变化的情况。

表 4.22　差分放大电路差模电压放大倍数、共模电压放大倍数

参数	典型差分放大电路		具有恒流源的差分放大电路	
	差模单端输入	共模输入	差模单端输入	共模输入
u_i（V）	100mV	1V	100mV	1V
u_{c1}（V）				
u_{c2}（V）				
$A_{ud1}=\dfrac{u_{c1}}{u_{id}}$		/		/
$A_{ud}=\dfrac{u_{od}}{u_{id}}$		/		/
$A_{uc1}=\dfrac{u_{c1}}{u_{ic}}$	/		/	
$A_{uc}=\dfrac{u_{oc}}{u_{ic}}$	/		/	
$K_{CMRR}=\left|\dfrac{A_{ud1}}{A_{uc1}}\right|$				

3）测量共模电压放大倍数

当 A、B 两端所加信号为大小相等、相位相同的两个输入信号时，称为共模信号输入。输入共模信号时，若为单端输出，则有：

$$A_{uc1}=A_{uc2}=\frac{u_{oc}}{u_{ic}}=\frac{u_{c1}}{u_{ic}}=\frac{u_c}{u_i}=\frac{-\beta R_C}{R_B+r_{be}+(1+\beta)(\frac{1}{2}R_P+2R_E)}\approx-\frac{R_C}{2R_E}$$

若为双端输出，在理想情况下，则共模增益等于 0，即：

$$A_{uc}=\frac{u_{oc}}{u_{ic}}=\frac{u_{c1}-u_{c2}}{u_i}=0$$

实际上，由于元器件不可能完全对称，因此 A_{uc} 也不会绝对等于零。

为了表征差分放大电路最有用信号（差模信号）的放大作用和对共模信号的抑制作用，通常用一个综合指标来衡量，即共模抑制比：

$$K_{\text{CMRR}} = \left| \frac{A_{ud}}{A_{uc}} \right| \text{ 或 } K_{\text{CMRR}} = 20\lg \left| \frac{A_{ud}}{A_{uc}} \right| (dB)$$

差分放大电路的输入信号可采用直流信号，也可采用交流信号。本实验由函数信号发生器提供频率 $f=1\text{kHz}$ 的正弦信号作为输入信号。

将放大电路 A、B 短接，信号源接 A 端与地之间，则构成共模输入方式，调节输入信号 $f=1\text{kHz}$，$u_i=1\text{V}$（有效值），在输出电压无失真的情况下，使用交流毫伏表测量 u_{c1} 和 u_{c2} 的有效值，填入表 4.22，并观察 u_i，u_{c1}，u_{c2} 之间的相位关系及 U_{RE} 随 u_i 改变而变化的情况。

(2) 具有恒流源的差分放大电路性能测试

将图 4.36 电路中的开关 K 拨向右边的"2"，构成具有恒流源的差分放大电路。按照典型差分放大电路 2)、3)的操作步骤，完成相应实验数据的测量，填入表 4.22。

5．实验报告要求

整理实验数据，列表比较实验结果和理论估算值，分析误差原因。
(1) 静态工作点和差模电压放大倍数。
(2) 典型差分放大电路单端输出时的 K_{CMRR} 实测值与理论值比较。
(3) 典型差分放大电路单端输出时的 K_{CMRR} 实测值与具有恒流源的差分放大电路的 K_{CMRR} 实测值比较。

6．思考题

(1) 差分放大电路是否可以放大直流信号？
(2) 为何要对差分放大电路进行调零？怎样进行静态调零点？用什么仪表测 U_o？
(3) 怎样用交流毫伏表测双端输出电压 u_o？
(4) 增大或者减小 R_E 的阻值，对输出有什么影响？

4.2.7　差分放大电路仿真

1．实验目的

(1) 加深对差分放大电路性能及特点的理解。
(2) 掌握差分放大电路主要性能指标及其仿真测试方法。

2．实验原理

差分放大电路仿真原理图如图 4.37 所示。

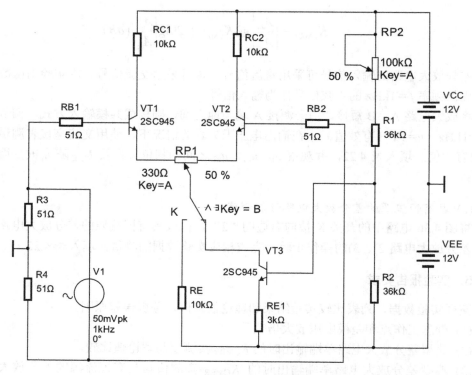

图 4.37　差分放大电路仿真原理图

当开关 K 拨向左边时，构成典型的差分放大电路。调零电位器 R_{P1} 用来调节 VT_1、VT_2 管的静态工作点，使得输入信号 $u_i=0$ 时，双端输出电压 $u_o=0$。R_E 为两管共用发射极电阻。

当开关 K 拨向右边时，构成恒流源偏置的差分放大电路，调节 VT_3 的上偏流可调电阻 R_{P2} 可以改变 VT_3 直流工作点，从而改变 VT_1、VT_2 两管的静态工作点。

设计时，选择 VT_1、VT_2 两管特性参数完全一致，相应的电阻也完全一致，调节电位器 R_{P1} 的位置到 50%处，则当输入电压等于 0 时，$U_{CQ1}=U_{CQ2}$，即 $U_o=0$。

(1) 放大电路静态工作点的仿真方法

开关 K 拨向右边，以恒流源偏置的差分放大电路为例，输入信号跨接在差分电路两个输入端，示波器跨接在两个输出信号 u_{C1} 和 u_{C2} 之间，放大电路采用双端输入、双端输出方式，首先调节 VT_3 的上偏流可调电阻为约 50%，用双踪示波器观察，双端输入双端输出差分放大电路如图 4.38 所示。单击"Simulate"按钮，进行波形仿真，确保输出仿真波形不失真且幅度较大。差分放大电路输入输出仿真波形如图 4.39 所示。

执行菜单命令"Simulate"→"Analysis"→"DC operating point"，选择 VT_1、VT_2 和 VT_3 三个管的各个节点进行仿真，静态工作点仿真结果如图 4.40 所示。

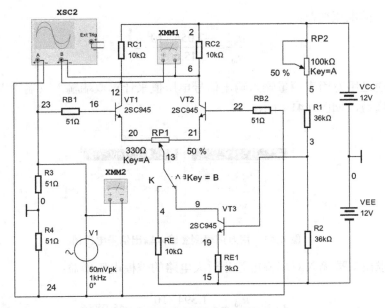

图 4.38 双端输入双端输出差分放大电路

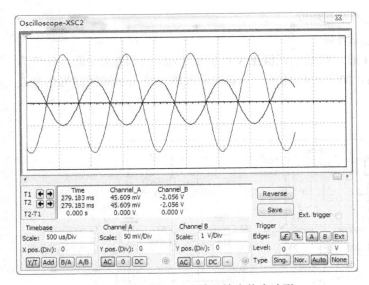

图 4.39 差分放大电路输入输出仿真波形

图 4.40 静态工作点仿真结果

由图 4.40 可见，VT_1、VT_2 和 VT_3 三个管的集电极发射极电压 U_{CE} 均大于 2V，三个管均工作在放大区。

(2) 差分放大电路性能指标仿真

1) 差模电压增益

① 双端输入双端输出差模电压增益

在如图 4.38 所示的电路中，利用双踪示波器可以测量和观察输入、输出波形。另外，也可以从图 4.39 所示的差分放大电路输入输出仿真波形界面中求出双端输入双端输出差分放大电路的差模电压增益：

$$A_{ud} = \frac{u_{od}}{u_{id}} = \frac{-2.056 \times 10^3}{45.609} = -45.08$$

也可以通过用万用表测量输入输出信号电压值来计算双端输入双端输出差分放大电路的差模电压增益，如图 4.41 所示。

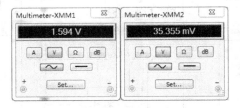

图 4.41　用万用表测量输入输出信号电压值

同样可求出双端输入双端输出差分放大电路的差模电压增益：

$$A_{ud} = -\frac{u_{od}}{u_{id}} = -\frac{1.594 \times 10^3}{35.355} = -45.0856$$

两种方式的仿真测量结果几乎完全相同。

②双端输入单端输出差模电压增益

只需将图 4.38 中的示波器 B 通道接线端正极接 VT$_1$ 管集电极，负极接地，即可转换为双端输入单端输出差分放大电路（如图 4.42 所示），双端输入单端输出示波器波形仿真及万用表测量结果如图 4.43 所示。

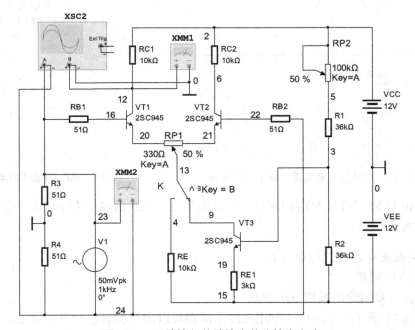

图 4.42　双端输入单端输出差分放大电路

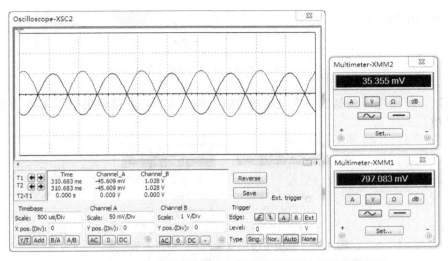

图 4.43　双端输入单端输出示波器波形仿真及电压表测量结果

从图 4.43 的仿真波形明显可以看出，无负载时，单端输出方式输出波形幅度降为双端输出（见图 4.39）的一半，增益必然为双端输出的一半，其增益为：

$$A_{ud1} = \frac{u_{c1}}{u_{id}} = \frac{1.028 \times 10^3}{-45.609} = -22.54 = \frac{1}{2} A_{ud}$$

2）共模电压增益

当差分电路两个输入端分别加入大小相等、相位相同的两个信号时，这种输入方式称为共模信号输入。共模电压增益仿真电路如图 4.44 所示。

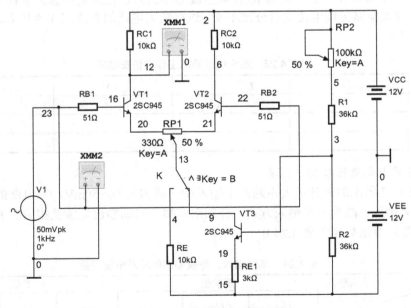

图 4.44　共模电压增益仿真电路

单端输出时，共模增益可由下面的公式计算（其中，r_o 为从恒流源 VT$_3$ 管集电极看进去的等效动态电阻）：

$$A_{uc1} = A_{uc2} = \frac{u_{c1}}{u_{ic}} = \frac{-\beta R_C}{R_B + r_{be} + (1+\beta)(\frac{1}{2}R_P + 2r_o)} \approx -\frac{R_C}{2r_o}$$

仿真时，可用万用表测量共模电压增益输入输出电压，测量结果如图 4.45 所示，所测值为有效值。

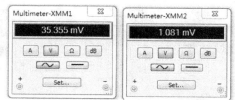

图 4.45 共模电压增益输入输出电压测量结果

$$A_{uc1} = A_{uc2} = \frac{u_{c1}}{u_{ic}} = \frac{1.081}{35.355} = 0.030576$$

双端输出时，理论上，共模增益等于 0，即：

$A_{uc} = \dfrac{u_{c1} - u_{c2}}{u_{ic}} = 0$，实际仿真也可发现测量的 $u_{c1} - u_{c2}$ 趋近于 0 了。

3．实验内容

(1) 差分放大电路静态工作点的调试与仿真

1) 调节仿真图 4.37 中的电位器 R_P 使输出波形不失真，记录电位器调节百分比。

2) 保持放大电路可调电位器百分比不变，进行放大电路的直流工作点仿真，并将结果填于表 4.23 中。

表 4.23 放大电路静态工作点仿真结果

三极管	U_B（V）	U_C（V）	U_E（V）	U_{CE}（V）
VT_1				
VT_2				
VT_3				

(2) 差分放大电路性能指标仿真

1) 在图 4.37 所示的差分放大电路两个输入端一端加入 U_P=50mV，f=1kHz 的正弦交流信号，另一端接地，改为单端输入方式，分别求单端、双端输出电压及相应的差模电压增益，将测量及测算结果填入表 4.24 中。

表 4.24 单端输入、差模输出电压及电压增益

输入信号 \ 单端输入差模增益	测量值			测算值		
	U_{C1}	U_{C2}	$U_{O双}$	A_{d1}	A_{d2}	$A_{d双}$
U_P=50mV，f=1kHz						

比较单端输入与双端输入的测量结果差异，比较双端输出与单端输出的电压及增益差异。

2) 将图 4.37 所示的差分放大电路的两个输入端连接在一起，加入 $U_P=1V$，$f=1kHz$ 的正弦交流信号，测量共模输出电压及电压增益，填入表 4.25 中。

表 4.25　共模输出电压及电压增益

共模输入　输入信号	测量值			测算值		
	U_{C1}	U_{C2}	$U_{O双}$	A_{c1}	A_{c2}	$A_{c双}$
$U_P=1V$，$f=1kHz$						

3) 在图 4.37 所示的差分放大电路的两个输入端分别输入直流信号+0.1V 和-0.1V，用万用表直流挡测量差模输出电压值及相应电压增益值。注意，因加入的差模输入信号为直流量，在计算单端输出差模增益时，单端输出电压需相应减去实验内容(1)中所测的静态工作点 U_{C1} 和 U_{C2} 的值。测量及测算结果填入表 4.26 中。

表 4.26　差模输出电压及电压增益

测量及计算值　输入信号	差模输入					
	测量值			测算值		
	U_{C1}	U_{C2}	$U_{O双}$	A_{d1}	A_{d2}	$A_{d双}$
$U_{i1}=+0.1V$						
$U_{i2}=-0.1V$						

4) 在图 4.37 所示的差分放大电路的两个输入端分两次同时输入直流信号+0.1V 和 -0.1V，用万用表直流挡测量共模输出电压值及相应电压增益值。注意，因加入的共模输入信号为直流量，在计算单端输出共模增益时，单端输出电压需相应减去实验内容(1)中所测的静态工作点 U_{C1} 和 U_{C2} 的值。然后，再根据所测算的差模增益和共模增益求共模抑制比。测量及测算结果填入表 4.27 中。

表 4.27　共模输出电压、共模电压增益、共模抑制比

测量及计算值　输入信号	共模输入						共模抑制比
	测量值			测量值			计算值
	U_{C1}	U_{C2}	$U_{O双}$	A_{c1}	A_{c2}	$A_{c双}$	K_{CMCC}
$U_{i1}=+0.1V$							
$U_{i2}=-0.1V$							

4．实验报告要求

(1) 整理实验数据，列表比较实验结果和理论估算值，分析误差原因。

(2) 比较 u_i，u_{c1} 和 u_{c2} 之间的相位关系。

(3) 根据实验结果，总结恒流源的作用。

5．思考题

(1) 差分放大电路放大直流信号和放大交流信号有何区别？

(2) 为何要对差分放大电路进行调零？怎样进行静态调零点？用什么仪表测 U_o？

(3) 怎样用交流毫伏表和示波器测量和观测双端输出电压 U_o？

4.2.8 射极跟随器

1．实验目的

(1) 掌握射极跟随器的特性及测试方法。
(2) 进一步学习放大电路各项参数的测试方法。

2．实验原理

射极跟随器原理图如图 4.46 所示。它是一个电压串联负反馈放大电路，它具有输入电阻高，输出电阻低，电压放大倍数接近于 1，输出电压能够在较大范围内跟随输入电压做线性变化以及输入、输出信号同相等特点。

射极跟随器的输出取自发射极，故也称为射极输出器。

(1) 输入电阻 R_i

在图 4.46 所示的电路中：$R_i = r_{be} + (1+\beta)R_E$。

如考虑偏置电阻 R_B 和负载 R_L 的影响，则：$R_i = R_B // [r_{be} + (1+\beta)(R_E // R_L)]$

由上式可知：射极跟随器的输入电阻 R_i 比共射极单管放大电路的输入电阻 $R_i = R_B // r_{be}$ 要高得多，但由于偏置电阻 R_B 的分流作用，输入电阻难以进一步提高。

输入电阻的测试方法同单管共射极放大电路，实验线路如图 4.47 所示。

$$R_i = \frac{U_i}{I_i} = \frac{U_i}{U_s - U_i} R_S$$

即只要测得 A、B 两点的对地电位，即可计算出 R_i。

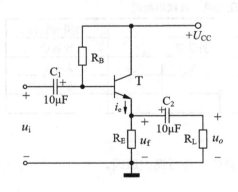

图 4.46　射极跟随器原理图　　　　图 4.47　射极跟随器实验电路

(2) 输出电阻 R_o

在图 4.46 所示的电路中：$R_o = \dfrac{r_{be}}{\beta} // R_E = \dfrac{r_{be}}{\beta}$。

如考虑信号源内阻 R_S，则

$$R_o = \frac{r_{be} + (R_S \mathbin{/\!/} R_B)}{\beta} \mathbin{/\!/} R_E = \frac{r_{be} + (R_S \mathbin{/\!/} R_B)}{\beta}$$

由上式可知，射极跟随器的输出电阻 R_o 比共射极单管放大电路的输出电阻 $R_o \approx R_C$ 低得多。三极管的 β 愈高，输出电阻愈小。

输出电阻 R_o 的测试方法亦同单管放大电路，即先测出空载输出电压 U_o，再测出接入负载 R_L 后的输出电压 U_L，根据

$$U_L = \frac{R_L}{R_o + R_L} U_o$$

即可求出

$$R_o = \left(\frac{U_o}{U_L} - 1 \right) R_L$$

(3) 电压放大倍数

图 4.46 所示电路中：

$$A_u = \frac{(1+\beta)(R_E \mathbin{/\!/} R_L)}{r_{be} + (1+\beta)(R_E \mathbin{/\!/} R_L)} \leqslant 1$$

上式说明：射极跟随器的电压放大倍数小于等于 1，且为正值。这是深度电压负反馈的结果，但它的射极电流仍比基流大 $(1+\beta)$ 倍，所以它具有一定的电流和功率放大作用。

(4) 电压跟随范围

电压跟随范围是指射极跟随器输出电压 u_o 跟随输入电压 u_i 做线性变化的区域。当 u_i 超过一定范围时，u_o 便不能跟随 u_i 做线性变化，即 u_o 波形产生了失真。为了使输出电压 u_o 正、负半周对称，并充分利用电压跟随范围，静态工作点应选在交流负载线中点，测量时可直接用示波器读取 u_o 的峰峰值，即电压跟随范围；或用交流毫伏表读取 u_o 的有效值，则电压跟随范围 $U_{op-p} = 2\sqrt{2} U_o$。

3．实验设备与元器件

(1) ＋12V 直流电源　　　　(2) 函数信号发生器
(3) 双踪示波器　　　　　　(4) 交流毫伏表
(5) 直流电压表　　　　　　(6) 频率计
(7) 3DG12×1 $(\beta=50\sim100)$ 或 9013×1，电阻、电容若干

4．实验内容

按图 4.47 所示的射极跟随器实验电路连接电路。

(1) 静态工作点的调整

接通＋12V 直流电源，在 B 点加入 $f=1\text{kHz}$ 的正弦信号 u_i，输出端用示波器观察输出

波形，反复调整 R_W 及信号源的输出幅度，使示波器的屏幕上得到一个最大不失真输出波形，然后置 $u_i = 0$，用直流电压表测量晶体管各电极对地电位，将测得的数据记入表 4.28。

表 4.28　静态工作点

U_E（V）	U_B（V）	U_C（V）	I_E（mA）

在下面的整个测试过程中，应保持 R_W 值不变（即保持静工作点 I_E 不变）。

(2) 测量电压放大倍数 A_u

接入负载 $R_L = 1\text{k}\Omega$，在 B 点加入 $f = 1\text{kHz}$ 的正弦信号 u_i，调节输入信号幅度，用示波器观察输出波形 u_o，在输出最大不失真波形情况下，用交流毫伏表测 U_i、U_L 值，记入表 4.29。

表 4.29　电压放大倍数

U_i（V）	U_L（V）	A_u

(3) 测量输出电阻 R_o

接入负载 $R_L = 1\text{k}\Omega$，在 B 点加入 $f = 1\text{kHz}$ 的正弦信号 u_i，用示波器观察输出波形，测出空载输出电压 U_o 和有负载时的输出电压 U_L，记入表 4.30。

表 4.30　输出电阻

U_o（V）	U_L（V）	R_o（kΩ）

(4) 测量输入电阻 R_i

在 A 点加入 $f = 1\text{kHz}$ 的正弦信号 u_S，用示波器观察输出波形，用交流毫伏表分别测出 A、B 点对地的电位 U_S、U_i，记入表 4.31。

表 4.31　输入电阻

U_S（V）	U_i（V）	R_i（kΩ）

(5) 测试跟随特性

接入负载 $R_L = 1\text{k}\Omega$，在 B 点加入 $f = 1\text{kHz}$ 的正弦信号 u_i，逐渐增大信号 u_i 的幅度，用示波器观察输出波形，直至输出波形达最大不失真，测量对应的 U_L 值，记入表 4.32。

表 4.32　电压跟随特性

U_i（V）	
U_L（V）	

(6) 测试频率响应特性

保持输入信号 u_i 的幅度不变，改变信号源频率，用示波器观察输出波形，用交流毫伏表测量不同频率下的输出电压 U_L，记入表 4.33。

表 4.33　频率特性

f（kHz）	
U_L（V）	

5．实验报告要求

(1) 整理实验数据，并画出曲线 $u_L = F(u_i)$ 及 $u_L = F(f)$。

(2) 分析射极跟随器的性能和特点。

6．思考题

(1) 射极跟随器输入输出电阻有什么特点，常用在集成运放的哪些级？

(2) 射极跟随器频率特性相比共射极电路有何优点？

4.2.9　射极跟随器仿真

1．实验目的

(1) 掌握射极跟随器的特性及测试方法。

(2) 进一步学习射极跟随器各项参数的测试方法。

2．实验原理

射极跟随器仿真电路如图 4.48 所示，它是一个电压串联负反馈放大电路，具有输入电阻高、输出电阻低、电压放大倍数接近于 1、输出电压能够在较大范围内跟随输入电压做线性变化以及输入输出信号同相等特点。

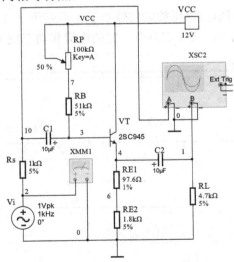

图 4.48　射极跟随器仿真电路

(1) 静态工作点仿真

参照 4.2.3 节共射电路直流工作点的分析方法，执行菜单命令"Simulate"→"Analysis"

→ "DC operating point"，选择图 4.48 所示的电路中的三个电极电流以及基极节点 "3" 和发射极节点 "4"，单击 "Simulate" 按钮，射极跟随器直流工作点仿真结果如图 4.49 所示。

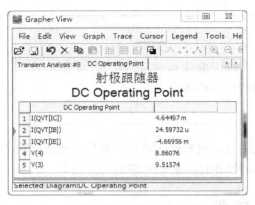

图 4.49　射极跟随器直流工作点仿真结果

(2) 射极跟随器电压放大倍数仿真

单击 "Simulate" 按钮，双击图 4.48 中的示波器，射极跟随器输入、输出波形如图 4.50 所示，由图可知：

$$A_u = \frac{U_{om}}{U_{im}} = \frac{-915.903}{-921.371} \leqslant 1$$

符合理论公式：

$$A_u = \frac{(1+\beta)(R_E \mathbin{/\mkern-5mu/} R_L)}{r_{be} + (1+\beta)(R_E \mathbin{/\mkern-5mu/} R_L)} \leqslant 1$$

上式说明：射极跟随器的电压放大倍数小于 1 且接近于 1，为正值。但它的发射极电流仍比基极电流大 $(1+\beta)$ 倍，所以它具有一定的电流和功率放大作用。

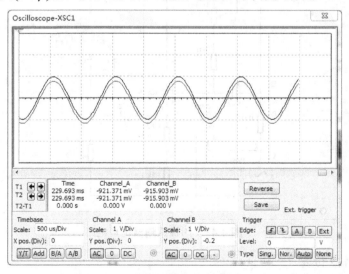

图 4.50　射极跟随器输入、输出波形

(3) 输入电阻仿真

射极跟随器输入电阻的测量方法与共射电路类似，其仿真电路及测量结果如图 4.51 所示。

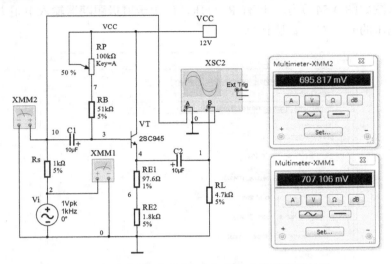

图 4.51 射极跟随器输入电阻仿真电路及测量结果

由图可知：$R_i = \dfrac{U_i}{I_i} = \dfrac{U_i}{U_s - U_i} R_S = \dfrac{695.817 \times 1000}{707.106 - 695.817} = 61.637 \text{k}\Omega$

(4) 输出电阻仿真

按图 4.48 所示用万用表交流挡分别测量连接负载电阻 R_L 和 R_L 开路时发射极电阻 $R_{E1} + R_{E2}$ 两端电压，测量结果如图 4.52(a)、(b)所示，根据共射极电路求输出电阻的公式即可求出共集电极电路输出电阻：

$$R_o = (\frac{U_o}{U_L} - 1) R_L = (\frac{692.507}{690.815} - 1) \times 4.7 \times 10^3 = 11.5 \Omega$$

(a) 接入负载电阻 R_L 时   (b) R_L 开路时

图 4.52 发射极电阻 $R_{E1} + R_{E2}$ 两端电压测量结果

(5) 射极跟随器的瞬态特性分析

瞬态分析是指对所选定的电路节点的时域响应，即观察该节点在整个显示周期中每一时刻的电压波形。在进行瞬态分析时，直流电源保持常数，交流信号源随着时间而改变，电容和电感都是能量储存模式元件。

执行菜单命令"Simulate"→"Analysis"→"Transient analysis"，弹出"Transient Analysis"（瞬态分析）对话框，如图 4.53 所示，进入瞬态分析状态。"Analysis parameters"选项卡

设置好后，在"Output"选项卡中选择图 4.48 所示的共集电极电路的基极节点"3"和发射极节点"4"，单击"Simulate"按钮，射极跟随器基极节点"3"和发射极节点"4"的瞬态特性波形图如图 4.54 所示，虽有 R_S 分压，但由于射极跟随器输入电阻大的特点，仍然确保输出电压的峰值 U_{om} 接近于 1V。

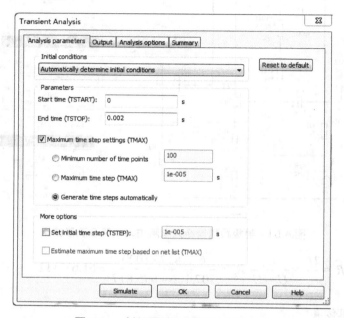

图 4.53　射极跟随器瞬态分析对话框

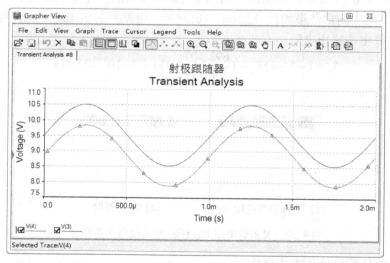

图 4.54　射极跟随器基极节点"3"和发射极节点"4"的瞬态特性波形图

此外，还可以对射极跟随器进行灵敏度分析和电路参数分析等，不再详细说明。

3．实验内容

按图 4.48 连接好电路，构成射极跟随器。

(1) 静态工作点的调整

接通＋12V 直流电源，在 B 点加入 $f=1$kHz 的正弦信号 u_i，输出端用示波器观察输出波形，反复调整 R_P 及信号源 u_i 的输出幅度，使示波器的屏幕上得到一个最大不失真输出波形，进行直流工作点分析，将测得的数据填入表 4.34。

表 4.34　静态工作点

U_E（V）	U_B（V）	U_C（V）	I_E（mA）

在下面整个实验过程中，应保持 R_P 百分比不变（即保持静态工作点 I_E 不变）。

(2) 电压放大倍数 A_u

保持使射极跟随器输出最大不失真电压波形时的可调电位器 R_P 百分比不变，使波形不失真且输出幅度最大，用两种方法测量射极跟随器的电压增益，并将仿真结果填入表 4.35 中。

表 4.35　射极跟随器输入、输出电压及电压增益的仿真和测算结果

仿真方法	U_i（V）	U_L（V）	A_u
用双踪示波器			
用交流电压表			

(3) 测量输出电阻 R_o

接上负载 $R_L=4.7$kΩ，输入端加入 $f=1$kHz 的正弦信号 u_i，用示波器观察输出波形，测量空载输出电压 U_o、有负载时的输出电压 U_L，记入表 4.36。

表 4.36　输出电阻

U_o（V）	U_L（V）	R_o（kΩ）

(4) 测量输入电阻 R_i

在输入端加入 $f=1$kHz 的正弦信号 u_S，串上 $R_{S1}=1$kΩ 的信号源内阻，用示波器观察输出波形，用交流毫伏表分别测出信号源 U_S 的有效值以及内阻分压之后的 U_i 有效值，记入表 4.37。

表 4.37　输入电阻

U_S（V）	U_i（V）	R_i（kΩ）

(5) 测试跟随特性

接入负载 $R_L=4.7$kΩ，在输入端加入 $f=1$kHz 的正弦信号 u_i，逐渐增大信号 u_i 的幅度，用示波器观察输出波形直至输出波形达到最大不失真，测量对应的 U_L 有效值，记入表 4.38。

表 4.38　电压跟随特性

U_i（V）	
U_L（V）	

(6) 测试频率响应特性

对射极跟随器进行交流分析，将结果记入表 4.39。

表 4.39　频率特性仿真

仿真起始频率	仿真结束频率	下限频率 f_L	上限频率 f_H	带宽 BW

4．思考题

(1) 通过仿真实验分析射极跟随器的性能和特点。

(2) 比较射极跟随器仿真实验与实物实验所测输入、输出电阻，分析产生差异的原因。

4.2.10　OTL功率放大电路

1．实验目的

(1) 理解 OTL（无输出变压器）功率放大电路的工作原理。

(2) 了解 OTL 功率放大电路静态工作点的调整方法。

(3) 学会 OTL 电路的调试及主要性能指标的测试方法。

2．实验原理

图 4.55 所示的为 OTL 功率放大电路。其中，由晶体三极管 T_1 组成推动级（也称前置放大级），T_2、T_3 是一对参数对称的 NPN 和 PNP 型晶体三极管，它们组成互补推挽 OTL 功率放大电路。由于每一个管都接成射极输出器的形式，因此具有输出电阻低、带负载能力强等优点，适合作为功率输出级。

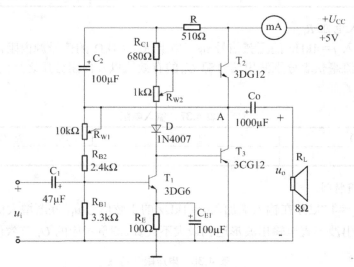

图 4.55　OTL 功率放大电路

T_1 管工作于甲类状态，它的集电极电流 I_{C1} 由电位器 R_{W1} 进行调节。I_{C1} 的一部分流经

电位器 R_{W2} 及二极管 D，给 T_2、T_3 提供偏压。调节 R_{W2}，可以使 T_2、T_3 得到合适的静态电流而工作于甲、乙类状态，以克服交越失真。

静态时要求输出端中点 A 的电位 $U_A=U_{CC}/2$，可以通过调节 R_{W1} 来实现，又由于 R_{W1} 的一端接在 A 点，因此在电路中引入交、直流电压并联负反馈，一方面能够稳定放大电路的静态工作点，同时也改善了非线性失真。当输入正弦交流信号 u_i 时，经 T_1 放大、倒相后同时作用于 T_2、T_3 的基极，u_i 的负半周使 T_2 管导通（T_3 管截止），有电流通过负载 R_L，同时向电容 C_o 充电，在 u_i 的正半周，T_3 导通（T_2 截止），则已充好电的电容 C_o 起着电源的作用，通过负载 R_L 放电，这样在 R_L 上就得到了完整的正弦波。

C_2 和 R 构成自举电路，用于提高输出电压正半周的幅度，以得到大的动态范围。

OTL 电路的主要性能指标如下。

(1) 最大不失真输出功率 P_{om}

理想情况下，$P_{om}=\dfrac{1}{8}\dfrac{U_{CC}^2}{R_L}$，在实验中可通过测量 R_L 两端的电压有效值来求得实际的

$$P_{om}=\frac{1}{8}\frac{U_o^2}{R_L}。$$

(2) 效率 η

$$\eta=\frac{P_{om}}{P_E}\times100\% \quad (P_E \text{ 是直流电源供给的平均功率})$$

理想情况下，$\eta_{max}=78.5\%$。在实验中，可测量电源供给的平均电流 I_{dc}，从而求得 $P_E=U_{CC}I_{dc}$，负载上的交流功率已用上述方法求出，因而也就可以计算实际效率了。

3．实验设备与元器件

(1) ＋5V 直流电源　　　(2) 直流电压表
(3) 函数信号发生器　　　(4) 直流毫安表
(5) 双踪示波器　　　　　(6) 频率计
(7) 交流毫伏表
(8) 晶体三极管 3DG6 (9011)、3DG12 (9013)、3CG12 (9012)和晶体二极管 IN4007 各 1 个，8Ω 扬声器 1 个，电阻、电容若干

4．实验内容

在整个实验过程中，电路不应有自激现象。

(1) 测量静态工作点
按图 4.55 连接实验电路，将输入信号旋钮旋至零（$u_i=0$），在电源进线中串入直流毫安表，电位器 R_{W2} 置最小值，R_{W1} 置中间位置。接通＋5V 电源，观察毫安表指示。

1) 调节输出端中点电位 U_A
调节电位器 R_{W1}，用直流电压表测量 A 点电位，使 $U_A=\dfrac{1}{2}U_{CC}$。

2) 调整输出级静态电流及测试各级放大电路的静态工作点

调节 R_{W2}，使 $R_{W2}=0$，在输入端接入 $f=1\text{KHz}$ 的正弦信号 u_i，逐渐加大输入信号的幅值，此时，输出波形应出现较严重的交越失真（注意：没有饱和和截止失真），然后缓慢增大 R_{W2}，当交越失真刚好消失时，停止调节 R_{W2}，恢复 $u_i=0$，此时直流毫安表读数即为输出级静态电流。数值在 $5\sim10\text{mA}$ 之间，如过大，则要检查电路。

输出级电流调好以后，测量各级静态工作点，记入表 4.40 中。

表 4.40 各级静态工作点

$I_{C2}=I_{C3}=$_____ mA $U_A=2.5\text{V}$

	T_1	T_2	T_3
U_B（V）			
U_C（V）			
U_E（V）			

(2) 测量最大输出功率 P_{om} 和效率 η

1) 测量 P_{om}：输入端接入 $f=1\text{kHz}$ 的正弦信号 u_i，输出端用示波器观察输出电压 u_o 的波形。逐渐增大 u_i，使输出电压达到最大不失真输出，用交流毫伏表测出负载 R_L 上的电压 U_{om}，则 $P_{om}=U_{om}^2/R_L$，将测量值及计算值填入表 4.41 中。

2) 测量 η：当输出电压为最大不失真输出时，读出直流毫安表中的电流值，此电流即为直流电源供给的平均电流 I_{dc}（有一定误差），由此可近似求得 $P_E=U_{CC}I_{dc}$，再根据上面测得的 P_{om}，即可求出 $\eta=P_{om}/P_E$，将测量值及计算值填入表 4.41 中。

表 4.41 最大不失真输出功率 P_{om}

	实际测量值		理论计算值	
P_{om}	U_{om}（V）	P_{om}（mW）	U_{om}（V）	P_{om}（mW）

(3) 测量输入灵敏度

根据输入灵敏度的定义，只要测出输出功率 $P_o=P_{om}$ 时的输入电压值 U_i 即可。

(4) 研究自举电路的作用

1) 测量有自举电路且 $P_o=P_{omax}$ 时的电压增益 $A_u=U_{om}/U_i$。

2) 将 C_2 开路，R 短路（无自举），再测量 $P_o=P_{omax}$ 的 A_u。

用示波器观察 1)、2)两种情况下的输出电压波形，并将以上两项测量结果进行比较，分析研究自举电路的作用。

(5) 测量噪声电压

测量时将输入端短路（$u_i=0$），观察输出噪声波形，并用交流毫伏表测量输出电压，即为噪声电压 U_N，本电路若 $U_N<15\text{mV}$，即满足要求。

(6) 试听

输入信号改为录音机输出，输出端接试听音箱及示波器。开机试听，并观察语言和音乐信号的输出波形。

5．实验报告要求

(1) 整理实验数据，计算静态工作点、最大不失真输出功率 P_{om}、效率 η 等，并与理论值进行比较。画频率响应曲线。

(2) 分析自举电路的作用。

(3) 讨论实验中发生的问题及解决办法。

6．思考题

(1) 交越失真产生的原因是什么？怎样克服交越失真？

(2) 如何将图 4.55 所示的电路改为 OCL 电路（基本元器件不变）？

(3) 为什么引入自举电路能够扩大输出电压的动态范围？

(4) 电路中电位器 R_{W2} 如果开路或短路，对电路工作有何影响？

(5) 为了不损坏输出管，调试中应注意什么问题？

(6) 如果电路有自激现象，应如何消除？

4.2.11　OTL功率放大电路仿真

1．实验目的

(1) 学会功率放大电路直流工作点的调节方法。

(2) 熟悉功率放大电路偏置电路的特点。

(3) 学会 Multisim 中电子元器件参数的改变和设置方法。

(4) 学会 OTL 功率放大电路的调试及主要性能指标的测试方法。

2．实验原理

图 4.56 所示的为 OTL 低频功率放大电路。其中，由晶体三极管 VT_1 组成推动级（也称为前置放大级），VT_2、VT_3 是一对参数对称的 NPN 和 PNP 型晶体三极管，它们组成互补推挽 OTL 功率放大电路。由于每一个管都接成射极输出器形式，因此具有输出电阻低、负载能力强等优点，适合作为功率输出级。VT_1 管工作于甲类状态，它的集电极电流 I_{C1} 由电位器 R_{P1} 进行调节。I_{C1} 的一部分流经电位器 R_{P2} 及二极管 V_D，给 VT_2、VT_3 提供偏压。调节 R_{P2}，可以使 VT_2、VT_3 得到合适的静态电流而工作于甲、乙类状态，以克服交越失真。

静态时要求输出端中点 A 的电位可以通过调节 R_{P1} 来实现，又由于 R_{P1} 的一端接在 A 点，因此在电路中引入交、直流电压并联负反馈，一方面能够稳定放大电路的静态工作点，同时也改善了非线性失真。

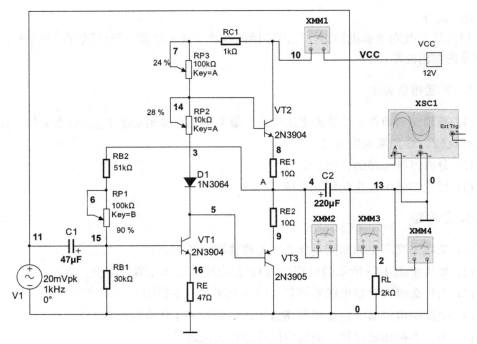

图 4.56 OTL 功率放大电路仿真原理图

图 4.56 中三极管 VT_2 和 VT_3 的特性参数应该对称，但是在 Multisim 元器件库中不可能找到电路参数完全相同的 NPN 型和 PNP 型三极管，因此需要自己编辑元器件的电参数。

(1) 元器件电参数的编辑方法

首先，双击要编辑的三极管，出现如图 4.57 所示的编辑元器件对话框。然后，单击"Edit component in DB"按钮，弹出如图 4.58 所示的编辑三极管电参数对话框。

图 4.57 编辑元器件对话框

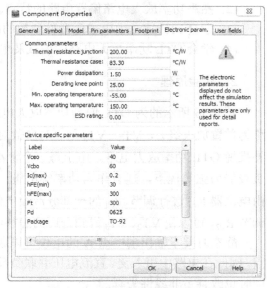

图 4.58 编辑三极管电参数对话框

在图 4.58 中，可以改变"Device specific parameters"区域中的电参数，然后单击"OK"按钮，弹出如图 4.59 所示的生成库元器件对话框。

在图 4.59 中，单击"Add family"按钮，出现如图 4.60 所示的输入元器件名称对话框。

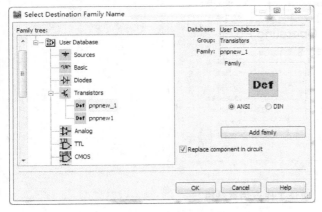

图 4.59　生成库元器件对话框

图 4.60　输入元器件名称对话框

在图 4.60 所示的对话框中，可以在"Select family group"（元器件族选择）下拉列表框中选择将要添加新元器件系列所在的元器件族，并在"Enter family name"（元器件系列命名）文本框中输入新建元器件系列的名称。用以上方法可以将功率放大电路中的两个输出三极管的参数调节到对称。

(2) 功率放大电路静态工作点的仿真

调节 VT_1 的基极可调电阻和集电极可调电阻，使示波器显示的输出波形不出现失真，将信号慢慢增加，观察输出波形，使输出波形为最大不失真状态，如图 4.61 所示。

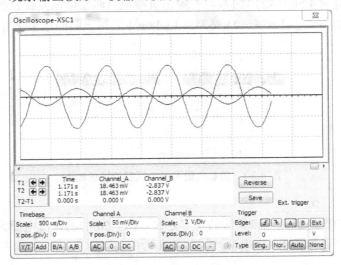

图 4.61　最大不失真输出波形

执行菜单命令"Simulate"→"Analysis"→"DC operating point"，选择三个三极管的三个电极节点输出，进行直流工作点仿真，直流工作点仿真结果如图 4.62 所示。

图 4.62　直流工作点仿真结果

由图 4.62 可知，三个三极管均工作在放大状态，说明工作点合适。

(3) 功率放大电路技术指标的仿真

1) 输出功率

前面调节静态工作点时，已观测出最大不失真输出波形如图 4.61 所示，从该图可得知，最大不失真输出电压的幅值是 2.880V，因此可以求得输出功率为：

$$P_{\text{om}} = \frac{1}{2}\frac{U_{\text{om}}^2}{R_{\text{L}}} = \frac{2.837^2}{2 \times 2} = 2.012 \text{ mW}$$

同时，可以用图 4.56 中给出的万用表测出负载电阻两端电压及流过的电流（如图 4.63 所示），同样可求得 P_{om}=1.974×0.986942=1.948mW，与上面的结果十分接近。

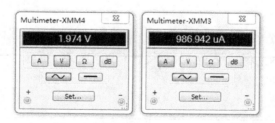

图 4.63　负载电阻两端电压及流过的电流

2) 效率

效率为输出功率与直流电源供给的功率之比，图 4.56 中的直流电源为 12V，对两个互补对称的三极管而言相当于 6V 电源，因此效率为：

$$\eta = \frac{P_{\text{o}}}{P_{\text{V}}}100\% = \frac{P_{\text{o}}}{\dfrac{2U_{\text{CC}}U_{\text{om}}}{\pi R_{\text{L}}}} \approx \frac{1.948}{\dfrac{2}{\pi} \times 6 \times \dfrac{6}{2}} \approx 17\%$$

3．实验内容

(1) 静态工作点调试和仿真

1) 调节输出端中点电位 U_A

调节电位器 R_{W1}，用万用表直流电压挡测量 A 点电位，使 $U_A = U_{CC}/2$。

2) 调整输出级静态电流

先使 $R_{W2} = 0$，在输入端接入 $f = 1$KHz 的正弦信号 u_i。逐渐加大输入信号的幅值，此时，输出波形应出现较严重的交越失真（注意：没有饱和和截止失真），然后缓慢增大 R_{W2}，当交越失真刚好消失时，停止调节 R_{W2}，保持电位器百分比不变，进行放大电路直流工作点仿真，将结果填入表 4.42 中。

表 4.42　放大电路静态工作点仿真结果

	T_1	T_2	T_3
U_B（V）			
U_C（V）			
U_E（V）			
U_{CE}（V）			

(2) 放大电路输出功率、效率仿真

在电路中接入虚拟示波器，观察输入与输出信号的波形。输入端接入 $f = 1$KHz 的正弦信号 u_i，输出端用示波器观察输出电压 u_o 的波形。逐渐增大 u_i，使输出电压达到最大不失真输出，用万用表测量 OTL 功率放大电路的最大不失真输出功率 P_{om} 和效率 η，并填入表 4.43 中。用理论方法估算 P_{om} 和 η，与实测值比较，分析理论值与实测值差异产生的原因。

表 4.43　最大不失真输出功率 P_{om} 和效率 η

	实际测量值			理论计算值		
	U_{om}（V）	P_{om}（mW）	η	U_{om}（V）	P_{om}（mW）	η
P_{om}						

4．思考题

(1) 在 OTL 功率放大电路中，调节静态工作点时，哪个电位器的调节作用明显？为何？

(2) 在图 4.56 中，电阻 R_{E1} 的作用是什么？为什么？

(3) 在图 4.56 中，三极管 VT_1 的偏置电路由哪些元器件组成？有反馈吗？这样的偏置电路有何优点？

4.2.12　负反馈放大电路

1．实验目的

(1) 研究负反馈对放大电路性能的影响。

(2) 掌握负反馈放大电路各项性能指标的测试方法。

2. 实验原理

负反馈在电子电路中有着非常广泛的应用，虽然它使放大电路的放大倍数降低，但能在多方面改善放大电路的动态指标，如稳定放大倍数，改变输入、输出电阻，减小非线性失真和展宽带宽等。因此，几乎所有的实用放大电路都带有负反馈。

负反馈放大电路有四种组态，即电压串联、电压并联、电流串联、电流并联。本实验以电压串联负反馈为例，分析负反馈对放大电路各项性能指标的影响。

图 4.64 为带有电压串联负反馈的两级阻容耦合放大电路，在电路中通过 R_f 把输出电压 u_o 引回到输入端，加在晶体管 T_1 的发射极上，在发射极电阻 R_{F1} 上形成反馈电压 u_f。根据反馈的判断法可知，它属于电压串联负反馈。

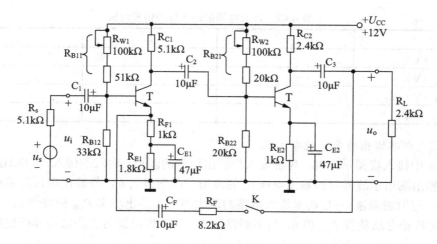

图 4.64　带有电压串联负反馈的两级阻容耦合放大电路

主要性能指标如下。

(1) 闭环电压放大倍数

$$A_{uf} = \frac{A_u}{1 + A_u F_u}$$

式中，$A_u = U_o / U_i$，为基本放大电路（无反馈）的电压放大倍数，即开环电压放大倍数；而 $1 + A_u F_u$ 为反馈深度，它的大小决定了负反馈对放大电路性能改善的程度。

(2) 反馈系数

$$F_u = \frac{R_{F1}}{R_f + R_{F1}}$$

(3) 输入电阻

$$R_{if} = (1 + A_u F_u) R_i$$

式中，R_i 为基本放大电路的输入电阻。

(4) 输出电阻

$$R_{of} = \frac{R_o}{1 + A_{uo}F_u}$$

式中，R_o 为基本放大电路的输出电阻，A_{uo} 为基本放大电路 $R_L = \infty$ 时的电压放大倍数。

3．实验设备与器件

(1) ＋12V 直流电源　　　　(2) 函数信号发生器

(3) 双踪示波器　　　　　　(4) 频率计

(5) 交流毫伏表　　　　　　(6) 直流电压表

(7) 晶体三极管 3DG6×2(β＝50～100)或 9011×2，电阻、电容若干

4．实验内容

(1) 测量静态工作点

放大电路的直流工作点与偏置电路有关，图 4.64 中两个三极管的上偏流电阻（R_{B11} 和 R_{B21}）都是可变电阻，因此可以通过改变上偏流电阻来改变静态工作点。按图 4.64 所示连接实验电路，开关 K 断开（无反馈），在输入端加入一小信号并逐渐加大，逐级调节放大电路的静态工作点，并用示波器观察输出波形，直到得到最大不失真输出，保持可调电位器的位置不变。令 u_i＝0，用直流电压表分别测量第一级、第二级的静态工作点，记入表 4.44。

表 4.44　静态工作点

	U_B（V）	U_E（V）	U_C（V）	I_C（mA）
第一级				
第二级				

(2) 测量基本放大电路的各项性能指标

1) 开关断开（无反馈），测量中频电压放大倍数 A_u、输入电阻 R_i 和输出电阻 R_o。

①以 f＝1kHz、U_S 约为 5mV 的正弦信号输入放大电路，用示波器观察输出波形 u_o，在 u_o 不失真的情况下，用交流毫伏表测量 U_S、U_i、U_L，记入表 4.45。

②保持 U_S 不变，断开负载电阻 R_L（注意，R_f 不要断开），测量空载时的输出电压 U_o，记入表 4.45。

表 4.45　放大电路的增益、输入电阻、输出电阻

	U_S（mV）	U_i（mV）	U_L（V）	U_o（V）	A_u	R_i（kΩ）	R_o（kΩ）
基本放大电路	U_S（mV）	U_i（mV）	U_L（V）	U_o（V）	A_u	R_i（kΩ）	R_o（kΩ）
负反馈放大电路	U_S（mV）	U_i（mV）	U_L（V）	U_o（V）	A_{uf}	R_{if}（kΩ）	R_{of}（kΩ）

2) 测量带宽

接上 R_L，保持 1)中的 U_S 不变，然后增大和减小输入信号的频率，找出上、下限频率

f_H 和 f_L，记入表 4.46。

(3) 测量负反馈放大电路的各项性能指标

图 4.64 中的开关 K 闭合，引入负反馈时，适当加大 U_S（约 10mV），在输出波形不失真的条件下，重复实验内容(2)的 1)，测量负反馈放大电路的 A_{uf}、R_{if} 和 R_{of}，记入表 4.45；重复实验内容(2)的 2)，测量 f_{Hf} 和 f_{Lf}，记入表 4.46。

表 4.46　放大电路上、下限截止频率及带宽

基本放大电路	f_L（kHz）	f_H（kHz）	Δf（kHz）
负反馈放大电路	f_{Lf}（kHz）	f_{Hf}（kHz）	Δf_f（kHz）

(4) 观察负反馈对非线性失真的改善

1) 实验电路改接成基本放大电路形式，在输入端加入 $f=1\text{kHz}$ 的正弦信号，输出端接示波器，逐渐增大输入信号的幅度，使输出波形开始出现失真，记下此时的波形和输出电压的幅度。

2) 在实验电路中引入负反馈（开关闭合），增大输入信号幅度，使输出电压幅度的大小与 1)相同，比较有负反馈时输出波形的变化。

5．实验报告要求

(1) 将基本放大电路和负反馈放大电路动态参数的实测值和理论估算值列表进行比较。

(2) 根据实验结果，总结电压串联负反馈对放大电路性能的影响。

6．思考题

(1) 按如图 4.64 所示的实验电路估算放大电路的静态工作点（取 $\beta_1=\beta_2=100$）。

(2) 估算基本放大电路的 A_u、R_i 和 R_o；估算负反馈放大电路的 A_{uf}、R_{if} 和 R_{of}，并验算它们之间的关系。

(3) 如按深度负反馈估算，则闭环电压放大倍数 A_{uf} 等于多少？和测量值是否一致？为什么？

(4) 如输入信号存在失真，能否用负反馈来改善？

4.2.13　负反馈放大电路仿真

1．实验目的

(1) 巩固学习放大电路主要性能指标（静态工作点、增益、输入电阻、输出电阻）的测量方法。

(2) 观察多级放大电路的级间联系及相互影响。

(3) 观察和比较负反馈对放大电路电压增益、失真、频率特性和输入、输出电阻的影响。

(4) 掌握负反馈放大电路各项性能指标的一般测量方法。

2．实验原理

(1) 直流工作点的仿真

1) 两级共射极放大电路（开关 J_1 闭合前）

带电压串联负反馈的两级阻容耦合放大电路如图 4.65 所示，两级放大电路三极管的上偏流电阻 R_{B11} 和 R_{B21} 均包含可调电位器，可通过调节上偏流电阻来改变静态工作点。

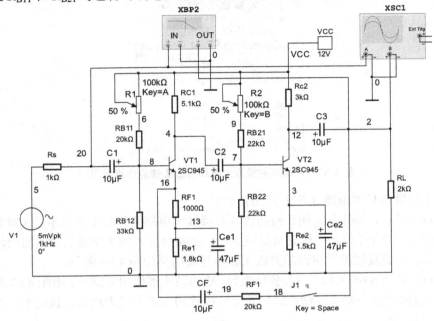

图 4.65　带电压串联负反馈的两级阻容耦合放大电路

打开示波器，进行波形仿真，首先调节上偏流电阻，使输出波形不失真且幅值最大，两级共射极放大电路输入输出波形如图 4.66 所示。

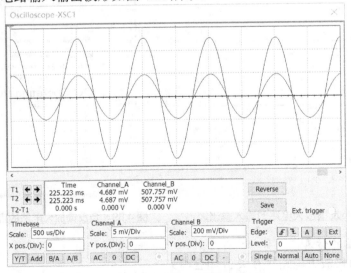

图 4.66　两级共射极放大电路输入输出波形

然后，执行菜单命令"Simulate"→"Analysis"→"DC operating point"，选择两个三极管的三个电极所在的节点输出，进行直流工作点仿真，直流工作点仿真结果如图 4.67 所示。

图 4.67　两级共射极放大电路直流工作点仿真结果

2）电压串联负反馈电路（开关 J_1 闭合后）

如图 4.65 所示，保持开关闭合前两级共射极放大电路的静态工作点不变（可调电位器百分比不变），闭合开关 J_1，构成负反馈电路，观察负反馈放大电路的输入输出波形（如图 4.68 所示），负反馈放大电路的直流工作点仿真结果如图 4.69 所示。

由图 4.66 和图 4.68 可知，引入负反馈后，输出波形幅值明显减小；由图 4.67 和图 4.69 可知，引入级间电压串联负反馈前后，两个三极管均工作在放大状态，说明引入级间反馈前后工作点均合适。

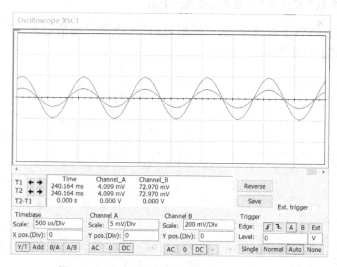

图 4.68　负反馈放大电路的输入输出波形　　　图 4.69　负反馈放大电路的直流工作点仿真结果

（2）电压增益的仿真

1）两级共射极放大电路（开关 J_1 闭合前）

由图 4.66 可知，两级共射级放大反相后，输入输出同相，且增益可测算：

$$A_u = \frac{u_o}{u_i} = \frac{507.757}{4.687} = 108.33$$

2) 电压串联负反馈电路（开关 J_1 闭合后）

由图 4.68 可求得电压增益：

$$A_{uf} = \frac{u_o}{u_i} = \frac{72.970}{4.099} = 17.8$$

明显可见，引入级间电压串联负反馈后，放大电路电压增益明显下降了。

(3) 输入电阻的仿真

1) 两级共射极放大电路（开关 J_1 闭合前）

要测量两级共射极放大电路的输入电阻，只需测量信号源 $u_S(V_1)$ 有效值以及信号源内阻分压后 u_i 的有效值即可。输入电阻的测量电路及测量结果如图 4.70 所示。

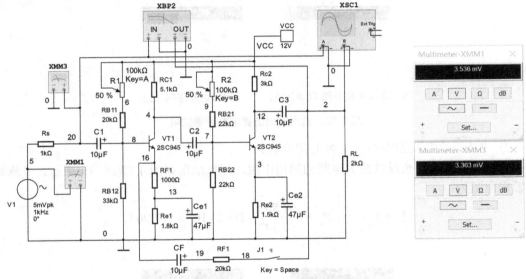

图 4.70　输入电阻的测量电路及测量结果

$$R_i = \frac{U_i}{U_S - U_i} R_S = \frac{3.363 \times 1 \times 10^3}{3.536 - 3.363} = 19.44 \text{ k}\Omega$$

2) 电压串联负反馈电路（开关 J_1 闭合后）

如图 4.65 所示，开关 J_1 闭合后，可用万用表测信号源 $u_S(V_1)$ 有效值以及信号源内阻 R_S 分压后 u_i 的有效值。负反馈放大电路的输入电阻的测量结果如图 4.71 所示。

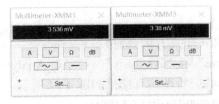

图 4.71　负反馈放大电路的输入电阻的测量结果

$$R_{if} = \frac{U_i}{U_S - U_i} R_S = \frac{3.38 \times 1 \times 10^3}{3.536 - 3.38} = 21.67 \text{ k}\Omega$$

由此可知，电压串联负反馈使放大电路的输入电阻增大。

(4) 输出电阻的仿真

1) 两级共射极放大电路（开关 J_1 闭合前）

保持信号源不变，输出电阻仿真电路测量结果如图 4.72(a)、(b)所示，(a)为接入负载电阻 R_L 时的输出电压，(b)为 R_L 开路时的输出电压。可测算出输出电阻为：

$$R_o = (\frac{U_o}{U_L} - 1)R_L = (\frac{795.448}{371.599} - 1) \times 2 \times 10^3 = 2.28 \text{ k}\Omega$$

(a) 接入负载电阻 R_L 时(U_L)　　　(b) R_L 开路时(U_o)

图 4.72　输出电阻仿真电路测量结果

2) 电压串联负反馈电路（开关 J_1 闭合后）

闭合开关，重测负反馈放大电路的输出电阻，测量结果如图 4.73(a)、(b)所示。可测算出输出电阻为：

$$R_{of} = (\frac{U_o}{U_L} - 1)R_L = (\frac{64.802}{59.597} - 1) \times 2 \times 10^3 = 177.96 \text{ }\Omega$$

(a) 接入负载电阻 R_L 时(U_L)　　　(b) R_L 开路时(U_o)

图 4.73　负反馈放大电路的输出电阻仿真电路的测量结果

由此可知，电压串联负反馈使放大电路的输出电阻减小。

(5) 频率响应特性的仿真

1) 两级共射极放大电路（开关 J_1 闭合前）

执行菜单命令"Simulate"→"Analysis"→"AC Analysis"，进入交流分析状态，两级共射极放大电路的频率响应特性仿真结果如图 4.74 所示，从图中可看出：放大电路的上下限截止频率分别为 232.6624kHz 和 85.5109Hz。

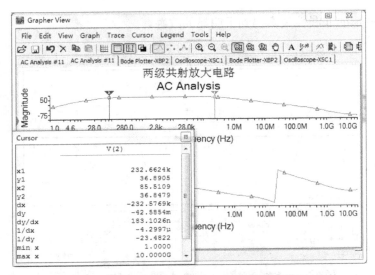

图 4.74 两级共射极放大电路频率响应特性仿真结果

2) 电压串联负反馈电路（开关 J_1 闭合后）

闭合开关 J_1，进入交流分析状态，负反馈放大电路频率响应特性仿真结果如图 4.75 所示，从图中可看出：放大电路的上下限截止频率分别为 1.4251MHz 和 14.3557Hz。

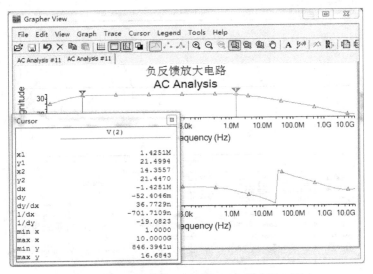

图 4.75 负反馈放大电路频率响应特性仿真结果

比较开关闭合前后，可以发现：引入电压串联负反馈后，放大电路的上限频率明显增大，下限频率有所减小，带宽明显展宽。

(6) 负反馈对非线性失真的改善

在图 4.65 所示的电路中，断开开关 J_1，双击信号源 V_1，逐渐增大输入信号幅值，直至两级共射极放大电路无负反馈，输出双失真如图 4.76 所示。闭合开关 J_1 后，观察示波器波形，图 4.77 所示的为引入负反馈后输出波形失真消失。比较引入负反馈前后，可以发现：

负反馈使输出波形的非线性失真得到了明显的改善。

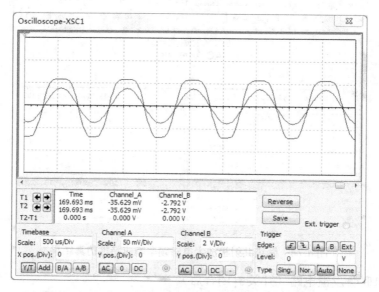

图 4.76　无负反馈时，两级共射极放大电路输出双失真

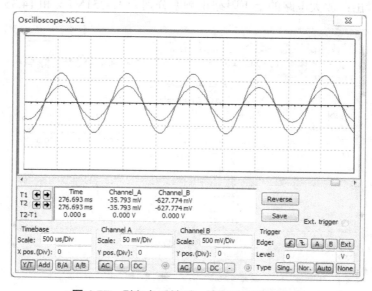

图 4.77　引入负反馈后，输出波形失真消失

3．实验内容

（1）静态工作点仿真

1）两级共射极放大电路（开关 J_1 闭合前，即开关无反馈状态时）

调节图 4.65 所示的仿真图中的电位器，使输出波形不失真且输出幅度最大，记录电位器的百分比，保持电位器百分比不变，进行放大电路直流工作点仿真，将仿真结果填入表 4.47 中。

表 4.47　静态工作点

测试参数	U_{B1}（V）	U_{C1}（V）	U_{E1}（V）	I_{C1}（mA）	U_{B2}（V）	U_{C2}（V）	U_{E2}（V）	I_{C2}（mA）
测试值 （开关 K 断开）								
测试值 （开关 K 闭合）								

2）两级共射极放大电路（开关 J_1 闭合，即引入反馈后）

重复 1），进行负反馈放大电路直流工作点仿真，将仿真结果填入表 4.47 中。

（2）放大电路的各项性能指标仿真

1）开关断开（无反馈），仿真测量中频电压放大倍数 A_u、输入电阻 R_i 和输出电阻 R_o。

以 $f=1$kHz、U_S 约为 5mV 的正弦信号输入放大电路，用示波器观察输出波形 u_o，在 u_o 不失真的情况下，用交流毫伏表测量 U_S、U_i、U_L；保持 U_S 不变，断开负载电阻 R_L，测量空载时的输出电压 U_o，记入表 4.48。

表 4.48　放大电路的增益、输入电阻、输出电阻

基本放大电路	U_S （mV）	U_i （mV）	U_L （V）	U_o （V）	A_u	R_i （kΩ）	R_o （kΩ）
负反馈放大电路	U_S （mV）	U_i （mV）	U_L （V）	U_o （V）	A_{uf}	R_{if} （kΩ）	R_{of} （kΩ）

2）闭合开关 J_1，引入负反馈时，重复实验内容(2)的 1），仿真测量负反馈放大电路的 A_{uf}、R_{if} 和 R_{of}，记入表 4.48。

（3）放大电路频率特性仿真

断开开关 J_1，接上 R_L，使输出波形不失真且输出幅度最大，记录电位器的百分比，保持电位器百分比不变，进行无反馈时两级共射极放大电路频率特性仿真，找出上、下限频率 f_H 和 f_L，记入表 4.49。闭合开关 J_1，其他不变，进行引入电压串联负反馈放大电路频率特性仿真，测量 f_{Hf} 和 f_{Lf}，记入表 4.49。

表 4.49　放大电路上、下限截止频率及带宽

基本放大电路	f_L（kHz）	f_H（kHz）	Δf（kHz）
负反馈放大电路	f_{Lf}（kHz）	f_{Hf}（kHz）	Δf_f（kHz）

（4）负反馈对非线性失真的改善

1）开关 J_1 断开时，在输入端加入 $f=1$kHz 的正弦信号，输出端接示波器，逐渐增大输入信号的幅度，使输出波形开始出现上下峰值双失真，记下此时的波形和输出电压的幅度。

2）闭合开关 J_1，引入负反馈后，增大输入信号幅度，使输出电压幅度的大小与 1)相同，比较有负反馈时输出波形的变化。记录波形，画于下面的坐标系中。

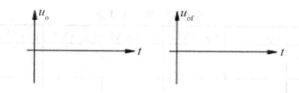

4．思考题

(1) 怎样把负反馈放大电路改接成基本放大电路？为什么要把 R_F 并接在输入端和输出端？

(2) 估算基本放大电路的 A_u、R_i 和 R_o，估算负反馈放大电路的 A_{uf}、R_{if} 和 R_{of}，并验算它们之间的关系。

(3) 如按深度负反馈估算，则闭环电压放大倍数 A_{uf} 等于多少？和测量值是否一致？为什么？

(4) 将实物实验所测的负反馈电路各项指标与仿真所测的各项指标进行对比，分析产生误差的原因。

4.2.14　基本模拟运算电路线性应用

1．实验目的

(1) 研究由集成运算放大器组成的比例、加法、减法和积分等基本运算电路的功能。
(2) 学会上述电路的测试和分析方法。
(3) 学会集成运算放大器输出端的调零放大。

2．实验原理

集成运算放大器是一种具有高差模电压增益、高输入阻抗、低输出阻抗、高共模抑制比的多级直接耦合放大电路。当其工作于线性区间时，可组成比例、加法、减法、积分、微分、对数等模拟运算电路，但因其线性区非常窄，通常需要通过外接电阻、电容等元器件引入负反馈，才能确保集成运算放大器工作于线性区间。

(1) 反相比例运算电路

反相比例运算电路如图 4.78 所示。该电路的输出电压与输入电压之间呈比例关系，相位反相，表达式为：

$$u_o = -\frac{R_F}{R_1} u_i$$

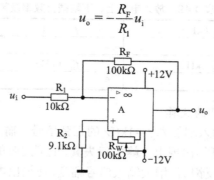

图 4.78　反相比例运算电路

为了减小输入级偏置电流引起的运算误差,在同相输入端应接入平衡电阻 R_2 $(R_2 = R_1 // R_F)$。

(2) 反相加法运算电路

反相加法运算电路如图 4.79 所示,输出电压与输入电压之间的关系为:

$$u_o = -\left(\frac{R_F}{R_1}u_{i1} + \frac{R_F}{R_2}u_{i2}\right) \quad (\text{其中},\ R_3 = R_1 // R_2 // R_F)$$

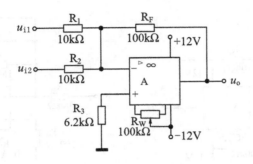

图 4.79　反相加法运算电路

(3) 同相比例运算电路

图 4.80(a)显示的是同相比例运算电路,它的输出电压与输入电压之间的关系为:

$$u_o = \left(1 + \frac{R_F}{R_1}u_i\right) \quad (\text{其中},\ R_2 = R_1 // R_F)$$

当 $R_1 \to \infty$ 时, $u_o = u_i$,即得到如图 4.80(b)所示的电压跟随器。图中 $R_2 = R_F$,用以减小漂移和起保护作用。一般 R_F 取 $10\text{k}\Omega$, R_F 太小起不到保护作用,太大则影响跟随性。

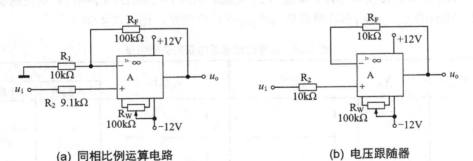

(a) 同相比例运算电路　　　　　　　　　　(b) 电压跟随器

图 4.80　同相比例运算电路

(4) 减法运算电路

图 4.81 所示的为减法运算电路,当 $R_1 = R_2$、 $R_3 = R_F$ 时,有如下关系式:

$$u_o = \frac{R_F}{R_1}(u_{i2} - u_{i1})$$

(5) 积分运算电路

反相积分运算电路如图 4.82 所示。在理想化条件下，输出电压 u_o 等于：

$$u_o(t) = -\frac{1}{R_1 C}\int_0^t u_i dt + u_C(0)$$

式中，$u_C(0)$ 是 $t=0$ 时电容 C 两端的电压值，即初始值。

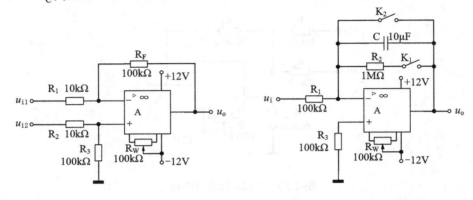

图 4.81　减法运算电路　　　　图 4.82　反相积分运算电路

3. 实验内容

实验前要看清集成运算放大器组件各管脚的位置，切忌正、负电源极性接反和输出端短路，否则将会损坏集成块。

(1) 反相比例运算电路

1) 按图 4.78 连接实验电路，接通±12V 电源，输入 $f=100$Hz、$U_i=0.1$V 的正弦交流信号，测量相应的 U_o，并用示波器观察 u_o 和 u_i 的相位关系，记入表 4.50。

表 4.50　反相比例运算电路的交流测量

U_i（V）	U_o（V）	u_i 波形	u_o 波形	A_u	
				实测值	计算值
0.1					

2) 按图 4.78 连接实验电路，接通±12V 电源，电路输入端接入-5~+5V 可调直流信号源（一般实验箱都提供，需用直流电压表调试好），用直流电压表测量输入电压 U_i 及输出电压 U_o，记入表 4.51。

表 4.51 反相比例运算电路的直流测量

直流输入电压 U_i（V）		0.03	0.2	0.3	1	3
输出电压 U_o（V）	理论估算					
	实测值					
	误差					

(2) 同相比例运算电路

1) 按图 4.80(a)连接实验电路。实验步骤同内容(1)，将结果记入表 4.52。

2) 将图 4.80(a)中的 R_1 断开，即可转换成如图 4.80(b)所示的电压跟随器电路，重复实验内容(1)。

表 4.52 同相比例运算电路的测量

U_i（V）	U_o（V）	u_i 波形	u_o 波形	A_u	
				实测值	计算值
0.1					
0.1					

(3) 反相加法运算电路

按图 4.79 连接实验电路。接通±12V 直流电源，电路输入端分别接入−5~+5V 可调直流信号源，用直流电压表测量输入电压 U_{i1}、U_{i2} 及输出电压 U_o，记入表 4.53。

表 4.53 反相加法运算电路的测量

U_{i1}（V）	0.3	−0.3	0.5	−0.5	0.8
U_{i2}（V）	0.2	0.2	−0.2	−0.5	1.0
U_o（V）					

(4) 减法运算电路

按图 4.81 连接实验电路。采用直流输入信号，实验步骤同内容(3)，将结果记入表 4.54。

表 4.54 减法运算电路的测量

U_{i1}（V）	1	2	0.2	−0.2	2
U_{i2}（V）	0.5	1.8	−0.2	0.5	1
U_o（V）					

(5) 积分运算电路

实验电路如图 4.82 所示。

1) 打开 K_2，闭合 K_1，对输出进行调零。

2) 调零完成后，再打开 K_1，闭合 K_2，使 $u_C(0)=0$。

3) 预先调好直流输入电压 $U_i=0.5$V，接入实验电路，再打开 K_2，然后用直流电压表测量输出电压 U_o，每隔 5 秒读一次 U_o，记入表 4.55，直到 U_o 不继续明显增大为止。

表 4.55　积分运算电路的测量

t（s）	0	5	10	15	20	25	30	……
$U_\circ$（V）								

4．实验设备与元器件

(1) ±12V 直流电源　　　　　　(2) 函数信号发生器
(3) 交流毫伏表　　　　　　　　(4) 直流电压表
(5) 集成运算放大器 μA741×1，电阻、电容若干

5．实验报告要求

(1) 整理实验数据，画出波形图（注意波形间的相位关系）。
(2) 将理论计算结果和实测数据相比较，分析产生误差的原因。
(3) 分析讨论实验中出现的现象和问题。

6．思考题

(1) 在实验中，不论如何设置集成运算放大器的两个输入端信号电压大小，其输出电压绝对值都一直保持在 10V 左右某个固定的值不变，原因何在？
(2) 为了不损坏集成块，实验中应注意什么问题？

4.2.15　基本模拟运算电路线性应用仿真

1．实验目的

(1) 熟悉和掌握由集成运算放大器组成的比例、加法、减法和积分等基本运算放大电路的原理及应用。
(2) 学会上述电路的仿真测试和分析方法。

2．实验原理

集成运算放大器是一种具有高差模电压增益、高输入阻抗、低输出阻抗的多级直接耦合放大电路。当其工作于线性区间时，可组成比例、加法、减法、积分、微分、对数等模拟运算电路，但因其线性区非常窄，通常需要通过外接电阻、电容等元器件引入负反馈，才能确保集成运算放大器工作于线性区间。在非线性区工作时，可组成电压比较器。
仿真参考电路如图 4.83 到图 4.88 所示。

3．实验内容

(1) 电压跟随器
电压跟随器如图 4.83 所示，输入直流信号电压源，仿真测试电压跟随器的跟随特性及带负载的能力，将测试结果填入表 4.56。

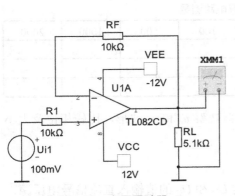

图 4.83　电压跟随器

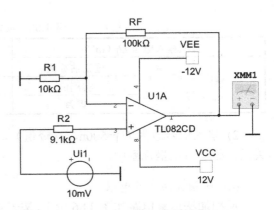

图 4.84　同相比例运算电路

表 4.56　电压跟随器测量

直流输入电压 U_i（V）		−2	−0.5	0	+5	+10
输出电压 U_o（V）	$R_L = \infty$					
	$R_L = 5.1\text{k}\Omega$					

(2) 同相比例运算电路

同相比例运算电路如图 4.84 所示，输入直流信号电压源，按表 4.57 给定的 U_i（图上为 Ui1）值仿真测试同相比例运算电路的输出电压，将测试结果填入表 4.57。

表 4.57　同相比例运算电路测量

直流输入电压 U_i（mV）		30	200	900	1000	2000
输出电压 U_o（V）	理论估算值					
	实测值					
	误差					

(3) 反相比例运算电路

1) 反相比例运算电路如图 4.85 所示，输入直流信号电压源，按表 4.58 给定 U_i（图上为 Ui1）的值仿真测试反相比例运算电路的输出电压，将测试结果填入表 4.58。

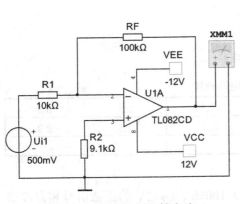

图 4.85　反相比例运算电路

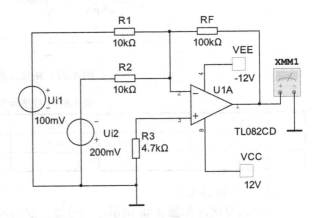

图 4.86　反相求和运算电路

表 4.58 反相比例运算电路测量

直流输入电压 U_i（mV）		30	100	500	1000	2000
输出电压 U_o（V）	理论估算值					
	实测值					
	误差					

2）输入信号改为 U_{i1}=500mV（峰值），用示波器观察 u_o 和 u_i 波形，比较相位及大小关系，画于自制坐标系中。

(4) 反相加法运算电路

反相加法运算电路如图 4.86 所示，按表 4.59 给定 U_{i1} 和 U_{i2} 的值输入直流信号电压源，仿真测试反相加法运算电路的输出电压，将测试结果填入表 4.59。

表 4.59 反相加法运算电路测量

U_{i1}（V）	0.1	0.2	−0.5	0.5	0.5
U_{i2}（V）	−0.5	0.5	1	0.5	1.5
U_o（V）					

(5) 减法运算电路

如图 4.87 所示，输入直流信号电压源，仿真测试减法运算电路，将测试结果填入表 4.60。

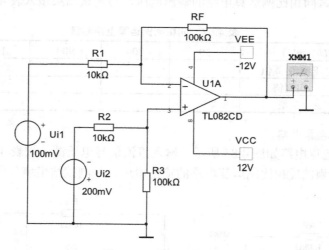

图 4.87 减法运算电路

表 4.60 减法运算电路测量

U_{i1}（V）	0.1	1.0	−0.5	0.5	0.5
U_{i2}（V）	0.2	0.5	0.5	1.5	2.0
U_o（V）					

(6) 积分运算电路

积分运算电路如图 4.88 所示，信号源分别输入 f=100Hz、U_P=2V 的正弦信号和方波信号，仿真观察输入输出信号大小及相位关系，测量饱和输出电压及有效积分时间。

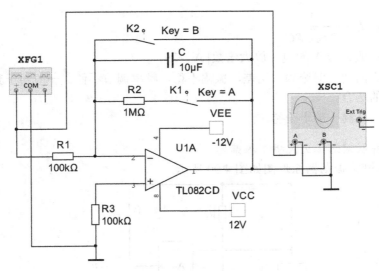

图 4.88 积分运算电路

4．思考题

(1) 同相比例运算电路是否存在"虚地"，为什么？

(2) 在积分运算电路中，电路满足线性积分运算关系的条件是什么？

4.2.16 正弦波振荡器

1．实验目的

(1) 掌握桥式 RC 正弦波振荡器的电路组成及其振荡条件。

(2) 熟悉正弦波振荡器的调整和测试方法。

(3) 观察 RC 参数对振荡频率的影响，学习振荡频率的测定方法。

2．实验原理

从结构上看，正弦波振荡器是没有输入信号的、带选频网络的正反馈放大电路。若用 R、C 元器件组成选频网络，就称为 RC 振荡器，一般用来产生 1Hz～1MHz 的低频信号。

(1) RC 移相振荡器

RC 移相振荡器原理图如图 4.89 所示，选择 $R \gg R_i$。

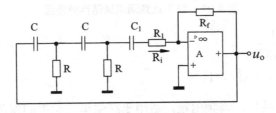

图 4.89 RC 移相振荡器原理图

振荡频率：$f_0 = \dfrac{1}{2\pi\sqrt{6}\,RC}$。

起振条件：放大器 A 的电压放大倍数$|\dot{A}|>29$。

电路特点：简便，但选频作用差，振幅不稳，频率调节不便，一般用于频率固定且稳定性要求不高的场合。

频率范围：几赫～数十千赫。

(2) RC 串并联网络（文氏桥）振荡器

RC 串并联网络振荡器原理图如图 4.90 所示。

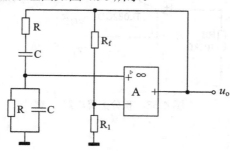

图 4.90 RC 串并联网络振荡器原理图

振荡频率：$f_0 = \dfrac{1}{2\pi RC}$。

起振条件：$|\dot{A}|>3$。

电路特点：可方便地连续改变振荡频率，便于加负反馈稳幅，容易得到良好的振荡波形。

(3) 双 T 选频网络振荡器

双 T 选频网络振荡器原理图如图 4.91 所示。

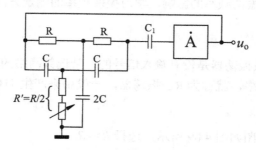

图 4.91 双 T 选频网络振荡器原理图

振荡频率：$f_0 = \dfrac{1}{5RC}$。

起振条件：$R' < \dfrac{R}{2}$，$|\dot{A}\dot{F}|>1$。

电路特点：选频特性好，调频困难，适用于产生单一频率的振荡。

本实验采用集成运放μA741 或者 LM324 和RC 串并联选频网络组成RC 正弦波振荡器，

RC 串并联选频网络振荡器如图 4.92 所示。

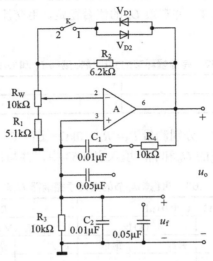

图 4.92　RC 串并联选频网络振荡器

3. 实验设备与元器件

(1) ＋12V 直流电源
(2) 函数信号发生器
(3) 双踪示波器
(4) 频率计
(5) 直流电压表
(6) 3DG12×2 或 9013×2，电阻、电容、电位器等若干

4. 实验内容

按图 4.92 组接线路，本电路为文氏桥 RC 串并联正弦波振荡器，可用来产生频率范围宽、波形较好的正弦波。

(1) 无双向二极管稳幅的文氏桥振荡器

在图 4.92 中，断开开关 K，接通电源，用示波器观察有无正弦电压信号 U_o 输出，若无输出，可调节 R_W，使 U_o 输出为无明显失真的正弦波，测量 U_o 和 f_0，填入表 4.61，并与理论值比较。

表 4.61　无稳幅环节的文氏桥振荡器 U_o 和 f_0 值

测试条件	R=10kΩ，C=0.01μF				R=10kΩ，C=0.05μF			
测试项目	U_o（V）		f_0（kHz）		U_o（V）		f_0（kHz）	
	最大	最小	最高	最低	最大	最小	最高	最低
测量值								

(2) 有双向二极管稳幅的文氏桥振荡器

在图 4.92 中，闭合开关 K。

1）接通电源，用示波器观察有无正弦电压信号 U_o 输出，若无输出，可调节 R_W，使 U_o 输出为无明显失真的正弦波，并观察 U_o 的值否稳定。用交流毫伏表测量 U_o 和 U_f，填入表 4.62 中。

表 4.62　有稳幅环节的文氏桥振荡器 U_o 和 U_f 的有效值

U_o（V）	U_f（V）

2）在输出波形不失真时，分别测量 $R_3= R_4=10\mathrm{k\Omega}$、$C_1= C_2=0.01\mathrm{\mu F}$ 和 $R_3= R_4=10\mathrm{k\Omega}$、$C_1= C_2=0.05\mathrm{\mu F}$ 这两种情况下的 U_o 和 f_0，填入表 4.63 中，并与计算结果比较。

表 4.63　有稳幅环节的文氏桥振荡器 U_o 和 f_0 值

测试条件	$R=10\mathrm{k\Omega}$，$C=0.01\mathrm{\mu F}$				$R=10\mathrm{k\Omega}$，$C=0.05\mathrm{\mu F}$			
测试项目	U_o（V）		f_0（kHz）		U_o（V）		f_0（kHz）	
	最大	最小	最高	最低	最大	最小	最高	最低
测量值								

5．实验报告要求

(1) 总结实验数据，填写表格。
(2) 由给定电路参数计算振荡频率，并与实测值比较，分析误差产生的原因。
(3) 做出 RC 串并联网络的幅频特性曲线。

6．思考题

(1) 若通电后不起振，应该调整哪些元器件？为什么？
(2) 若通电后有输出波形，但出现明显失真，应如何解决？
(3) 如何用示波器来测量振荡电路的振荡频率？

4.2.17　正弦波振荡器仿真

1．实验目的

(1) 学习用集成运算放大器设计 RC 文氏桥振荡器的方法。
(2) 熟悉正弦波振荡器的调整和测试方法。
(3) 观察 RC 参数对振荡频率的影响，学习振荡频率的测定方法。

2．实验原理

从结构上看，正弦波振荡器是一种具有选频网络的正反馈放大电路。根据选频网络的不同，可将正弦波振荡器分为 RC 振荡器和 LC 振荡器。RC 振荡器主要用来产生 1Hz～1MHz 的低频信号，RC 串并联选频网络振荡电路原理图如图 4.93 所示。图中 RC 串并联电路为正反馈选频网络，R_{f2} 为负反馈调节电阻，V_{D1}、V_{D2} 和 R_{f1} 组成输出幅度稳定电路，构成同相比例运算电路。

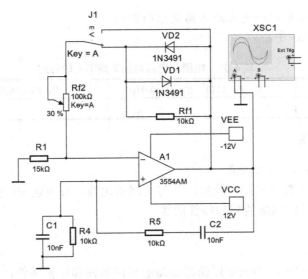

图 4.93　RC 串并联选频网络振荡电路原理图

该电路已满足起振的相位条件，起振的幅度条件为：A=1+R_f/R_1≥3。

电路的振荡频率为 $f_0 = 1/2\pi RC$，R_f 为 V_{D1}、V_{D2}、R_{f1} 和 R_{f2} 支路的等效电阻。

3. 实验内容

按图 4.93 组接线路，本电路为文氏桥 RC 串并联正弦波振荡器，可用来产生频率范围宽、波形较好的正弦波。

(1) 观察振荡器的起振过程

将开关 J_1 向上扳，打开电源，用示波器观察输出信号，并适当调节可调电位器 R_{f2} 使示波器中有不失真振荡波形出现，然后调小 R_{f2} 到不能再小（如再小，振荡器将出现停振现象）的位置。此时，振荡器正处于临界起振状态，记录下 R_{f2} 的值。

(2) 观察稳幅电路的作用

为了使文氏桥振荡电路得到一个理想的波形，还需要采取稳幅措施。将开关 A 向下扳，振荡电路即有了稳幅电路。此时在电路中再调节 R_{f2}，就很容易获得一个幅值可调的不失真的正弦波。

(3) 振荡波形的测量

将开关 J_1 向下扳，稳幅后，用示波器测量振荡波形的幅值 U_{om} 和频率 f_0，调节 $R_{f2}=25\text{k}\Omega$，重复上述过程，将结果填入表 4.64 中，并与理论值比较。

表 4.64　有稳幅措施时振荡频率 f_0 及输出幅度 U_{om} 的测量

R_{f2} 阻值	f_0 理论值	f_0 实测值	U_{om} 测量值
20kΩ			
25kΩ			

(4) 用示波器观察电阻和电容对振荡波形的影响

将结果填入表 4.65 中。

表 4.65　电阻和电容对振荡频率 f_0 的影响

条件	$R_4=R_5=1\text{k}\Omega$，$C_1=C_2=0.01\mu\text{F}$	$R_4=R_5=10\text{k}\Omega$，$C_1=C_2=0.05\mu\text{F}$
f_0 实测值		

4．实验报告要求

(1) 总结实验数据，填写表格。

(2) 由给定电路参数计算振荡频率，并与实测值比较，分析误差产生的原因。

(3) 做出 RC 串并联网络的幅频特性曲线。

5．思考题

(1) 在实验内容(1)中，为满足振荡器起振的相位条件和振幅条件，理论上 R_{f2} 和 R_1 应满足怎样的关系？

(2) 分析稳幅电路的工作原理。

(3) 根据表 4.64 的测量结果说明 R_{f2} 对振荡信号幅值的影响。

(4) 根据表 4.65 的测量结果说明 R 和 C 对振荡信号频率的影响。

4.2.18　有源滤波器

1．实验目的

(1) 熟悉用运算放大器、电阻和电容组成有源低通滤波器、高通滤波器、带通滤波器和带阻滤波器。

(2) 学会测量有源滤波器的幅频特性。

2．实验原理

由 RC 元器件与运算放大器组成的滤波器称为 RC 有源滤波器，其功能是让一定频率范围内的信号通过，抑制或急剧衰减此频率范围以外的信号，可用在信息处理、数据传输、抑制干扰等方面，但因受运算放大器频带限制，这类滤波器主要用于低频范围。根据对频率范围的选择不同，可分为低通（LPF）、高通（HPF）、带通（BPF）与带阻（BEF）四种滤波器。

具有理想幅频特性的滤波器是很难实现的，只能用实际的幅频特性去逼近理想的。一般来说，滤波器的幅频特性越好，其相频特性越差，反之亦然。滤波器的阶数越高，幅频特性衰减的速率越快，但 RC 网络的级数越多，元器件参数计算越烦琐，电路调试越困难。任何高阶滤波器均可以用较低的二阶 RC 有源滤波器级联实现。

(1) 低通滤波器（LPF）

低通滤波器用来通过低频信号，衰减或抑制高频信号。

　　图 4.94(a)所示的为典型的二阶有源低通滤波器。它由两级 RC 滤波环节与同相比例运算电路组成,其中第一级电容 C 接至输出端,引入适量的正反馈,以改善幅频特性。图 4.94(b)所示的为二阶低通滤波器幅频特性曲线。

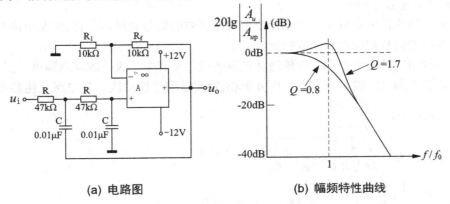

(a) 电路图　　　　　　　　(b) 幅频特性曲线

图 4.94　二阶有源低通滤波器

电路性能参数如下:

$$A_{up} = 1 + \frac{R_f}{R_1}$$　　　　二阶低通滤波器的通带增益。

$$f_0 = \frac{1}{2\pi RC}$$　　　　截止频率,它是二阶低通滤波器通带与阻带的界限频率。

$$Q = \frac{1}{3 - A_{up}}$$　　　　品质因数,其大小影响低通滤波器在截止频率处幅频特性的形状。

(2) 高通滤波器(HPF)

　　与低通滤波器相反,高通滤波器用来通过高频信号,衰减或抑制低频信号。只要将图 4.94(a)所示的低通滤波器电路中起滤波作用的电阻、电容互换,即可将其变成二阶有源高通滤波器,电路图如图 4.95(a)所示。高通滤波器性能与低通滤波器相反,其频率响应和低通滤波器是"镜像"关系,仿照 LPF 的分析方法,不难求得 HPF 的幅频特性。

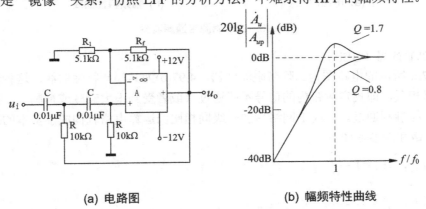

(a) 电路图　　　　　　　　(b) 幅频特性曲线

图 4.95　二阶有源高通滤波器

电路性能参数 A_{up}、f_0、Q 的含义同二阶低通滤波器。

图 4.95(b)所示的为二阶有源高通滤波器的幅频特性曲线，可见，它与二阶低通滤波器的幅频特性曲线图 4.94(b)有"镜像"关系。

(3) 带通滤波器（BPF）

这种滤波器的作用是只允许在某一个带宽范围内的信号通过，而对比带宽下限频率低、比上限频率高的信号均加以衰减或抑制。

典型的带通滤波器可以由二阶低通滤波器改成，将其中一级改成高通即可。图 4.96(a) 所示的电路图即为二阶带通滤波器，图 4.96(b)为其幅频特性曲线。其电路性能参数如下。

通带增益：$A_{up} = \dfrac{R_4 + R_f}{R_4 R_1 CB}$。

中心频率：$f_0 = \dfrac{1}{2\pi} \sqrt{\dfrac{1}{R_2 C^2}\left(\dfrac{1}{R_1} + \dfrac{1}{R_3}\right)}$。

带宽：$B = \dfrac{1}{C}\left(\dfrac{1}{R_1} + \dfrac{2}{R_2} - \dfrac{R_f}{R_3 R_4}\right)$。

选择性（品质因素）：$Q = \dfrac{\omega_0}{B}$。

此电路的优点是改变 R_f 和 R_4 的比例就可改变频宽而不影响中心频率。

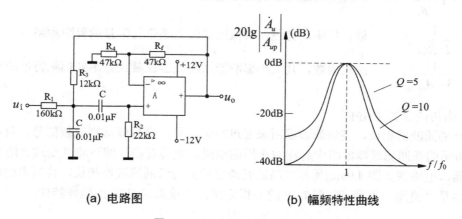

(a) 电路图　　　　　　　　(b) 幅频特性曲线

图 4.96　二阶有源带通滤波器

4) 带阻滤波器（BEF）

图 4.97(a)所示的电路图为二阶带阻滤波器，4.97(b)为其幅频特性曲线。这种滤波器和带通滤波器相反，即规定频带内的信号不能通过（或者受到很大衰减或抑制），而其余频率的信号则能顺利通过。在双 T 网络后加一级同相比例运算电路就构成了基本的二阶有源 BEF。其电路性能参数如下。

通带增益：$A_{up} = 1 + \dfrac{R_f}{R_1}$。

中心频率：$f_0 = \dfrac{1}{2\pi RC}$。

带阻宽度：$B = 2(2 - A_{up})f_0$。

选择性（品质因素）：$Q = \dfrac{1}{2(2 - A_{up})}$

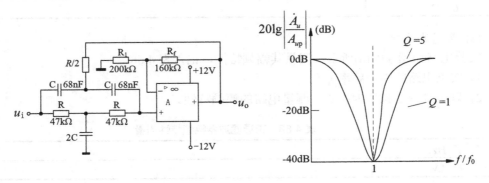

（a）电路图　　　　　　　　　　（b）幅频特性曲线

图 4.97　二阶带阻滤波器

3．实验设备与器件

（1）±12V 直流电源　　　　（2）交流毫伏表
（3）函数信号发生器　　　　（4）频率计
（5）双踪示波器　　　　　　（6）μA741×1，电阻、电容若干

4．实验内容

（1）二阶低通滤波器

实验电路如图 4.94(a)所示。

1) 粗测：接通±12V 电源。u_i 接函数信号发生器，令其输出为 $U_i = 1V$ 的正弦波信号，在滤波器截止频率附近改变输入信号频率，用示波器或交流毫伏表观察输出电压幅度的变化是否具备低通特性，如不具备，应排除电路故障。

2) 在输出波形不失真的条件下，选取适当幅度的正弦输入信号，在维持输入信号幅度不变的情况下，逐点改变输入信号频率。测量输出电压，记入表 4.66 中。

表 4.66　二阶低通滤波器幅频特性测量

f（Hz）	
U_o（V）	

（2）二阶高通滤波器

实验电路如图 4.95(a)所示。

1) 粗测：输入 $U_i = 1V$ 的正弦波信号，在滤波器截止频率附近改变输入信号频率，观察电路是否具备高通特性。

2) 测量高通滤波器的幅频特性，记入表 4.67。

表 4.67　二阶高通滤波器幅频特性测量

f（Hz）	
$U_\circ$（V）	

（3）带通滤波器

实验电路如图 4.96(a)所示，测量其幅频特性，记入表 4.68。

1) 实测电路的中心频率 f_0。

2) 以实测中心频率为中心，测量电路的幅频特性。

表 4.68　带通滤波器幅频特性测量

f（Hz）	
$U_\circ$（V）	

（4）带阻滤波器

实验电路如图 4.97(a)所示。

1) 实测电路的中心频率 f_0。

2) 测量电路的幅频特性，记入表 4.69。

表 4.69　带阻滤波器幅频特性测量

f（Hz）	
$U_\circ$（V）	

5. 实验报告要求

（1）整理实验数据，画出各电路的实测幅频特性曲线。

（2）根据实验曲线，计算截止频率、中心频率、带宽及品质因数。

（3）总结有源滤波器的特性。

6. 思考题

（1）如何区别低通滤波器的 1 阶和 2 阶电路？它们有何相同点和不同点？它们的幅频特性曲线有什么区别？

（2）在幅频特性曲线的测量过程中，改变信号的频率时，信号的幅值是否也要做相应的改变？为什么？

（3）设计一个中心频率为 300Hz、带宽为 200Hz 的带通滤波器。

4.2.19　有源滤波器仿真

1. 实验目的

（1）熟悉用仿真软件设计有源低通滤波器、高通滤波器和带通滤波器。

（2）学会仿真测量有源滤波器的幅频特性。

2．实验原理

由 RC 元件与运算放大器组成的滤波器称为 RC 有源滤波器，其功能是让一定频率范围内的信号通过，抑制或急剧衰减此频率范围以外的信号。根据对频率范围的选择不同，可分为低通（LPF）、高通（HPF）、带通（BPF）与带阻（BEF）四种滤波器。具有理想幅频特性的滤波器是很难实现的，只能用实际的幅频特性去逼近理想的。滤波器的阶数越高，幅频特性衰减的速率越快，任何高阶滤波器均可以用较低的二阶 RC 有源滤波器级联实现。

图 4.98 显示的为二阶有源低通滤波器（LPF），下面以该有源滤波器为例介绍有源滤波器的仿真和分析方法。

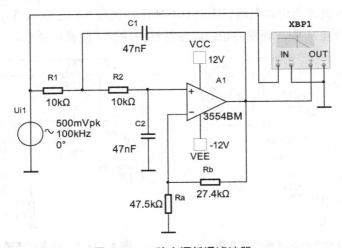

图 4.98　二阶有源低通滤波器

单击波特图仪，可以看见二阶有源低通滤波器的幅频特性如图 4.99 所示。也可以利用"AC Analysis"（交流分析）分析二阶有源低通滤波器的幅频特性，方法与前述交流分析完全一致。

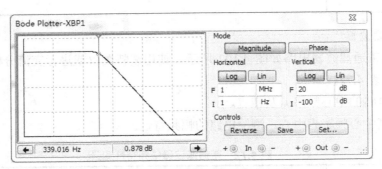

图 4.99　二阶有源低通滤波器的幅频特性

由波特图仪或交流分析均可以仿真观察该二阶低通滤波器的幅频特性及测量上限截止频率。

3．实验内容

(1) 二阶低通滤波器

二阶有源低通滤波器仿真电路如图 4.100 所示。使用波特图仪或进行交流分析，测量输出电压，记入表 4.70 中，观察并记录幅频特性曲线及上限截止频率。

表 4.70　二阶低通滤波器幅频特性测量

f（Hz）	
U_o（V）	

(2) 二阶高通滤波器

二阶有源高通滤波器仿真电路如图 4.101 所示。使用波特图仪或进行交流分析，测量输出电压，记入表 4.71 中，观察并记录幅频特性曲线及下限截止频率。

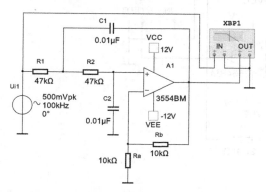 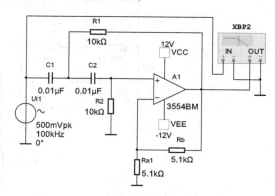

图 4.100　二阶有源低通滤波器仿真电路　　　图 4.101　二阶有源高通滤波器仿真电路

表 4.71　二阶高通滤波器幅频特性测量

f（Hz）	
U_o（V）	

(3) 带通滤波器

二阶有源带通滤波器电路如图 4.102 所示。使用波特图仪或进行交流分析，测量其幅频特性，记入表 4.72。

1) 实测电路的中心频率 f_0 及带宽。

2) 以实测中心频率为中心，测绘电路的幅频特性。

表 4.72　带通滤波器幅频特性测量

f（Hz）	
U_o（V）	

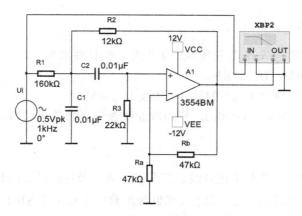

图 4.102　二阶有源带通滤波器电路

4．实验报告要求

(1) 整理实验数据，画出各电路的实测幅频特性。

(2) 根据实验曲线，计算截止频率、中心频率、带宽及品质因数。

(3) 将仿真所测的幅频特性上下限截止频率及中心频率与 4.2.18 节实验电路所测的结果进行比较，分析产生误差的原因。

5．思考题

(1) 测量滤波器的幅频特性有哪几种方法？

(2) 带通滤波器品质因数对带宽的影响如何？

4.3　设计性实验

　　经过模拟电路基本验证性实验的训练后，掌握了一定的模拟电子技术方面的基础知识。设计性实验是在此基础上的应用性与探索性实验。

　　设计性实验主要培养学生灵活运用所学的理论知识实现某些特定功能的模拟电路的设计、组装和调试的能力。它要求学生在实验教师的指导下，独立检索、查阅资料和拟定设计方案。

　　由于仿真软件的出现，现在的设计性实验可以在拟定设计方案、计算设计出具体电路后，在仿真软件上仿真实现，然后再在面包板或者万能印刷电路板上组装调试。

4.3.1　方波-三角波产生电路的设计

1. 实验目的

(1) 掌握方波-三角波产生电路的设计方法与测量技术。

(2) 掌握放大电路的电压放大倍数、输入电阻、输出电阻及最大不失真输出电压的测试方法。学会安装与调试由分立元器件与集成电路组成的多级电子小系统。

2. 设计任务要求

用集成运算放大器构成方波-三角波产生电路，指标要求如下。

频率范围：1~10Hz，10~100Hz。

输出电压：方波峰峰值 $U_{\text{p-p}} \leq 24\text{V}$，三角波 $U_{\text{p-p}}=8\text{V}$。

波形特性：方波上升时间 $t_r<30\mu s$，三角波非线性失真系数 $\gamma_\Delta<2\%$。

3. 设计原理

函数信号发生器能自动产生正弦波、三角波、方波及锯齿波、阶梯波等电压波形，其电路中使用的元器件可以是分立元器件（如低频函数信号发生器 S101 全部采用晶体管），也可以是集成电路（如单片集成电路函数信号发生器 ICL8038）。本实验主要介绍由集成运算放大器组成方波-三角波函数信号发生器的设计方法。

产生方波、三角波的方案有多种，本实验主要采用电压比较器和积分器同时产生方波和三角波。其中，电压比较器产生方波，对其输出波形进行一次积分产生三角波，函数信号发生器组成框图如图4.103所示。

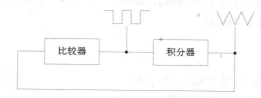

图 4.103 函数信号发生器组成框图

图 4.104 所示的为方波-三角波产生电路的参考电路，该设计电路能自动产生方波-三角波。其工作原理如下：若 a 点断开，运算放大器 A_1 与 R_1、R_2 及 R_3、R_{P1} 组成电压比较器，R_1 称为平衡电阻，C_1 称为加速电容，可加速比较器的翻转，运算放大器的反相端接基准电压，即 $U_-=0$，同相端接入电压 U_{ia}，比较器输出端 U_{o1} 的高电平等于电源电压$+U_{CC}$，低电平接$-U_{EE}$（$|U_{CC}|=|U_{EE}|$），当 $U_+=U_-=0$ 时，比较器翻转，输出 U_{o1} 从$+U_{CC}$跳到$-U_{EE}$，或从$-U_{EE}$跳到$+U_{CC}$，设 $U_{o1}=+U_{CC}$，则：

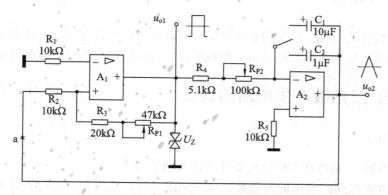

图 4.104 方波-三角波产生电路的参考电路

$$U_+ = \frac{R_2 U_{CC}}{R_2 + R_3 + R_{P1}} + \frac{R_3 + R_{P1}}{R_2 + R_3 + R_{P1}} U_{ia} = 0 \tag{4.1}$$

式中，R_{P1} 为电位器调整阻值，整理上式可得比较器的下门限电压 U_{ia-}：

$$U_{ia-} = \frac{-R_2}{R_3 + R_{P1}} U_{CC} \tag{4.2}$$

若 $U_{o1} = -U_{EE}$，则比较器翻转的上门限电压 U_{ia+}：

$$U_{ia+} = \frac{-R_2}{R_3 + R_{P1}}(-U_{EE}) = \frac{R_2}{R_3 + R_{P1}} U_{CC} \tag{4.3}$$

比较器的门限宽度 U_H：

$$U_H = U_{ia+} - U_{ia-} = \frac{2R_2}{R_3 + R_{P1}} U_{CC} \tag{4.4}$$

由以上公式即可得到该迟滞比较器的电压传输特性如图 4.105 所示。

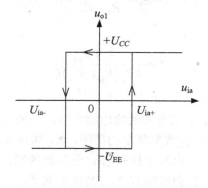

图 4.105　迟滞比较器的电压传输特性

a 点断开后，运算放大器 A_2 与 R_4、R_{P2}、C_2 及 R_5 组成反相积分器，其输入信号为方波 U_{o1}，则积分器的输出：

$$U_{o2} = \frac{-1}{(R_4 + R_{P2})C_2} \int U_{o1} dt \tag{4.5}$$

当 $U_{o1} = +U_{CC}$ 时，

$$U_{o2} = \frac{-U_{CC}}{(R_4 + R_{P2})C_2} t \tag{4.6}$$

当 $U_{o1} = -U_{EE}$ 时，

$$U_{o2} = \frac{-(-U_{EE})}{(R_4 + R_{P2})C_2} t = \frac{U_{CC}}{(R_4 + R_{P2})C_2} t \tag{4.7}$$

图 4.106 所示的为方波-三角波产生电路的输出波形，由图可知，当积分器输入为方波时，输出为上升速率与下降速率相等的三角波，a 点闭合形成闭环，自动产生方波-三角波。

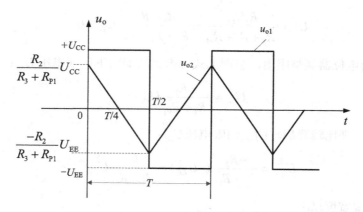

图 4.106　方波-三角波产生电路输出波形

三角波幅度：

$$U_{o2m} = \frac{R_2}{R_3 + R_{P1}} U_{CC} \tag{4.8}$$

方波-三角波的频率：

$$f = \frac{R_3 + R_{P1}}{4R_2 \left(R_4 + R_{P2} \right) C_2} \tag{4.9}$$

由上两式可以得出以下结论：

(1) 电位器 R_{P2} 在调整方波-三角波的输出频率时，一般不会影响输出波形的幅度。若要求输出频率范围较宽，可用 C_2 改变频率的范围，R_{P2} 实现频率微调。

(2) 方波的输出幅度约等于电源电压$+U_{CC}$。三角波的输出幅度不超过电源电压$+U_{CC}$。电位器 R_{P1} 可实现幅度微调，但会影响方波-三角波的频率。

4. 设计步骤及元器件参数确定

(1) 方波-三角波产生电路设计步骤

1) 根据电路的设计指标，选择电路的实现方案。

2) 选择、计算和确定电路中的元器件参数。

3) 选择集成运算放大器实现。

4) 应用Multisim仿真软件，验证所设计的电路功能和指标是否满足要求。

5) 搭建实物电路，调试电路，以满足设计要求。

(2) 确定电路形式及元器件型号

采用图 4.104 所示的参考电路，其中运算放大器 A_1 与 A_2 用一片双运放 μA747 或（四运放 LM324），因为方波的幅度接近电源电压，所以取电源电压$+U_{CC}=+12V$，$-U_{EE}=-12V$。这是一个由积分器和迟滞比较器构成的方波-三角波产生电路。采用积分器，不仅可以改善三角波的线性度，而且也便于调节其振荡频率和幅度。

(3) 确定元器件参数

比较器 A_1 与积分器 A_2 的元器件参数计算如下。

由三角波输出幅度表达式(4.8)可得：

$$\frac{U_{o2m}}{U_{CC}} = \frac{R_2}{R_3 + R_{P1}} = \frac{4}{12} = \frac{1}{3}$$

取 R_2=10kΩ、R_3=20 kΩ、R_{P1}=47kΩ，平衡电阻 $R_1 = R_2 /\!/ (R_3 + R_{P1}) \approx 10$kΩ。

由输出频率的表达式(4.9)可得：

$$R_4 + R_{P2} = \frac{R_3 + R_{P1}}{4R_2 C_2 f}$$

当 1Hz≤f≤10Hz 时，取 C_1=10μF、R_4=5.1kΩ、R_{P2}=100kΩ。当 10Hz≤f≤100Hz 时，取 C_2=1μF，以实现频率波段的转换，R_4 及 R_{P2} 的取值不变。取平衡电阻 R_5=10kΩ。

5. 电路仿真验证

方波-三角波产生电路仿真电路如图 4.107 所示，在 Multisim 工作区中单击仿真电路中的示波器，弹出如图 4.108 所示的方波-三角波产生电路仿真波形，由图可知，调节 R_{P1} 可以显著改变三角波的输出幅度直至满足设计指标要求；调节 R_{P2}，则输出频率出现显著变化且连续可变，这与理论分析一致，说明电路设计方案正确，参数指标选取合理。

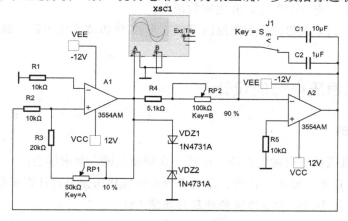

图 4.107　方波-三角波产生电路仿真电路

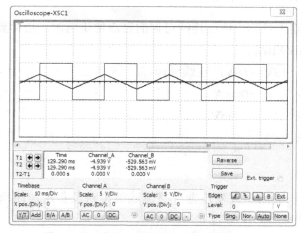

图 4.108　方波-三角波产生电路仿真波形

6. 电路安装与调试

在仿真电路功能和指标验证通过后，就可以进行实物的安装和调试了。在安装和调试多级电路时，通常按照单元电路的先后顺序进行分级装调与级联。在本实验中，由于比较器 A_1 与积分器 A_2 组成正反馈闭环电路，同时输出方波与三角波，故这两个单元电路可以同时安装和调试。需要注意的是，在安装电位器 R_{P1} 与 R_{P2} 之前，要先将其调整到设计值，否则电路可能会不起振。如果电路接线正确，则在接通电源后，A_1 的输出 u_{o1} 为方波，A_2 的输出 u_{o2} 为三角波，微调 R_{P1}，使三角波的输出幅度满足设计指标要求，调节 R_{P2}，则输出频率连续可变。

7. 思考题

(1) 三角波的输出幅度是否可以超过方波的幅度？如果正负电源电压不等，输出波形如何？用实验证明。

(2) 如果使方波的幅度减小为低于电源电压的某一固定电压值，则比较器的输出电路应如何变化，画出设计的电路，并用实验证明。

(3) 如何将方波-三角波产生电路改变成矩形波-锯齿波产生电路？画出设计电路，绘出波形。

4.3.2　直流稳压电源的设计

1. 实验目的

通过集成直流稳压电源的设计、仿真、安装和调试，要求学会：

(1) 选择变压器、整流二极管、滤波电容及集成稳压器来设计直流稳压电源。

(2) 掌握稳压电源的主要性能参数及其测试方法。

2. 设计任务要求

设计一个单路输出且输出电压连续可调的直流稳压电源。指标要求如下。

输入电压：220V±10%。

输出电压：$U_o = +3V \sim +9V$，连续可调。

最大输出电流：$I_{omax} = 800mA$。

输出纹波系数：$\Delta U_{op\text{-}p} \leqslant 5mV$。

稳压系数：$S_u \leqslant 3 \times 10^{-3}$。

3. 设计原理

直流稳压电源一般由电源变压器、整流滤波电路及稳压电路所组成，基本电路如图 4.109 所示。各部分电路的作用如下。

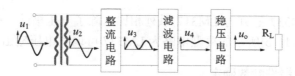

图 4.109 直流稳压电源组成框图

(1) 电源变压器：将电网 220V（市电）的交流电压 u_1 变换成整流滤波电路所需要的交流电压 u_2。

(2) 整流电路：将交流电压 u_2 变为脉动的直流电压 u_3。

(3) 滤波电路：将脉动直流电压 u_3 转变为平滑的直流电压 u_4。

(4) 稳压电路：清除电网波动及负载和温度变化的影响，保持输出电压 u_o 的稳定。

通常可以选用的直流稳压电源的设计方案有以下几种：

(1) 采用硅稳压管并联式稳压电路。此方案对应的电路结构简单，易于实现，但输出电压值固定不可调，且输出电流小，带负载能力差。

(2) 采用由集成运算放大器、三极管、稳压管构成的串联反馈式线性稳压电路。此方案输出电压可调，稳定性好，带负载能力强，但电路结构较复杂。

(3) 采用三端可调式集成稳压器。此方案实质上是第 2 种方案的集成化。

(4) 采用串联或并联型开关稳压电源。此方案的最大优点是电路的转换效率高。

(5) 采用直流变换型电源。此方案通常应用于将不稳定直流低压转换为稳定直流高压。

根据本设计性实验的任务要求，本实验采用第 3 种方案——三端可调式集成稳压器。

正电压系列：LM317 系列稳压器能在输出电压 1.25V～37V 的范围内连续正可调，外接元器件只需一个固定电阻和一只电位器。稳压器内部含有过流、过热保护电路。最大输出电流为 1.5A。

可调式三端稳压器的典型应用如图 4.110 所示，4.110(a)所示的是 LM317 可调正电压输出，R_1 与电位器 R_{P1} 组成电压输出调节器，输出电压的表达式为：

$$U_o = 1.25(1 + R_{P1}/R_1) \tag{4.10}$$

式中，R_1 一般取值为 120~240Ω，输出端与调整压差为稳压器的基准电压（典型值为 1.25V），所以流经电阻 R_1 的泄放电流为 5~10mA。R_{P1} 为精密可调电位器。电容 C_1 与 R_{P1} 并联组成滤波电路，以减小输出的纹波电压。二极管 D 的作用是防止输出端与地短路时损坏稳压器。

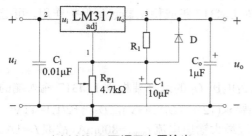

(a) LM317 可调正电压输出

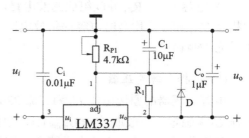

(b) LM337 可调负电压输出

图 4.110 可调式三端稳压器的典型应用

负电压系列：LM337 系列与 LM317 系列相比，除了电压极性、引脚定义不同外，其他特点都相同，图 4.110(b)所示的典型电路为 LM337 可调负电压输出。

4. 设计步骤及元器件参数确定

(1) 确定设计电路的整体结构

根据上述设计原理分析，稳压电路部分选用三端可调式集成稳压器 LM317 来实现，整流电路采用桥式全波整流，滤波电路部分采用电容滤波电路，可调式三端稳压器的结构电路原理图如图 4.111 所示。

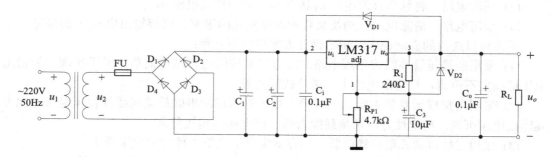

图 4.111　可调式三端稳压器的结构电路原理图

(2) 稳压电路元器件的选择及参数的确定

1) LM317 系列三端可调式集成稳压器的输入端与输出端电压之差的范围是 3V~40V（输入电压必须高于输出电压），即它的最小输入电压、输出电压差为$(U_i-U_o)_{min}$=3V，最大输入、输出压差$(U_i-U_o)_{max}$=40V。因此，LM317 系列稳压器输入端的电压取值范围根据设计要求应改为 9V+3V$\leqslant U_i\leqslant$40V+3V，即 12V$\leqslant U_i\leqslant$43V。

2) 泄放电阻 R_1 的最大值计算式为：R_{1max}=1.25V/5mA=250Ω，实际中取值略微小些，为 240Ω。

3) 由式(4.10)电路输出电压计算公式 U_o=1.25(1+R_{P1}/R_1)可知，调节电位器 R_{P1}，即可实现输出电压的大小调节。由于设计要求为：3V$\leqslant U_o\leqslant$9V，且连续可调，由此可计算出 R_{P1min}=336Ω，R_{P1max}=1.49kΩ，因此 R_{P1} 的固定值可选为 2.2kΩ~4.7kΩ，R_{P1} 为精密线绕可调电位器最佳。

4) 电容 C_3 与 R_{P1} 并联组成滤波电路，以减小输出的纹波电压，参考电容值为 10μF。二极管 V_{D1} 和 V_{D2} 均是给电容提供放电回路的，对 LM317 集成稳压器起到保护作用，可选型号为 1N4148。

(3) 选择电源变压器

电源变压器的原边电压 U_1 为交流 220V，副边电压 U_2 的选择要根据 LM317 输入端的电压 U_i 来确定，一般取 $U_2\geqslant U_{imin}$/1.1，根据设计要求(12V$\leqslant U_i\leqslant$43V)，$U_2\geqslant$12/1.1=11V。

变压器副边电流 I_2 应该大于整个直流稳压电源最大输出电流 I_{omax}=800mA，故取 I_2=1A。

变压器副边输出功率 $P_2\geqslant I_2U_2$=11W；若选定变压器的效率 η= 0.7，则变压器的原边输入功率 $P_1\geqslant P_2/\eta$=11/0.7=15.7W，为留有安全余地，可选功率为 20W 的小型电源变压器。

(4) 选择整流二极管和滤波电路

电路中的整流二极管所承受的反向击穿电压为：$U_{RM} \geqslant 1.1\sqrt{2}\,U_2=17V$，因此可选 1N4001 整流二极管，其极限参数 $U_{RM} \geqslant 50V$，$I_F=1A$。

滤波电容可由纹波电压 $\Delta U_{op\text{-}p}$ 和稳压系数 S_u 的设计参数确定。

已知 $U_o=9V$，$U_i=12V$，$\Delta U_{op\text{-}p} \leqslant 5mA$，$S_u \leqslant 3 \times 10^{-3}$，由 $S_u=(\Delta U_o/U_o)/(\Delta U_i/U_i)$ 可得：稳压器的输入电压的变化量 $\Delta U_i=(\Delta U_{op\text{-}p}U_i)/(U_oS_u)=2.2V$。

而滤波电容近似求解表达式为：$C=I_{omax}t/\Delta U_i$（t=T/2=0.01s，为电容 C 的放电时间，T 为市电 220V 交流信号周期）。可求得：

滤波电容为 $C=I_{omax}t/\Delta U_i=0.8\times0.01/2.2=3636\mu F$。

电容 C 的耐压值应大于 $1.1\sqrt{2}\,U_2=17V$，故取 2 只 2200μF /25V 的电解电容相并联，如图 4.111 中所示。

5. 电路仿真验证

可调式三端稳压器仿真实验电路如图 4.112 所示，经过中间抽头变比 10：1 的电源变压器变压前后的仿真波形如图 4.113 所示，变压器原边电压为 220V 有效值交流市电，变压后副边电压有效值约为 22V，满足设计要求。

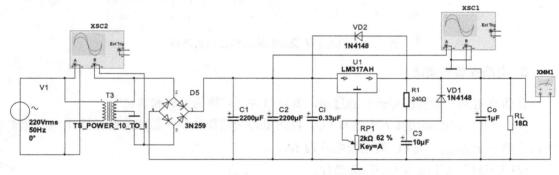

图 4.112　可调式三端稳压器仿真实验电路

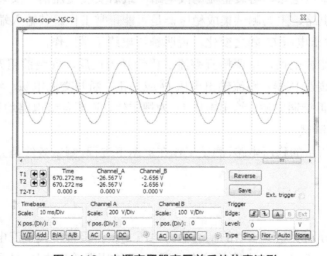

图 4.113　电源变压器变压前后的仿真波形

经过整流桥和滤波电容滤波后的平滑直流信号送入三端稳压器，LM317 稳压器输入输出仿真波形如图 4.114 所示，可以通过调节 R_{P1} 使稳压器输出+3V～+9V 连续可调的输出电压 U_o，仿真电路说明该设计方案可以实现既定功能，满足指标要求。

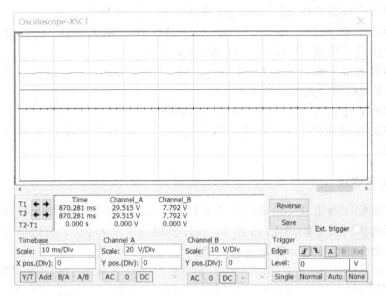

图 4.114　LM317 稳压器输入输出仿真波形

6. 电路安装与调试

在仿真电路功能和指标验证通过后，就可以进行实物的安装和调试了。

(1) 在变压器的副边接入保险丝 FU，以防电路短路损坏变压器或其他元器件，其额定电流要略大于 I_{Omax}，选 FU 的熔断电流为 1A。

(2) LM317 要加适当大小的散热片。

(3) 先装集成稳压电路，再装整流滤波电路，最后安装变压器。安装一级测试一级。

(4) 对于稳压电路，主要测试集成稳压器是否能正常工作。其输入端加直流电压 $U_i \leqslant$ 12V，调节 R_{P1}，输出电压 U_o 随之变化，说明稳压电路正常工作。

(5) 对于整流滤波电路，主要检查整流二极管是否接反，安装前用万用表测量其正、反向电阻。接入电源变压器，整流输出电压 U_i 应为正。断开交流电源，将整流滤波电路与稳压电路相连接，再接通电源，输出电压 U_o 为规定值，说明各级电路均正常工作，可以进行各项性能指标的测试。

对于图 4.111 所示的稳压电路，测试工作在室温下进行，测试条件是 I_o=500mA，R_L=18Ω（滑线变阻器）。

7. 思考题

(1) 用示波器分别观测变压器的副边输出电压 u_2、二极管桥式整流电路的输出电压 u_D（断开滤波电容）、整流滤波电路的输出电压 U_i 及稳压器输出电压 U_o 的波形，并测量其电压值，画出它们的波形关系图。

(2) 集成稳压器的输入、输出端接电容 C_i 及 C_o 有何作用？实验验证之。

(3) 若用 470μF/25V 的电容代替 2200μF/25V 的滤波电容，则稳压器的输入电压 U_i 有何变化？为什么？实验验证之。

(4) 画出用 LM317 与 LM337 组成的具有正、负对称输出的电压可调的稳压电路。

(5) 图 4.111 中的保险丝 FU 有何作用？可否接在变压器的原边？为什么？

第 5 章
模拟电子技术课程设计

"电子技术课程设计"是很多高校电类和相关专业学生的必修课程，通常是在学生学习完电子技术课程理论知识和相应的课程实验后开设的综合实践课程。其前期已开设电工电子实习课程，在此基础上，要求运用已经掌握的不同的单元电路设计出具有不同功能、具有一定工程意义的电子系统。

模拟电子技术课程设计的教学任务是让学生参与一两个实际的课题，通过电路设计、安装调试、查阅整理资料、分析结果等环节的练习，巩固和加深对电子技术课程（包括模拟电子技术、数字电子技术）所学理论知识的理解，初步掌握电子电路的基本设计方法和实验技能，提高电子电路的设计能力和调试能力，增强分析问题与解决问题的能力，同时训练和培养其严肃认真的工作作风和科学态度，为毕业设计和今后从事电子技术方面的科研、开发工作打下一定的基础。

电子电路的设计是一个分析问题、解决问题的过程，一般要经过方案论证、硬件/软件的预设计及仿真、实验、调试、改进等几个环节。

衡量设计好坏的标准包括以下 4 个方面。

(1) 可靠性高：工作稳定可靠，能达到课题要求的技术指标，并留有一定的余量。

(2) 性价比高：电路简单，功耗小，成本低。

(3) 易于实现：元器件品种少，货源充足。

(4) 易于生产、测试和维修。

5.1 模拟电子技术课程设计的一般过程

模拟电子技术课程设计的一般过程包括：电子电路的理论设计、EDA 软件的模拟仿真测试及理论设计的完善、实际电路的安装与调试、答辩、课程设计报告的撰写等。本节主要介绍常用电子电路的基本设计方法和撰写课程设计报告的注意事项。

5.1.1 常用电子电路的基本设计方法

常用电子电路的基本设计方法和步骤是：确定总体方案（方框图），设计单元电路，选择元器件，计算参数并用计算机软件进行仿真、审图、实验调试（包括修改测试性能），画出总体电路图，然后设计印刷电路板，安装调试。

1．确定总体方案

总体方案是指针对任务、要求和条件，根据已掌握的知识和资料从全局着眼，将总体功能要求合理地分配给若干单元电路，并画出一个能表示各单元功能和总体工作原理的框图。

设计电子系统，首先必须仔细分析设计课题，明确设计任务所要求的技术性能和精度指标，然后仔细考虑应该如何实现这些技术要求。在分析比较各种资料的基础上，发挥自己的创造力，设想几种系统方案，从设计的合理性、技术的先进性、运行的可靠性和制作的经济性等方面，分别进行技术论证和经济效益的比较，最后确定总体方案。

2．设计单元电路

为实现系统的设计指标，要合理地划分各功能单元电路，设计单元电路前必须明确对各单元电路的要求，详细拟定出单元电路的性能指标。由于各种功能的集成电路的出现，设计者可以根据设计出的功能框图，选择相应功能的集成模块，再根据集成模块的逻辑要求和参数指标设计各功能单元之间的接口电路和外围元器件。必须注意各单元电路间的配合问题，尽量少用或不用电平转换之类的接口电路，各单元电路采用统一的供电电源，以使总体电路尽可能简单、可靠、经济。

对于设计中采用的没有把握的新元器件和新电路，一定要先通过实验测试，以确定是否满足系统的技术要求。

具体设计时，可以选用成熟的先进电路组合，亦可在与设计要求接近的电路基础上进行适当的改进或创造性设计。

3．计算参数及计算机仿真

在电路设计过程中，必须对某些参数进行计算后才能挑选元器件，例如振荡电路中的电阻、电容、振荡频率，放大电路的放大倍数、通频带宽度，稳压电源的输出电压、输出电流等参数。只有深刻理解电路的工作原理，正确地运用计算公式和计算图表，并借助计算机仿真软件 PSpice 或 Multisim12.0 等进行电路仿真，才能获得满意的计算结果。如果计算出满足理论要求的参数值不是唯一的，则应根据性价比和市场货源情况进行选择。

计算电路参数时应注意以下问题：

(1) 各元器件的工作电流、电压和功耗等应符合要求，极限参数应留有足够余量（一般为额定值的 1.5 倍）。

(2) 电阻、电容的参数应选择计算值附近的标称值。

4．选择元器件

电子电路设计的关键之一是选择合适的元器件并组合成电路系统，因此，在设计过程（包括单元电路和总体电路设计、方案论证和比较）中，都应该全面、准确地考虑元器件的选择。

选择元器件必须从以下三个方面进行综合考虑：一、根据设计要求和具体方案，选择满足技术性能指标的元器件；二、根据市场货源情况和性价比，选择元器件；三、在保证电路达到功能指标要求的前提下，尽量减少元器件的品种，并选用价格较便宜、体积较小的元器件等。

(1) 集成电路的选择

由于集成电路可以实现众多单元电路甚至整体电路的功能，因此选用集成电路不仅可以简化系统电路、缩小装置的体积、降低成本、降低故障率、提高可靠性，而且便于系统的安装、调试和维修。

集成电路类型繁多，新品种、新电路层出不穷，所以必须经常关心电气元器件的信息。设计时应广泛查阅有关资料，根据设计方案中的系统速度、功耗等要求，选择功能、特性和工作条件符合设计指标且市场货源充足、性价比较高的集成电路。

(2) 电阻器的选择

选择电阻器，除需考虑阻值和功耗等主要参数外，还应该从以下几方面进行考虑：

1) 尽量选用价格较低、货源充足的通用型电阻器和阻值为标称值系列的电阻器。

2) 根据电路的工作频率要求选用相应的电阻器。RX 系列的线绕电阻器的分布电容和分布电感均较大，仅适用于工作频率低于 50kHz 的电路；RH 系列的合成膜电阻器和 RS 系列的有机实芯电阻器的工作频率为数十兆赫；RT 系列的碳膜电阻器的工作频率达 100 MHz；RJ 系列的金属膜电阻器的工作频率高达数百兆赫。

3) 在高增益前置放大电路中，应选用噪声电动势较小的 RJ、RX、RT 系列电阻器。

4) 所选电阻器的额定功率必须大于实际承受功率的两倍。

(3) 电容器的选择

选择电容器，除需考虑容量和耐压等主要参数外，还应兼顾以下几个方面：

1) 合理确定对电容器精度的要求。在定时电路、音调控制电路、滤波器以及接收机的本振、中频放大电路中，对某些电容器的精度要求较高；而在旁路、去耦和低频耦合电路中，对电容器的精度无严格要求。

2) 注意对电容器高频特性的要求。在高频使用时，某些电容器由于自身电感、引线电感和高频损耗的影响使性能下降，导致电路工作不正常。为了避免电容器自身电感的影响，常在自身等效电感较大的大容量去耦电容器两端并接一个自身电感很小的小容量电容器。

(4) 电位器的选择

电位器的主要参数有标称阻值、精度、额定功率、电阻温度系数、阻值变化规律、噪声、分辨率、绝缘电阻、耐磨寿命、平滑性、零位电阻、起动力矩、耐潮性等。其制作材料、结构形式和调节方式繁多，选用时应根据所设计电路的要求确定。

1) 选择电位器的结构形式和调节方式

在电视机以及许多测量仪器仪表中，亮度（或音量）、灵敏度的控制常需要用一个旋钮来实现，这时可选用带开关的电位器。

在立体音响设备和文氏桥等电路中，需要同时调节两个电阻值，这时可选用双联电位器。在校正电路中，可选用锁紧型电位器。在计算机、伺服系统及某些精密仪器仪表中，常需要选用多圈电位器。在大家所熟悉的晶体管放大器的偏置电路中，可选用半可调型电位器。

2) 选用电位器的阻值变化规律

为了适应各种不同用途，电位器的阻值变化规律通常有三种，即直线式、对数式和反对数式（亦称指数式）。

直线式电位器可用于示波器和电视接收机中控制示波管和显像管的聚焦和亮度。在稳压电源的取样电路中，也选用直线式电位器。此外，直线式电位器也用于晶体管电路中工作点的调节、接收机中 AGC 电压的控制以及电视机中帧线性、帧幅、行同步、帧同步等的调节。

在音响设备、收音机及电视接收机中，音量控制通常使用对数式电位器。人耳对声音响度的听觉特性是符合指数规律的，即在声音微弱时，若声音稍有增加，人耳的感觉十分灵敏；但当声音响度增大到一定程度后再继续增大，人耳的反应则比较迟钝。音量电位器选用对数式阻值变化规律，正好可与人耳的听觉特性相互补偿，使音量电位器转角从零开始逐渐增大时，人对音量的增加有均匀的感觉。

反对数式电位器阻值在转角较小时变化大，以后逐渐变小。这种变化规律适用于音调控制电路及电视机中对比度的调节等。

5．绘制总体电路图

总体电路图是在总框图、单元电路设计、参数计算和元器件选择的基础上绘制的，它是组装、调试、印刷电路板的设计和维修的依据，因此，总体电路图非常重要。

绘制总体电路图时主要应注意以下几点：

(1) 注意信号流向。一般从输入端画起，由左至右（或由上而下）按信号流向依次绘出各单元电路，使全图易于阅读和理解。

(2) 注意总体电路图的紧凑和协调，做到布局合理、排列均匀、图面清晰。

(3) 尽量将总体电路图绘在一张图纸内，如无法容纳，则应将主电路画在同一张图纸上，而将其余部分按所设计的单元电路画在另一张或数张图纸上，并在各图所有端口两端做上标记，以此说明各图纸间电路连线的来龙去脉。图中元器件的符号应标准化。中、大规模集成电路和元器件可用方框表示，在方框中标出型号，在方框的边线两侧标出每根线的功能和管脚号。

(4) 连接线一般画成水平线或垂直线，并尽可能减少交叉和拐弯。相互连通的交叉线，应在交叉处用圆点标出。根据需要，可在连线上加注信号名或其他标记，表明其功能或去向。有的连接线可用符号表示，例如地线常用"⊥"表示。某些器件的电源仅需标出电源的电压值即可。

6．电子电路的组装与调试

电子电路的组装与调试在电子设计技术中占有重要位置。它是对理论设计进行检验、修改和完善的过程，任何一个新产品往往都需要安装、调试并反复修改多次方能最终完成。

(1) 电子电路的组装

组装电子电路通常采用焊接和在面包板上插接两种方法。无论采用哪种方法均应注意以下几个方面：

1) 所有元器件在组装前应尽可能全部测试一遍，以保证所用元器件均合格。

2) 所有集成电路的组装方向要保持一致，以便于正确布线和查线。

3) 组装分立元件时应使其标志朝上或朝向易于观察的方向，以便于查找和更换。对于有极性的元器件，例如电解电容器、晶体二极管等，组装时一定要特别注意，切勿搞错。

4) 为了便于查线，可根据连接线的不同作用选择不同颜色的导线。一般习惯是正电源用红色线，负电源用蓝色线，地线用黑色线，信号线用黄色线等。

5) 连线尽量做到横平竖直。连线不允许跨接在集成电路上，必须从其周围通过。同时，应尽可能做到连线不互相重叠，不从元器件上方通过。

6) 为使电路能够正常工作，应准确地调试和测量，所有地线必须连接在一起，形成一个公共参考点。

正确的组装方法和合理的布局，不仅可使电路整齐美观、工作可靠，而且便于检查、调试和排除故障。如果能在组装前先拟绘出组装草图，则可获得事半功倍之效果，使组装既快又好。

(2) 电子电路的调试

调试是指系统的调整、改进与测试。测试是在电路组装后对电路的参数与工作状态进行测量，调整则是在测试的基础上对电路的某些参数进行修正，以满足设计要求。

在进行调试前应拟订出测试项目、测试步骤、调试方法和所用仪器仪表等，做到心中有数，保证调试工作圆满完成。

1) 调试方法

调试方法原则上有两种。第一种方法是边安装边调试，它是把复杂的电路按原理框图上的功能分成单元进行安装和调试，在单元调试的基础上逐步扩大安装和调试的范围，最后完成整机调试。这种方法一般适用于新设计的电路。第二种方法是在整个电路全部焊接完毕后，进行一次性调试。这种方法一般适用于定型产品和需要相互配合才能运行的产品。

2) 调试步骤

①通电前检查

电路安装完毕后，不要急于通电。首先要根据电路原理框图认真检查电路接线是否正确，包括是否有错线（连线一端正确、另一端错误）、少线（安装时漏掉的线）、多线（连线的两端在电路图上都是不存在的）和短路（特别是间距很小的引脚及焊点间），并且还要检查每个元器件引脚的使用端数是否与图纸相符。查线时最好用指针式万用表的"Ω×1"挡或数字万用表"Ω"挡的蜂鸣器来测量，而且要尽可能直接测量元器件引脚，这样可以同时发现接触不良的地方。

②通电观察

在电路安装没有错误的情况下，接通电源（先关闭电源开关，待接通电源连线之后再打开电路的电源开关）。但接通电源后不要急于测量，首先要充分调动眼、耳、鼻、手检查整个电路有无异常现象，包括有无冒烟、是否有异常气味、是否有异声、器件是否发烫、电源是否有短路和开路现象等。如果出现异常，应该立即关掉电源，故障排除后方可重新通电。然后，再按要求测量各元器件引脚电源的电压，而不只是测量各路总电源电压，以保证元器件正常工作。

③单元电路调试

在调试单元电路时应明确本部分的调试要求。调试顺序按信号流向进行，这样可以把前面调试好的输出信号作为后一级的输入信号。

单元调试包括静态调试和动态调试。静态调试一般是指在没有外加信号的条件下测试电路各点的电位，特别是有源元器件的静态工作点。通过它可以及时发现已经损坏和处于临界状态的元器件。动态调试是用前级的输出信号或自身的信号测试单元的各种指标是否符合设计要求，包括信号幅值、波形、相位关系、放大倍数和频率等。对于信号产生电路一般只看动态指标。把静态和动态调试的结果与设计的指标加以比较，经深入分析后对电路与参数提出合理的修正。在调试过程中应有详尽记录。

④整机联调

各单元电路调试好以后，由它们组成的整机性能不一定好，因此还要进行整机调试。整机调试主要是观察和测量动态性能，把测量的结果与设计指标逐一对比，找出问题及解决办法，然后对电路及其参数进行修正，直到整机的性能完全符合设计要求为止。

(3) 故障诊断方法

整机出现故障后，首先应仔细观察有无元器件出现过热痕迹或损伤情况，有无脱焊、短路、断脚和断线情况，然后采用静态查找法和动态查找法进行诊断。

静态查找法就是用万用表测量元器件引脚电压、电阻值，以及测试电容是否漏电、电路是否有断路或短路情况等。大多数故障通过静态查找法均可诊断出结果。当静态查找仍不能发现故障原因时，可采用动态查找法。

动态查找法是在电路加上适当信号的情况下通过相应的仪器仪表测量电路的性能指标、元器件的工作状态，由获得的读数和观察到的波形准确、迅速地查找故障发生的部位及产生的原因。

为加快查找故障点的速度，提高故障诊断效率，除了前面提到的静态查找法和动态查找法，常用的方法还有以下几种，具体操作时可视不同情况分别选用。

1) 直观判断法：用它可找出断线、虚焊、元器件烧焦、元器件升温过高和高压打火等故障。

2) 断路法：即把可疑部分从电路中断开，使之不影响其他部分的工作。若此时故障消失，则往往故障发生在被断开的电路中。

3) 短路法：适用于多级电路，用短路方法消除故障电路对下一级的影响（当短路两点直流电位不同时应通过电容隔直）。

4) 替代法：用已调好的单元组件替代疑为故障的单元组件，可判定可疑单元是否确有故障。此法在集成芯片组成的电路中常用，用好的集成芯片替代疑有故障的集成芯片，若此时故障现象消除，则说明该集成芯片确有故障。

5.1.2　课程设计报告的撰写

除了实践能力和设计能力的训练，课程设计的方案论证和设计报告的撰写也是一项对学生非常重要的文献检索与科技写作训练。在专业培养计划中，二年级已经开设了"文献检索"必修课，学生基本掌握了学校图书馆提供的数据库的使用方法以及国外数据库的检索方法。这里结合课程设计任务书的要求进一步提高学生的文献检索能力。科技写作是科技工作的组成部分，是科学研究的必要手段，也是科技成果的重要标志和科技交流的理想工具，因此科技写作是科研工作者的必备能力，是大学生综合素质的重要组成部分。电子技术课程设计是电类本科专业第一门要求撰写大学生科技论文（报告）的课程，大学生在课程设计及撰写报告过程中应注重科学性、实用性、规范性和创造性，培养实事求是的工作作风与科学精神。

一份好的设计报告在内容上应当结构合理，思路清晰，内容完整，分析论述充分，无技术性错误；在行文中应当文理通顺，术语使用准确，无错别字；在格式上应当符号统一，编号齐全，书写工整规范，图表完备、整洁、正确。

在撰写设计报告的过程中，很多同学往往会忽略行文和格式问题。但是，一份报告或论文中出现中文文字错误、表述不流畅、摘要的英文稿文法错误、专业词汇不合惯例等现象，都会影响其成为一篇合格、优秀的文档。如果作者对待事物不够严肃认真，连格式规范、错别字、语法和打印错误都避免不了，又如何能使读者相信设计报告中的实验数据、公式符号甚至理论体系等没有错误呢？

课程设计报告是对设计全过程的系统总结，也是培养综合科研素质的重要环节。设计报告的撰写应包括以下主要内容。

1．课题名称

按照各学校电子技术课程设计开展的具体形式，可以在指导教师指导下，由学生查阅资料充分论证后自主选题，或者直接由指导教师指定若干个课题供学生选择。

2．中英文摘要与关键词

摘要是课程设计报告（或论文）极为重要、不可缺少的组成部分，摘要是报告内容的简要陈述，是一篇具有独立性和完整性的短文，字数应不超过 300 字。摘要的内容应包括：概述电路功能、结构、设计方法及结论。摘要中尽量不要出现"我们""作者"之类的词汇，不宜使用公式、图表，不标注引用文献编号。应避免将摘要写成目录式的内容介绍。中文关键词一般提取 3~5 个，与设计报告核心内容一致。

应有与中文摘要和关键词相对应的英文摘要和关键词。英语摘要用词应准确，使用本学科通用的词汇；摘要中主语常常省略，因而一般使用被动语态；应使用正确的时态，并注意主、谓语一致，必要的冠词不能省略。英文摘要内容与中文摘要一致，不要求逐字逐句对译，意思基本一致即可，但切忌直接用软件翻译。英文关键词与中文关键词一致。

3．目录

设计报告的目录可以在全文设置好相应的一、二、三级标题后，直接在 Word 里面自动生成。目录顺序为中文摘要、英文摘要及章节目录，章节目录原则上只显示一、二级标题，三级标题可不显示。

4．设计任务、技术指标和要求

在选题确定后，由指导教师根据选题情况下达具体设计任务、技术指标和要求。5.2 节介绍的课程设计课题均给出了相应的设计任务、技术指标和要求。

5．设计报告正文部分

(1) 总体方案选择和论证

设计方案的选择和论证应包括曾考虑过的各设计方案框图、简要原理、优缺点，以及所选定方案之理由等，设计出一个完整的原理框图。

(2) 系统设计

1) 根据总体原理框图，确定每个功能模块应选择的单元电路，完成单元电路的设计、公式推导、参数计算和元器件的选择，进行单元电路的计算机软件仿真，并分析仿真结果。

2) 绘出总体电路图并分别说明各电路的工作原理，进行电路系统整体计算机软件仿真，搞懂单元电路图功能及各点的信号波形图。

(3) 组装与调试

1) 使用的主要仪器仪表，应列出名称、型号、生产厂家和生产年月等。

2) 必要时，应将测试的数据和波形与计算结果进行比较，并分析误差。

3) 组装与调试的方法、技巧和注意事项。

4) 调试中出现的故障、原因及诊断与排除方法。

(4) 结论与设计心得

1) 结论是对设计电路的总结，一般包括所设计电路的优缺点，可以改进和努力的方向。

2) 设计心得可以是本次课程设计的收获，也可以是自己对于课程设计的建议和意见。

6．参考文献

参考文献只列主要的及公开发表过的、读者能够查阅得到的资料，任何公司内部资料或处于保密状态的资料皆不可作为参考文献列出。按参考文献在论文中出现的先后顺序，用阿拉伯数字连续编号，置于全文末，在论文引用处的右上角标出参考文献编号。

参考文献应按各类科技文献所特有的格式进行著录。

(1) 期刊格式

[序号]主要责任者. 篇名[J]. 刊名，年，卷（期）：引用部分起止页码.

(2) 专著格式

[序号]主要责任者. 书名[M]. 版本（第 1 版不标注）.译者（对译著而言）. 出版地：出版者，出版年：引用部分起止页码.

(3) 专著、论文集析出文献

[序号]析出文献主要责任者. 析出文献题名[A]. 专著、论文集主要责任者. 专著、论文集题名[C]. 出版地：出版者，出版年：析出文献起止页码.

(4) 报纸文章

[序号]主要责任者. 篇名[N]. 报纸名，出版年月日（版次）.

(5) 学位论文

[序号]作者. 论文题目[D]. 保存地点，保存单位，授予年.

(6) 专利

[序号]申请者. 专利名[P]. 国名. 专利文献种类，专利号，授权日期.

(7) 技术标准

[序号]发布单位. 技术标准代号. 技术标准名称[S]. 出版地：出版者，出版日期.

(8) 网络文献

[序号]作者. 题（篇）名[OL]. 电子文献出处或可获得地址（网址），发表和更新日期/引用日期（任选一个）. 获取和访问路径.

表 5.1 列出了常用参考文献的类型及标识。

表 5.1　参考文献的类型及标识

参考文献类型	专著	论文集	报纸文章	期刊文章	学位论文	报告	标准	专利	网络文献
文献类型标识	M	C	N	J	D	R	S	P	OL

注：参考文献中的著（作）者署名，若有两个及以上作者，作者名之间用逗号隔开，不多于 3 人者全部著录，多于 3 人的，著录 3 人，第 3 人后加"等"或者"et al"。无论中、外文署名，一律姓先名后，姓不缩写，名缩写。

参考文献书写格式举例：

[1] 纪延超，戴克键，刘庆国等. 100kvar 广义电力有源滤波器的仿真和实验[J]. 中国电机工程学报，1997，21(5)：315～347.

[2] 汪学典. 电子技术基础实验[M]. 武汉：华中科技大学出版社，2006.

[3] Hopkinson A. Unimarc and metadata: Dublin Core[EB/OL]. [1999-12-08]. http://www.ifla.org/IV/if.htm.

[4] 姜锡洲. 一种温热外敷药制备方案[P]. 中国：881056073. 1989-07-06.

7. 附录

(1) 所用元器件的编号列表

列表项目为序号、符号与编号、名称、型号与规格、数量以及必要的说明等。

(2) 完整的设计电路图及程序代码

EDA 仿真软件所设计的完整电路图和程序需作为附录附于设计报告之后。

8. 其他注意事项

课程设计报告的撰写排版格式、装订顺序等按各学校教务处或者课程设计指导教师的要求来确定。

5.2　模拟电子技术课程设计课题

本节精选了 5 个课程设计课题，包括：高低电平报警器，信号波形的产生、分解与合成，音响放大器设计，水温控制系统的设计，双声道 BTL 功放电路的设计。

5.2.1　高低电平报警器

1．设计任务要求

日常生活中经常会遇到一些仪器仪表只能在一定的输入电压范围内工作的情况，超出此范围将不能正常工作。基于此原因，通常需要对输入电压进行监控。本课题从课程设计教学训练的角度出发，要求设计一个高低电平报警器。技术指标要求如下：

(1) 当输入电压 $V_i \geqslant 2V_{CC}/3$ 或 $V_i \leqslant V_{CC}/3$ 时电路报警。

(2) V_i 为 0~10V 步进电源，步进 1V，自制。

(3) V_{CC}=12V。

2．设计原理

根据技术要求，此报警器可以由以下几部分组成：

(1) 产生 0~10V 输入电压的步进电源。

(2) 比较器。其作用是将输入电压与报警电路门限电平相比较。由于该报警器要求有 2 个门限电平，即 $V_i \geqslant 2V_{CC}/3$ 或 $V_i \leqslant V_{CC}/3$ 时电路报警，而 $V_{CC}/3<V_i<2V_{CC}/3$ 时电路不报警，所以这里可以选用窗口比较器。

(3) 报警电路。

总体框图如图 5.1 所示。

图 5.1　总体框图

3．设计参考电路

(1) 0~10V 步进电源的设计

步进电源要求输出 0~10V，在此选用 LM317 型三端可调输出集成稳压器。该稳压器的输出电压范围为 1.25~37V，为了满足技术指标要求输出 0~10V，可再选用一个 LM337 型稳压器（输出-37~-1.25V），使其输出固定为-1.25V，与 LM317 型稳压器的+1.25V 相加，从而使输出电压达到 0V。0~10V 步进电源的参考电路如图 5.2 所示。

在图 5.2 所示的参考电路中，可通过调节组合电阻 R_2（由 4 个开关控制的 4 个电阻 R_{P1}、R_{P2}、R_{P3} 和 R_{P4} 串联构成）来改变 LM317 的输出电压 V_{o1}：

$$V_{o1}=1.25(1+R_2/R_1)$$

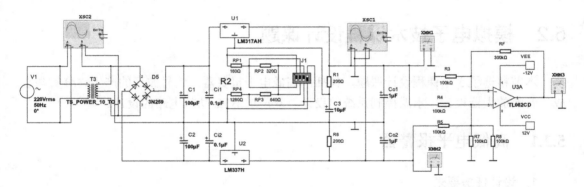

图 5.2　0~10V 步进电源的参考电路

图 5.2 所示的参考电路作为仿真电路时，U_{3A} 组成同相加法器，将 V_{o1} 与 V_{o2} 相加，即 $V_o=V_{o1}+V_{o2}$。根据上式，改变组合电阻 R_2 的值即可改变 V_{o1}，可以很容易地推导出 4 个开关不同闭合方式下的 V_{o1} 的值，与 LM337 所构成的另一路输出固定的负电源 $V_{o2}=-1.25V$ 相加，很容易实现 0~10V 步进电源。

(2) 窗口比较器的设计

窗口比较器的参考电路如图 5.3(a)所示，传输特性如图 5.3(b)所示。根据指标要求，$R_9=R_{10}=R_{11}=15k\Omega$ 即可满足 $V_L=V_{CC}/3=4V$，$V_H=2V_{CC}/3=8V$。当窗口比较器输入 V_i 为 0~10 之间连续变化的周期性三角波（频率为 200Hz）时，仿真结果如图 5.3(c)所示。

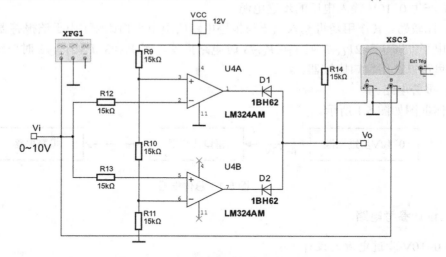

图 5.3(a)　窗口比较器的参考电路

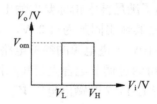

图 5.3(b)　窗口比较器的传输特性

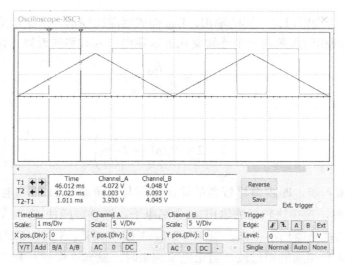

图 5.3(c)　窗口比较器的仿真结果

U_{4A} 和 U_{4B} 两个运放分别为单门限电压比较器，工作过程分析如下：

当 $V_i > V_H$ 时，U_{4B} 输出为高，D_2 截止，而 U_{4A} 输出为低，D_1 导通，因此 V_o 为低电平；

当 $V_i < V_L$ 时，U_{4A} 输出为高，D_1 截止，而 U_{4B} 输出为低，D_2 导通，因此 V_o 为低电平；

当 $V_L < V_i < V_H$ 时，U_{4A} 和 U_{4B} 两个运放均输出高电平，D_1 和 D_2 都截止，V_o 为高电平。

从图 5.3(c)所示的仿真图也能验证 V_L 约为 4V，V_H 约为 8V，4V$<V_i<$8V 时，输出为高电平，其他为低电平，仿真结果与理论设计和分析完全一致。

(3) 报警电路的设计

报警电路的设计方法较多，本课题采用简单的发光二极管和蜂鸣器实现报警功能。当 $V_{i1} \geqslant 2V_{CC}/3$ 或 $V_{i1} \leqslant V_{CC}/3$ 时，发光二极管闪烁，同时蜂鸣器发出"嘟嘟"声，实现电路报警。设计参考电路如图 5.4 所示。

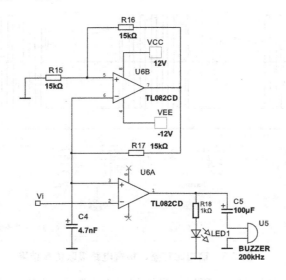

图 5.4　报警电路

在图 5.4 中，V_i 为窗口比较器的输出，U_{6B} 构成迟滞比较器，产生矩形波，U_{6A} 为单门限比较器。U_6 的同相输入端是一个连续变化的以零电位为对称的近似三角波，其幅度为：

$$V_+ = \frac{R_{15}}{R_{15}+R_{16}}V_O$$

周期为：

$$T = 2R_{17}C_4\ln\left(1+2\frac{R_{15}}{R_{16}}\right)$$

U_{6A} 的两个输入端，即窗口比较器的输出电压与三角波（C_4 两端电压）相比较，当 $V_{CC}/3<V_i<2V_{CC}/3$ 时，窗口比较器的输出 V_i 为高电平。注意，应使 $V_i>V_+$，此时 V_o 为低电平，发光二极管和蜂鸣器均不工作。当 $V_i\geq2V_{CC}/3$ 或 $V_i\leq V_{CC}/3$ 时，V_i 为低电平，经过单限比较器，V_o 为正负相间的矩形波。当正电平到来时，发光二极管发光，蜂鸣器发出"嘟嘟"声；当负电平到来时，发光二极管熄灭，蜂鸣器停叫。这样，只要矩形波发生器频率适当，就可看到发光二极管连续闪烁，听到蜂鸣器发出"嘟嘟"声。

将图 5.3(a)所示的窗口比较器的输出和图 5.4 所示的报警电路输入相连接，图 5.3(a)所示的窗口比较器的输入信号发生器加入幅值为 5V、频率为 200Hz 的三角波，仿真结果如图 5.5 所示。由仿真图可知，窗口比较器的输出为低电平（$V_i\geq2V_{CC}/3$ 或 $V_i\leq V_{CC}/3$ 时）期间，即 U_{6A} 的反相输入端为低电平，与 U_{6A} 同相输入端（C_4 两端电压）的三角波比较大小，U_{6A} 来回输出正负饱和矩形波，二极管不停地闪烁；而当窗口比较器的输出为高电平（$V_{CC}/3<V_i<2V_{CC}/3$）时，该高电平始终大于三角波的峰值，U_{6A} 的输出始终为负饱和，二极管熄灭，可以实现报警功能。

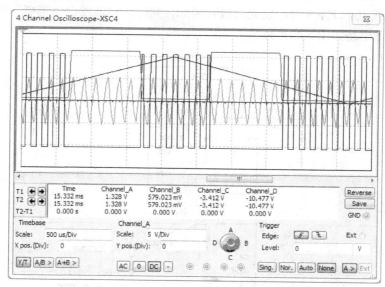

图 5.5　窗口比较器、报警电路级联仿真结果

完整的设计参考电路如图 5.6 所示，当控制组合电阻 R_2 的开关 1、2、3 断开，4 闭合

（即 $R_2 = 1120\Omega$）时，两路电源相加后步进电源输出 7V，仿真结果如图 5.7 所示，此时不报警。

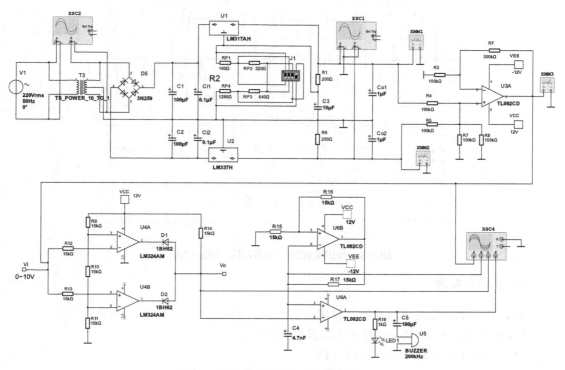

图 5.6　完整的高低电平报警器参考电路

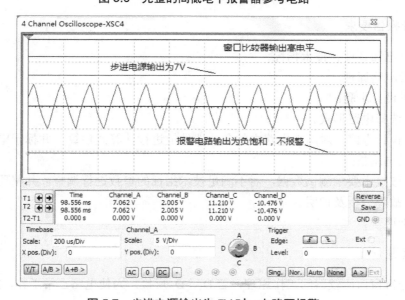

图 5.7　步进电源输出为 7V 时，电路不报警

当控制组合电阻 R_2 的开关 1、4 断开，2、3 闭合（即 $R_2 = 1440\Omega$）时，两路电源相加后步进电源输出 9V，仿真结果如图 5.8 所示，此时报警。

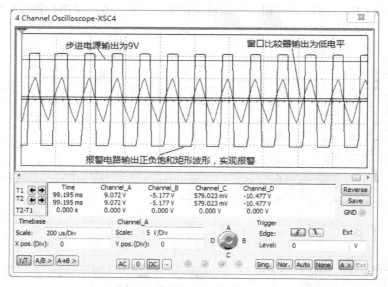

图 5.8　步进电源输出为 9V 时，电路报警

4．调试与实验

试设计一个高低电平报警器，要求：

(1) 输入电压 $V_i \geq 4V_{CC}/5$ 或 $V_i \leq V_{CC}/5$ 时电路报警。

(2) V_i 为 0~15V 步进电源，步进为 1V。

(3) $V_{CC} = 15V$。

5．设计报告要求

(1) 列出已知条件、技术指标。

(2) 分析电路原理。

(3) 写出设计步骤：

　　1) 选择电路形式。

　　2) 设计电路。对所选电路中的各元器件值进行计算式估算，并标于电路图中。

(4) 测试与调整：

　　1) 按技术要求测试数据，对不满足技术指标的参数进行调整，并整理出表格。

　　2) 故障分析及说明。

(5) 分析误差。

6．思考题

(1) 试分析窗口比较器的工作原理，若 D_1、D_2 反接，为使电路正常工作，应如何修改电路？

(2) 报警电路中，若三角波幅度过大，会对输出造成什么影响？

5.2.2　信号波形的产生、分解与合成

1．设计任务要求

首先设计制作一个电路，产生 10kHz 频率可调的方波信号；然后设计一个有源滤波电路，滤出 10kHz 正弦基波信号；最后将得到的基波信号进行不失真放大。技术指标要求如下：

(1) 设计方波产生电路，频率为 10kHz 可调。

(2) 设计有源滤波电路，经滤波电路得到的正弦信号幅度峰峰值为 6V 以上。

(3) 设计 ±12V 的直流稳压电源。

2．设计原理

任何一个周期性函数都可以用傅里叶级数来表示，基于此，即可实现对方波信号的分解与合成。使用迟滞比较器构成方波信号的产生电路；根据傅里叶级数的特点可知，通过有源滤波电路可以产生多个不同频率、不同幅度的基波及各次谐波正弦信号，滤出基波，接着对基波信号进行放大；如果再滤出三次、五次谐波且适当相移并按三角波各次谐波的幅度关系做叠加，即可产生近似的三角波信号。据此分析，此信号波形的产生、分解与合成电路可以由以下几部分组成：

(1) 方波产生电路，由迟滞比较器产生，频率为 10kHz 可调。

(2) 有源滤波电路，可以采用多种有源带通滤波电路从方波信号中滤出其基次正弦谐波分量；

(3) 电压放大电路，将有源滤波电路滤波得到的方波信号的基次正弦谐波分量放大到规定的指标要求，信号幅度峰峰值为 6V 以上；

(4) ±12V 的直流稳压电源，市电交流信号经变压、整流、滤波和稳压后即可得到 ±12V 稳压电源，给信号波形的产生、分解和合成各部分单元电路供给电源。

设计的总体框图如图 5.9 所示。

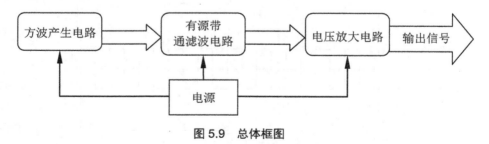

图 5.9　总体框图

3．设计参考电路

(1) 方波产生电路

采用下行的迟滞比较器，输出经积分电路再输入到此比较器的输入端构成方波产生电路。选用通用的 TL082 构成迟滞比较器产生方波信号，虽然波形稳定性及可调节性要明显

差于单片集成电路函数发生器 ICL8038 所产生的方波信号，但迟滞比较器构成的方波产生电路结构简单，成本极低，性价比高。根据振荡信号频率 10kHz，确定各方波产生电路电阻电容值，方波产生电路如图 5.10 所示。由图可知，电路的正反馈系数 F 为：$F=R_1/(R_1+R_2)$。

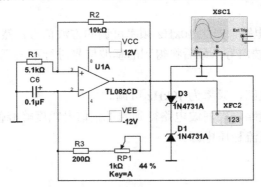

图 5.10　方波产生电路

在接通电源的瞬间，设输出电压偏于正饱和，即 $V_o=+V_z$（V_z 约为稳压管稳压值），加到构成迟滞比较器的运算放大器 U_{1A} 的同相端的电压为 $+FV_z$，而加于反相端的电压，由于电容器 C（C_6）上的电压 V_c 不能突变，只能由输出电压 V_o 通过电阻 R_3+R_{P1} 按指数规律向 C 充电来建立。显然，当加到反相端的电压 V_c 约等于 $+FV_z$ 时，输出电压便立即从正饱和值迅速翻转到负饱和值，$-V_z$ 又通过 R_3+R_{P1} 对 C 进行反向充电，直到 V_c 约等于 $-FV_z$ 时，输出状态再次翻转过来，如此循环，形成一系列的方波输出。方波周期为：

$$T = 2R_f C \ln(1+\frac{2R_2}{R_1}) = 2(R_3 + R_{P1})C \ln(1+\frac{2R_2}{R_1})$$

如适当选取 R_1、R_2 的值，可使 $F=0.462$，则振荡周期可简化为 $T=2R_fC$。

由于要求输出的方波频率为 10kHz 可调，仿真结果显示常用的芯片如 741 和 LM324 达不到要求。当达到 10kHz 频率时，输出波形较严重失真，波形不够理想，故选择 TL082。经仿真可得到较好方波，方波产生电路仿真波形和测量频率分别如图 5.11(a) 和 5.11(b) 所示。

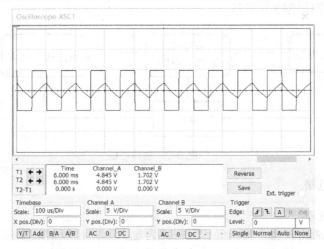

图 5.11(a)　方波产生电路仿真波形

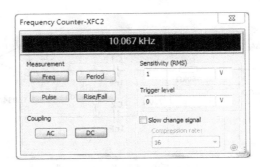

图 5.11(b)　方波测量频率

(2) 方波的分解电路

一般信号是由不同频率、幅度和相位的正弦波叠加而成的。傅里叶分析法为信号与系统的频域分析提供了途径。对于周期信号，可以通过傅里叶级数得到其线谱：

$$f(t) = \frac{4h}{\pi}(\sin\omega t + \frac{1}{3}\sin 3\omega t + \frac{1}{5}\sin 5\omega t + \frac{1}{7}\sin 7\omega t + \cdots\cdots)$$

$$= \frac{4h}{\pi}\sum_{n=1}^{\infty}(\frac{1}{2n-1})\sin[(2n-1)\omega t]$$

由此可知，方波可以分解成为$(2n-1)\omega(n=1,2,3\cdots\cdots)$各种不同频率的正弦波，其幅值比例为 1：1/3：1/5……

带通滤波器可以将信号包含的某一频率成分提取出来。采用无限增益多路反馈二阶带通滤波器（巴特沃斯响应），滤波效果好，中心频率稳定，电路结构简单。图 5.12 所示的电路为有源带通滤波电路，放大器为反向输入，由于放大器的开环放大倍数为无限大，反向输入端可视为虚地，输出端通过 C_2 和 R_3 形成两条反馈支路，故称这种电路为无限增益多路反馈电路。方波分解电路（滤波电路）的仿真参考电路如图 5.13 所示，方波信号首先经过一级射极跟随器，然后经过两级无限增益多路反馈带通滤波器，最后经过一级放大。

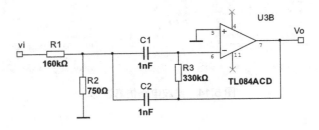

图 5.12　有源带通滤波电路

图 5.12 所示的有源带通滤波电路的参数如下：

$$\omega_0^2 = \frac{R_1 + R_2}{R_1 R_2 R_3 C^2}, \quad Q = \frac{\omega_0}{BW}, \quad A_V = \frac{-R_3}{2R_1}$$

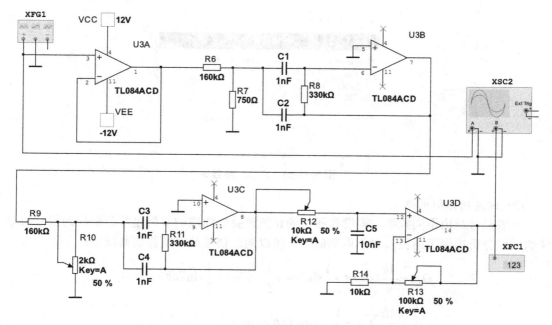

图 5.13　方波分解电路（滤波电路）的仿真参考电路

当输入信号加入幅值为 5V、频率为 10kHz 的方波时，滤波电路仿真波形如图 5.14 所示。

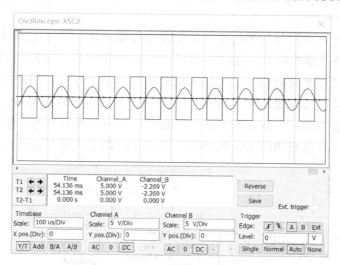

图 5.14　滤波电路仿真波形

(3)　直流稳压电源

设计要求用到±12V 的直流电源，需设计一组电源供电路使用。电源取自 220V 交流电，经 3 端输出变压器变压得到 18V 交流输出，然后经单向桥式整流电路和 1000μF 电容滤波电路得到大致平整的直流信号，最后送到 78 和 79 系列的稳压芯片进行稳压，这里用到的是 7812 和 7912 两款稳压芯片，分别输出+12V 和-12V，直流稳压电源参考电路如图 5.15 所示。

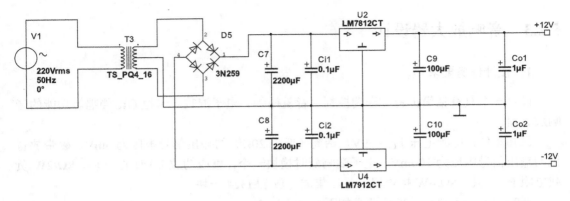

图 5.15　直流稳压电源参考电路

4．调试与实验

设计制作一个电路，能够产生 30kHz 频率可调的方波信号；然后设计一个有源滤波电路，从 10kHz 方波信号中滤出 10kHz 正弦基波信号和 30kHz 三次谐波信号；最后将得到的基波和三次信号进行不失真放大，并叠加合成三角波信号。技术指标要求如下：

(1) 设计方波产生电路，频率为 30kHz 可调。

(2) 设计两个中心频率分别为 10kHz 和 30kHz 的有源滤波器，幅度适中。

(3) 设计一个加法器，将幅度和相位调整适中的 10kHz 基波和 30kHz 三次谐波信号相叠加，合成一个近似的三角波信号。

5．设计报告要求

(1) 列出已知条件、技术指标。

(2) 分析电路原理。

(3) 写出设计步骤：

　　1) 选择电路形式。

　　2) 设计电路。对所选电路中的各元器件值进行计算式估算，并标于电路图中。

(4) 测试与调整：

　　1) 按技术要求测试数据，对不满足技术指标的参数进行调整，并整理出表格。

　　2) 故障分析及说明。

(5) 分析误差。

6．思考题

(1) 试分析无限增益多路负反馈有源带通滤波器的工作原理。

(2) 试用其他方法产生 10kHz 方波信号，采用其他带通滤波器滤出基波信号，画出设计电路图。

5.2.3 音响放大器设计

1. 设计任务要求

设计一个具有话筒扩音、音调控制、音量控制、电子混响、卡拉 OK 伴唱等功能的音响放大器。

已知条件：电源电压 V_{CC}=+9V，话筒（低阻 20Ω）的输出信号电压为 5mV，磁带放音机的输出信号电压为 100mV，电子混响延时模块一个，集成功放 LA4102 一块，8Ω/2W 负载电阻 R_L 一只，8Ω/4W 扬声器一只，集成运放 LM324 一块。

音响放大器主要技术指标要求如下：

(1) 额定功率 P_o≥1W（γ<3%）。

(2) 负载阻抗 R_L=8Ω。

(3) 频率响应 f_L=40Hz，f_H=10kHz。

(4) 输入阻抗 R_i>>20kΩ。

(5) 音调控制器要求满足 1kHz 处增益为 0dB，100Hz 和 10kHz 处有 ±12dB 的调节范围，A_{VL}=A_{VH}≥20dB。

(6) 话音放大器输入灵敏度为 5mV。

2. 设计原理

音响放大器的作用是对于微弱信号进行电压放大和功率放大，推动负载工作，同时实现对音调和音量的调节。

音响放大器由话筒、话音放大器、电子混响器、混合前置放大器、音调控制器、功率放大器这几个部分组成。音响放大器的组成框图如图 5.16 所示。

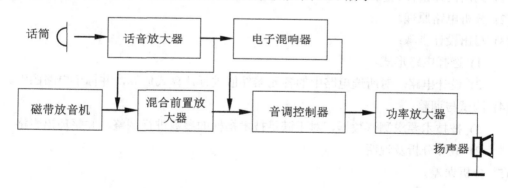

图 5.16 音响放大器的组成框图

(1) 话音放大器

话音放大器（简称话放）的电路如图 5.17 所示，由于话筒输出信号电压要求 5mV，而输入阻抗要远大于 20kΩ，所以话音放大器的作用是无失真地放大声音信号（通频带要求 f_L=40Hz，f_H=10kHz），其输入阻抗应远大于话筒的输出阻抗。

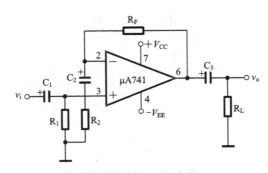

图 5.17　话音放大器的电路

(2) 电子混响器

电子混响器用电路模拟声音的多次反射，产生混响效果，使人听起来具有一定的深度感和立体空间感。电子混响器的组成框图如图5.18所示。其中，集成电路BBD为模拟延时器，含有由场效应管构成的多级电子开关和高精度存储器。在外加时钟脉冲作用下，这些电子开关不断地接通和断开，对输入信号进行取样，保持并向后级传递，从而使BBD的输出信号相对于输入信号延迟一段时间。BBD的级数越多，时钟脉冲的频率越高，延迟时间越长。BBD配有专用时钟电路，如MN3102时钟电路与MN3200系列的BBD配套。

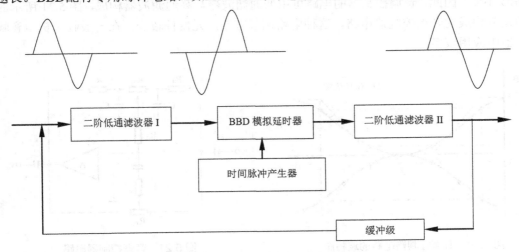

图 5.18　电子混响器的组成框图

(3) 混合前置放大器

混合前置放大器将放大后的话音信号与由磁带放音机传送来的音乐信号混合并放大，起到混音的作用。混合前置放大器如图 5.19 所示，这是一个反相求和电路。

v_{i1} 为话筒放大器输出的电压，v_{i2} 为放音机输出的电压，v_o 为混合后输出的电压。三者之间的关系为：

$$v_o = -\left(\frac{R_F}{R_1} v_{i1} + \frac{R_F}{R_2} v_{i2} \right)$$

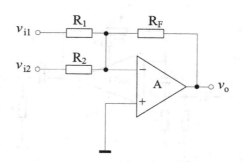

图 5.19　混合前置放大器

(4) 音调控制器

音调控制器主要控制、调节音响放大器的幅频特性,音调控制器电路的波特图如图 5.20 所示，理想的控制曲线如图 5.20 中的折线所示。图中，$f_0(1\text{kHz})$表示中音频率，要求增益 $A_{V0}=0\text{dB}$；f_{L1} 表示低音频转折（或截止）频率，一般为几十赫兹；$f_{L2}(10f_{L1})$表示低音频区的中音频转折频率；f_{H1} 表示高音频区的中音频转折频率；$f_{H2}(10f_{H1})$表示高音频转折频率，一般为几十千赫兹。

由图可见，音调控制器只对低音频与高音频的增益进行提升与衰减，中音频的增益保持 0dB 不变。因此，音调控制器的电路可由低通滤波器与高通滤波器构成，图 5.21 所示的为由运放构成的音调控制器电路。这种电路调节方便，元器件较少，在一般收录机、音响放大器中应用较多。

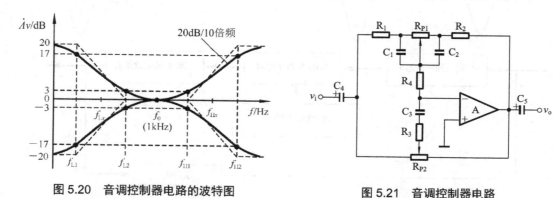

图 5.20　音调控制器电路的波特图　　　　图 5.21　音调控制器电路

(5) 功率放大器

功率放大器（简称功放）的作用是给音响放大器的负载 R_L（扬声器）提供一定的输出功率。当负载一定时，希望输出功率尽可能大，输出信号非线性失真尽可能小，效率尽可能高。

功放芯片 LA4100 引脚图如图 5.22(a)所示，LA4100 接成的 OTL 功放电路如图 5.22(b)所示。

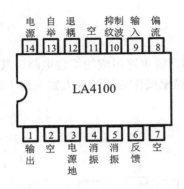

图 5.22(a)　LA4100 引脚图

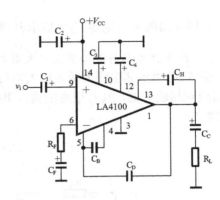

图 5.22(b)　LA4100 接成 OTL 电路

3. 设计参考电路

(1) 方波产生电路

根据技术指标要求，首先确定整机电路的级数，再根据各级的功能及技术指标要求分配电压增益，然后分别计算各级电路参数，通常从功放级开始向前级逐级计算。音响放大器的输入为 5mV 时，额定功率 $P \geqslant 1W$，负载阻抗为 8Ω，则输出电压 $V_o = \sqrt{R_L P_o} = 2.828$。

总电压增益 $A_V = V_o/V_i > 566$，由于实际电路中会有损耗，故取 $A_V = 600$，各级增益分配如图 5.23 所示。

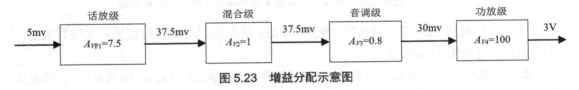

图 5.23　增益分配示意图

电路总增益要求约 400~1000，需要合理分配每级增益。话音放大器要求高保真，增益可以设置较低，一般为 5~10 倍左右；混音放大器也要求失真度小，放大倍数一般为 3~5 倍，功放的增益为 30 倍左右，所以 R_F 的取值为 600Ω 左右。

(2) 话音放大器的设计

如图 5.23 所示，话音放大器的放大倍数 A_{VF1} 等于 7.5，令 R_2 等于 $20k\Omega$，图 5.17 所示的语音放大器的增益 $A_{VF1} = 1 + \dfrac{R_f}{R_2}$，可得 R_f 等于 $130k\Omega$。要求语音放大器的输入阻抗 R_i 远大于 $20k\Omega$，而输入阻抗约为 R_1，则 R_1 取 $500k\Omega$，μA741 的输入电阻为 $20k\Omega$，$f_L = 40Hz$，那么 C_1 为：

$$C_1 = \frac{1}{2\pi f R_i} = \frac{1}{2\pi \times 40 \times 20 \times 10^3} = 0.199\mu F，\ 取\ C_1 = 0.20\mu F$$

C_3 是输出耦合电容，连接下一级的负载电阻即使最低也在 $100k\Omega$ 以上：

$$C_3 = \frac{1}{2\pi f R_L} = \frac{1}{2\pi \times 40 \times 10 \times 10^3} = 0.398\mu F，\ 取\ C_3 = 0.40\mu F$$

反馈支路的隔直电容 C_2 一般取几微法。

(3) 话音放大器与混合前置放大器的混合设计

图 5.24 所示的电路为话音放大器与混合前置放大器两级电路组成的综合电路。其中，A_1 组成同相放大器，具有很高的输入阻抗，能与高阻话筒配接作为话音放大器电路，其放大倍数为：

$$A_{VF1} = 1 + \frac{R_{12}}{R_{11}} = 7.5$$

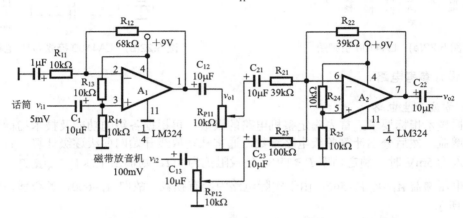

图 5.24　话音放大器与混合前置放大器两级电路组成的综合电路

四运放 LM324 的频带虽然很窄（增益为 1 时，带宽为 1MHz），但这里放大倍数不高，故能达到 $f_H = 10\text{kHz}$ 的频响要求。

混合前置放大器的电路由运放 A_2 组成，这是一个反向加法电路，输出电压 v_{o2} 的表达式为 $v_{o2} = -[(R_{22}/R_{21})v_{o1} + [(R_{22}/R_{23})v_{i2}]$。

根据图 5.23 所示的增益分配，混合级的输出电压的有效值 $V_{o2} \geq 37.5\text{mV}$，而话筒放大器的输出有效值 V_{o1} 已经达到了 V_{o2} 的要求，即 $V_{o1} = A_{VF1} \cdot V_{i1} = 39\text{mV}$，所以取 $R_{22} = R_{21}$，磁带放音机输出插孔的信号 V_{i2} 一般为 100mV，已经远大于 V_{o2} 的要求，所以对 V_{i2} 进行适当衰减，否则输出会产生失真。取 $R_{23} = 100\text{k}\Omega$，$R_{22} = R_{21} = 39\text{k}\Omega$，以使录音机输出经混放级后也达到 V_{o2} 的要求。如果要进行卡拉 OK 唱歌，则可在话放输出端及录音机输出端接两个音量控制电位器 R_{P11}、R_{P12}（见图 5.24），分别控制声音和音乐的音量。

(4) 音调控制器的设计

音调控制器的设计电路如图 5.25 所示。运放选用单电源供电的四运放 LM324，其中，R_{P33} 为音量控制电位器，其滑臂在最上端时，音响放大器输出最大功率。

(5) 功率放大器的设计

由于采用集成功率放大器，电路设计变得十分简单，只要查阅手册便可得到功放块外围电路的元器件值，功率放大器的设计电路如图 5.26 所示。功放级的电压增益 $A_{V4} \approx \frac{R_{11}}{R_F}$ $= 20\text{k}\Omega/R_F$，而 $A_{V4} = 100$，故取 $R_F = 200\Omega$。

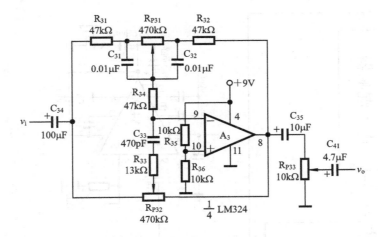

图 5.25　音调控制器的设计电路

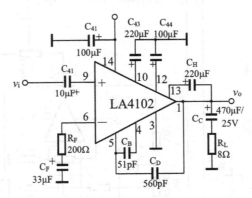

图 5.26　功率放大器的设计电路

音响放大器整机实验电路图如图 5.27 所示。

4. 调试与实验

(1) 设计一个具有话筒扩音、音调控制、音量控制、电子混响、卡拉 OK 伴唱等功能的音响放大器。已知条件：电源电压 $V_{CC}=\pm 6V$，话筒（高阻 20kΩ）的输出信号电压为 5mV，录音机的输出信号电压为 100mV，电子混响延时模块一个，集成功放 LA4102 一块，10Ω/2W 负载电阻 R_L 一只，8Ω/4W 扬声器一只，集成运放 LM324 一块。

音响放大器主要技术指标要求如下：

1) 额定功率 $P_o \geqslant 0.3W(\gamma < 3\%)$。

2) 负载阻抗 $R_L = 10Ω$。

3) 频率响应 $f_L = 50Hz$，$f_H = 20kHz$。

4) 输入阻抗 $R_i \gg 20kΩ$。

5) 音调控制器要求满足 1kHz 处增益为 0dB，125Hz 和 8kHz 处增益有 ±12dB 的调节范围，$A_{VL} = A_{VH} \geqslant 20dB$。

6) 话放级输入灵敏度为 5mV。

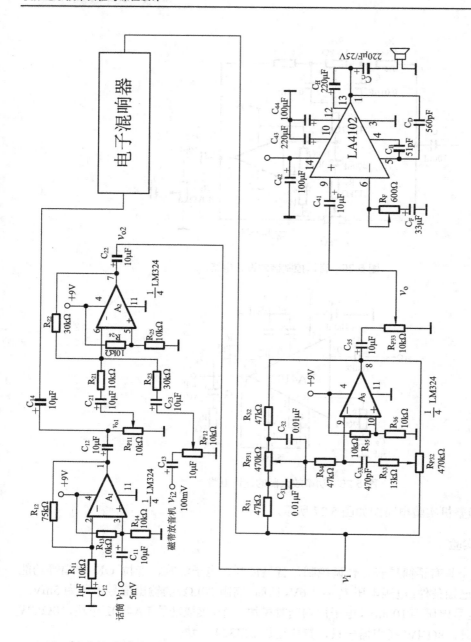

图 5.27　音响放大器整机实验电路图

(2) 相关性能参数的测量

1) 额定功率：音响放大器输出失真度小于某一数值时的最大功率称为额定功率，其表达式为 $P_o = V_o^2/R_L$，式中，R_L 为额定负载阻抗，V_o 为 R_L 两端的最大不失真电压有效值。测量时函数发生器输出 $f_i = 1\text{kHz}$ 的正弦波作为音响放大器的输入信号，功率放大器的输出端接额定负载电阻，如有音调控制器，控制器的两个电位器调节到中间位置，音量控制电位器调到最大值，用双踪示波器观察 V_i 及 V_o 的波形，用失真度测量仪监测 V_o 的波形失真（无失真度测量仪可用肉眼观察有无明显失真）。逐渐增大输入电压 V_i，直到输出的波形刚好不出现削波失真，此时对应的输出电压为最大输出电压，同时可算出额定功率值。

2) 频率响应：调节音量旋钮使输出电压约为最大输出电压的 50%，$V_i = 5\text{mV}$，测量方法和其他实验中幅频特性曲线的测量方法相同。

3) 输入阻抗：从音响放大器输入端（话音放大器输入端）看进去的阻抗称为输入阻抗，测量方法和放大器的输入阻抗测量方法相同。

4) 输入灵敏度：使音响放大器输出额定功率时所需的输入电压有效值称为输入灵敏度。测量时函数发生器输出 f_i=1kHz 的正弦波作为音响放大器的输入信号，功率放大器的输出端接额定负载电阻，如有音调控制器，控制器的两个电位器调节到中间位置，音量控制电位器调到最大值，测量方法是，使 V_i 从零开始逐渐增大，直到 V_o 达到额定功率值时所对应的输入电压值即为输入灵敏度。

5) 噪声电压：音响放大器的输入为零时，输出负载 R_L 上的电压称为噪声电压，测量时功率放大器的输出端接额定负载电阻，如有音调控制器，控制器的两个电位器调节到中间位置，音量控制电位器调到最大值，输入端对地短路，用示波器观测输出负载 R_L 端的电压波形，用交流毫伏表测量其有效值。

6) 整机效率：在输出额定功率的情况下，将电流表串入 V_{CC} 支路中，测得总电流 I，则效率为：$\eta = \dfrac{P_o}{V_{CC} \times I}$。

(3) 整机信号试听

用 8Ω、4W 的扬声器代替负载电阻 R_L，进行以下功能试听。

1) 话音扩音：将低阻话筒接话音放大器的输入端，应注意，扬声器输出的方向与话筒输入的方向相反，否则扬声器的输出声音经话筒输入后，会产生自激啸叫。讲话时，扬声器传出的声音应清晰，改变音量电位器，可控制声音大小。

2) MP3 音乐试听：将 MP3 输出的音乐信号接入混合前置放大器，扬声器传出的声音应清晰，改变音量电位器，可控制声音大小。

3) 混音功能：MP3 音乐信号和话筒声音同时输出，扬声器传出的声音应清晰，适当控制话音放大器与磁带放音机输出的音量电位器，可以控制话音音量与音乐音量之间的比例。

5. 设计报告要求

(1) 列出已知条件、技术指标。

(2) 分析电路原理。

(3) 写出设计步骤：

　　1) 选择电路形式。

　　2) 设计电路。对所选电路中的各元器件值进行计算式估算，并标于电路图中。

(4) 测试与调整：

　　1) 按技术要求测试数据，对不满足技术指标的参数进行调整，并整理出表格。

　　2) 故障分析及说明。

(5) 分析误差。

6. 思考题

(1) 小型电子线路系统的设计方法与单元电路的设计方法有哪些异同点？

(2) 如何安装与调试一个小型电子线路系统？

(3) 在安装调试音响放大器时，与单元电路相比较，出现了哪些新问题？如何解决？

(4) 集成功放的电压增益与哪些因素有关？为什么在 LA4102 的⑤脚与①脚间接入几百皮法的电容可以消除自激？

(5) 集成功放接成 OTL 电路时，输出电容 C_C 有何作用？自举电容 C_H 有何作用？电容 C_B 对频带的扩展范围有多大，用实验说明。

(6) 按照本课题所介绍的音响放大器主要技术指标的测试方法，测量 P_o、R_i、f_L、f_H 及音调控制曲线后，再测量噪声电压 V_N、输入灵敏度 V_S 及整机效率 η。

5.2.4　水温控制系统的设计

1. 设计任务要求

利用温度传感器件和集成运算放大器等设计一个温度控制器。

已知条件：AC220V、DC±5V、±12V 电源各一个，运放、比较器、三极管、（发光）二极管、温度传感器、继电器、蜂鸣器、电热丝、电阻、电容若干。

技术指标要求如下。

(1) 控制密闭容器内的空气温度。

(2) 容器容积>5cm*5cm*5cm。

(3) 测温和控温范围：0℃到室温。

(4) 控温精度±1℃。

2. 设计原理

整体结构模块框图如图 5.28 所示，电路设计的总体思想是测温、比较和控温三个环节，按照设计图，可以分为如下几个模块。

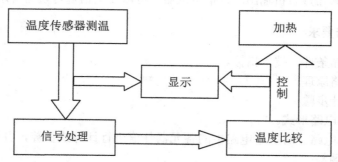

图 5.28　整体结构模块框图

(1) 温度传感器测温电路模块：传感器采用封装形式，将其放入欲控制系统中，收集温度所表征的信号，主要是电压信号。

(2) 信号处理模块：由于传感器所采集到的信号是非常微弱的，因此设计了一个信号处理单元，主要作用是对信号无损放大。

(3) 温度比较模块：接收信号处理模块电路放大后的信号，将此放大后的信号与预定值进行比较，从而决定是否进行加热。

(4) 显示模块：主要用来显示当前和所要控制的温度。

3．设计参考电路

(1) 温度传感器测温单元

根据课题设计要求，可以测量并控制 0℃到室温的温度，精度要达到±1℃。也就是说，要求传感器可以测量 0℃到室温的温度，并且具有很好的稳定性。再结合性能以及价格方面的原因，选择集成温度传感器 LM35。

LM35 温度传感器在-55～150℃以内是非常稳定的，工作电压在 4～20V 之间时，温度每变化 1℃输出变化 10mV。其线性度也可以在高温的时候保持得非常好。因此，LM35 符合设计要求。

温度传感器需要放置在工作环境中，所以应该在电路中引出一个出口来接温度传感器。LM35 有 3 个引脚，其中 1 接正电源，3 接地，2 输出随温度而线性变化的电压，具体是每变化 1℃，输出电压变化 10mV。温度传感器测温单元电路如图 5.29 所示。

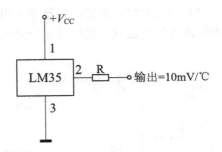

图 5.29　温度传感器测温单元电路

(2) 信号处理单元

LM35 输出端的电压随温度改变，温度改变 1℃，电压改变 10mV，比较难检测，所以需经过一定的处理方可成为测量以及控制部分所使用的信号。处理方法较简单，只需将其无损地放大一定的倍数。

因电源电压为±12V，而控制或测量温度在 30℃的时候，LM35 输出电压为 300mV；温度在 0℃的时候，输出为 0mV。经下面计算：

$V_{max} \times A_V \leqslant 12V$，$V_{min} \times A_V \geqslant 0V$，

得：$V_{min} \times 0 \leqslant A_V \leqslant 12V/V_{max}$，

即 $0 < A_V < 40$。

考虑计算的方便以及最后输出测量的方便，放大倍数选 10 为宜。

信号处理单元电路如图 5.30 所示，Multisim 仿真时，温度传感器采集的电压信号直接用可调电位器控制的电压信号表示，如图 R_6、R_3 可调电位器串联构成的电阻分压电路，运放 U_{1A} 构成同相比例运算电路，电阻分压电路可以给 U_{1A} 的同相输入端输入 0~500mV 的信号，相当于温度传感器工作温度 0~50℃时输出的电压，符合设计要求。

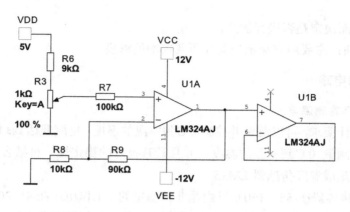

图 5.30　信号处理单元电路

(3) 温度显示单元

温度显示单元承担两个主要的任务：显示当前以及控制的温度。温度显示实质上就是电压显示，主要是设计一个可以表征温度的电压表。

当单刀双掷开关 K1 打到左边的时候，可以通过调节电位器 R_2 来调整控制电压，具体的会在控制单元中说明。打到右边的时候，此处可设置表头用来显示当前传感器传过来的经过处理的信号，也就是表征温度的电压量。温度显示单元电路如图 5.31 所示。

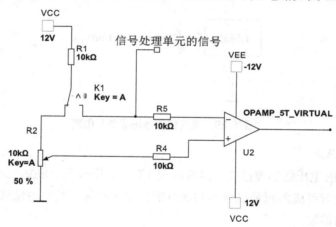

图 5.31　温度显示单元电路

(4) 温度比较控制单元

温度比较控制单元的作用是通过接收来自传感器的信号，判别是否需要对当前的水体进行加热。因为初级放大电路是同相放大电路，信号处理单元输出电压也为正电压，所以控制电路处的比较基准电压应该从正电源中索取。

在信号处理单元中，电压比较器会输出两种电压信号，当温度对应传感器输出电压为 $0 \sim 300mV$（水温在 $0 \sim 30℃$ 之间），即信号处理单元输出电压 0-3V 时，比较器输出 +12V 电压；当水温对应输出电压为 $400 \sim 500mV$（水温在 $30 \sim 50℃$ 之间），即信号处理单元输出电压 $3 \sim 5V$ 时，比较器输出 -12V 电压。当图中比较器 U2 输出端的电压为 +12V 时，继电器 K2 会有相应电流通过，使加热电路开关闭合，电热丝对水进行加热，此时加热指示绿灯 LED1 亮。当比较器 U2 输出端的电压为-12V 时，电流无法从 LED2 通过，开关断开，加热系统停止，报警支路导通，红灯 LED1 亮并且蜂鸣器发出报警声。

温度比较控制单元电路如图 5.32 所示。

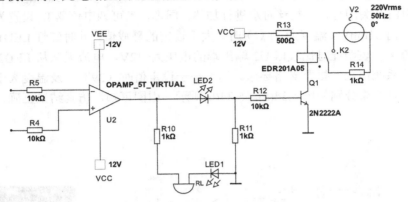

图 5.32　温度比较控制单元电路

注意，继电器是低压控制高压的部分，它的开启电压以及稳定性相当重要。因为选用的电源电压是 12V，继电器的开启电压应当适当低于 12V，所以选用开启电压为 9V 比较适合。另外，由于加热部分的电流比较大，因此继电器的承受电流要大，一般 1000W 的加热装置电流为 4.5A，选择 4.5A×2=9A 以上的比较适合。

报警支路上选择的 R_{10} 是为了保护电压比较器，防止报警支路接通时电压比较器因输出电流过大而被烧坏。R_{11} 起分流、保护比较器的作用。R_{12} 用来降低三极管基极电流，保护三极管。

水温控制系统整体电路如图 5.33 所示。

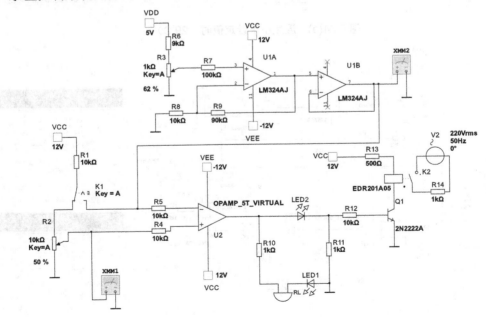

图 5.33　水温控制系统整体电路

　　仿真时，可调电位器 R_2 设置为 50%，即比较电压参考值为 3V 时，可调电位器 R_3 设置为 58%，即温度传感器输出 290mV（温度为 29℃），小于设定的警戒值 30℃，此时加热指示绿灯 LED1 亮，表明此时比较器 U2 输出端的电压为 +12V，继电器 K_2 有相应电流通过，使加热电路开关闭合，电热丝对水进行加热。同理，当可调电位器 R_3 设置为 62%，即温度传感器输出 310mV（温度为 31℃）时，大于设定的警戒值，此时红灯 LED1 亮并且蜂鸣器发出报警声，表明此时比较器 U2 输出端的电压为 -12V，电流无法从 LED2 通过，开关断开，加热系统停止，报警支路导通。温度小于设定值时（29℃）及温度大于设定值时（31℃）的仿真结果分别如图 5.34(a)、5.34(b)所示。由图可知，仿真结果正确，符合设计要求。

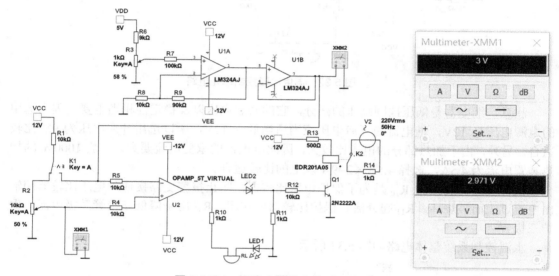

图 5.34(a)　温度小于设定值时（29℃）

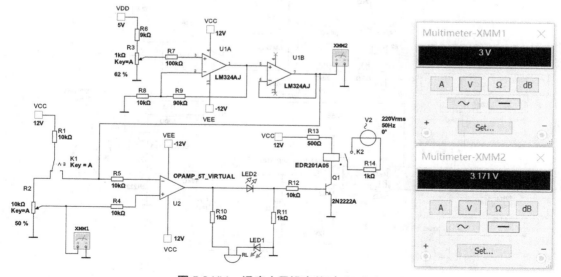

图 5.34(b)　温度大于设定值时（31℃）

4. 调试与实验

设计一个温度控制器，能够测温和控温 0~100℃。

已知条件：AC220V、DC±5V、±12V 电源各一个，运放、比较器、三极管、（发光）二极管、温度传感器、继电器、蜂鸣器、电热丝、电阻、电容若干。

要求：

(1) 控制密闭容器内空气温度。

(2) 容器容积>5cm×5cm×5cm。

(3) 测温和控温范围：0~100℃。

(4) 控温精度±1℃。

5. 设计报告要求

(1) 列出已知条件、技术指标。

(2) 分析电路原理。

(3) 写出设计步骤：

　　1) 选择电路形式。

　　2) 设计电路。对所选电路中的各元器件值进行计算式估算，并标于电路图中。

(4) 测试与调整：

　　1) 按技术要求测试数据，对不满足技术指标的参数进行调整，并整理出表格。

　　2) 故障分析及说明。

(5) 分析误差。

6. 思考题

(1) 试用其他方法实现比较器的结果对继电器的控制。

(2) 试列举可替代 LM35 的其他温度传感器。

5.2.5　双声道BTL功率放大器的设计

1. 设计任务要求

设计一个双声道 BTL 功率放大器。

已知条件：AC220V 电源，TDA2030 功放，运放、二极管、喇叭、电阻、电容若干。

技术指标要求如下：

(1) 设计产生±12V 的直流电源。

(2) 设计前置放大电路为左、右声道各提供一级同向比例运算放大器（电压串联负反馈电路）进行电压放大，电压放大倍数约为 6，可消除高频杂波。

(3) 设计双声道 BTL 功放电路，8Ω负载上的输出功率大于 20W。

2. 设计原理

根据设计课题的要求，音频功率放大器主要由电源电路、前置放大电路、音量控制电路、功率放大电路等四部分构成，结构框图如图 5.35 所示。

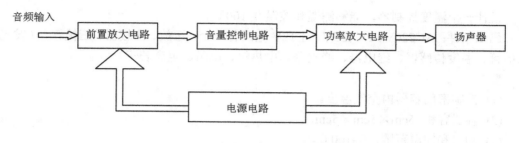

图 5.35　结构框图

3. 设计参考电路

(1) 电源电路

直流电源电路由降压变压器及全波整流、滤波和稳压电路构成。选择 TDA2030 作为功放管，其直流供电电压为 6~18V，±12V 直流稳压电源电路如图 5.36 所示。

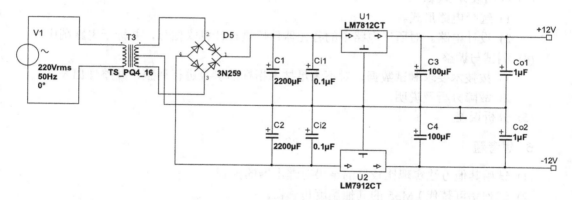

图 5.36　±12V 直流稳压电源电路

(2) 前置放大电路

音频功率放大器的作用是将声音输入信号进行放大，然后输出驱动扬声器。音源的输入信号电压差别很大，从零点几毫伏到几百毫伏,一般功率放大器的输入灵敏度是一定的，这些不同的音源信号如果直接输入到功率放大器，对于输入过低的信号，功率放大器输出功率不足，不能充分发挥功放的作用。假如输入信号的幅值过大，功率放大器的输出信号将严重过载失真，这样将失去音频放大的意义。所以，一个实用的音频功率放大系统必须设置前置放大电路，以便适应不同的输入信号，或放大，或衰减，或进行阻抗变换，使其与功率放大器的输入灵敏度相匹配。

前置放大电路的主要功能一是使话筒的输出阻抗与前置放大电路的输入阻抗相匹配，二是使前置放大电路的输出电压幅度与功率放大器的输入灵敏度相匹配。由于话筒输出信号非常微弱，所以前置放大电路输入级的噪声对整个放大器的信噪比影响很大。前置放大电路的输入级首先采用低噪声电路，选用集成运算放大器构成前置放大电路，一定要选择低噪声、低漂移的集成运算放大器。

根据音频信号的特点，前置放大电路选择由 NE5532 集成运算放大器构成的电压放大器。NE5532 是一种双运放、高性能、低噪声的运算放大器。

前置放大电路为左、右声道各提供一级同向比例运算放大器（电压串联负反馈电路）进行电压放大，如图 5.37 所示。放大电路具有输入阻抗高的特点，电压放大倍数为：$A_v = 1 + \dfrac{R_{23}}{R_{24}} = 1 + \dfrac{47}{10} = 5.7$，电容 C_{27}、C_{28} 是去耦电容，消除高频杂波。前置放大电路的下限频率由电容 C_{19} 和电阻 R_{22} 决定。

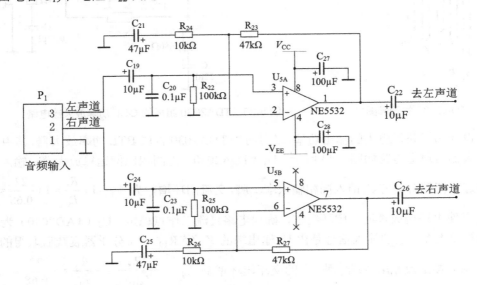

图 5.37　前置放大电路

(3) 功率放大电路

采用集成功放设计功率放大器不仅设计简单、工作稳定，而且组装、调试方便，成本低廉，所以本设计选用集成功放实现。目前常用的集成功放型号非常多，本设计选用 SGS 公司生产的 TDA2030 集成功放，它具有输出功率大、谐波失真小、内部设有过热保护、外围电路简单等优点。

TDA2030 的管脚图如图 5.38 所示。1 脚为同相输入端，2 脚为反相输入端，4 脚为输出端，3 脚接负电源，5 脚接正电源。其特点是引脚和外接元器件少，主要性能指标为：电源电压范围为 6～18V，静态电流小于 60μA，频响为 10Hz～140kHz，谐波失真小于 0.5，在 $V_{CC} = \pm14V$，$R_L = 4\Omega$ 时，输出功率为 14W，在 8Ω 负载上的输出功率为 9W。

由 TDA2030 组成的 OCL 功率放大器电路如图 5.39 所示。该电路由 TDA2030 组成负反馈电路，其交流电压放大倍数 $A_v = 1 + \dfrac{R_1}{R_2} = 1 + \dfrac{22}{0.68} \approx 33$。二极管 D_1、D_2 起保护作用，一是限制输入信号过大，二是防止电源极性接反。R_4、C_7 组成输出相移校正网络，使负载接近纯电阻。电容 C_1 是输入耦合电容，其大小决定功率放大器的下限频率。电容 C_3、C_4 是低频旁路电容，电容 C_5、C_6 是高频旁路电容。电位器 R_P 是音量调节电位器。

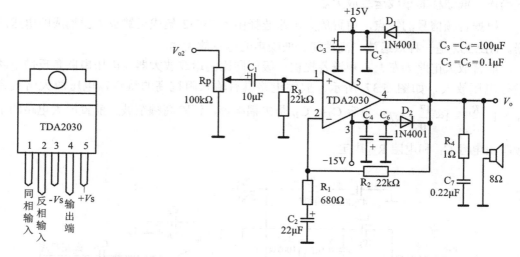

图 5.38　TDA2030 的管脚图　　　图 5.39　TDA2030 组成的 OCL 功率放大器电路

　　本设计为了获得更大的输出功率,采用两个 TDA2030 构成 BTL 功率放大器,其中 BTL 功率放大器右声道电路如图 5.40 所示。U_1（TDA2030）为同相比例运算放大器,输入音频信号通过交流耦合电容 C_1 馈入同相输入端①脚,交流闭环增益为 $A_{v1} = 1 + \dfrac{R_4}{R_9} = 1 + \dfrac{22}{0.68} \approx 33$。$R_4$ 同时又使电路构成直流全闭环组态,确保电路直流工作点稳定。U_2（TAD2030）为反相比例运算放大器,它的输入信号是由 U_1 输出端的 V_{o1} 经 R_{10}、R_{19} 分压器衰减后取得的,并经电容 C_9 后馈给反相输入端②脚,它的交流闭环增益 $A_{v2} = -\dfrac{R_{15}}{R_{19}||R_{10}} \approx -\dfrac{R_{15}}{R_{19}} \approx -\dfrac{22}{0.68} \approx -32$。由于 $R_{15} = R_{10}$,因此 U_1 与 U_2 的两个输出信号 V_{o1} 和 V_{o2} 应该是幅度相等、相位相反的,即：$V_{o1} \approx V_i \cdot R_4 / R_9$,$V_{o2} \approx -V_{o1} \cdot R_{15} / R_{19}$,由于 $R_4 = R_{15}$,$R_9 = R_{19}$,因此 $V_{o2} = -V_{o1}$。因此,在扬声器上得到的交流电压应为：$V_o = V_{o1} - (-V_{o2}) = 2V_{o1} = 2V_{o2}$。

　　扬声器得到的功率按下式计算：$P_{om} = V^2 / R = 4P_o$。

　　BTL 功率放大器能把单路功放的输出功率（P_o）扩大 4 倍,但实际上却受到集成电路本身功耗和最大输出电流的限制。

　　前述 TDA2030 组成的功放为 OCL 双电源供电,实际中也常采用单电源 OTL 功放,TDA2030 组成的 OTL 功率放大器仿真电路如图 5.41 所示,TDA2030 组成的 OTL 功率放大器仿真波形如图 5.42 所示。可调电阻 R_4 可调节输入电压的大小,电解电容 C_1 为耦合电容,通交隔直,输入信号就通过交流耦合电容 C_1 馈入同相输入端①脚；在直流通路中,R_1 与 R_2 作为直流偏置电阻。电解电容 C_2 在交流通路中作为旁路电容,可把 R_1 和 R_2 旁路掉；C_4 与 C_5 作为滤波电容,其中 C_4 滤除低频杂波,C_5 滤除高频杂波；R_5、R_6、C_3 在交流通路中构成反馈网络,为电压串联交流负反馈；二极管 D_1 和 D_2 作为保护二极管,可防止直流电源正负接反；由于此电路为 OTL 单电源供电,电解电容 C_7 可充当负电源；当电路接有感性负载时,瓷片电容 C_4 与 R_5 可保持高频稳定性。

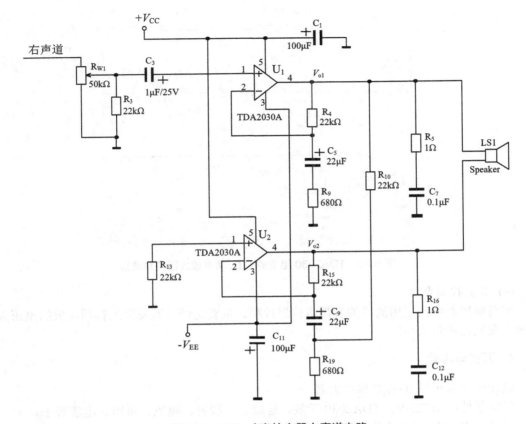

图 5.40　BTL 功率放大器右声道电路

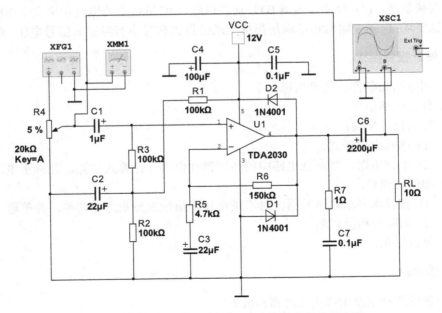

图 5.41　TDA2030 组成的 OTL 功率放大器仿真电路

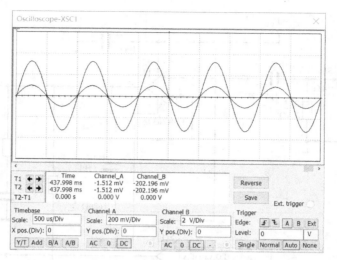

图 5.42　TDA2030 组成的 OTL 功率放大器仿真波形

(4) 音量控制电路

本音量控制电路采用简单的音频电位器控制，主要是通过改变输入音频功放的电压大小来改变输出声音大小。

4. 调试与实验

设计一个双声道 BTL 功率放大器。

已知条件：AC220V，TDA2030 功放，运放、二极管、喇叭、电阻、电容若干。

设计要求：(1) 设计产生 ±12V 的直流电源；(2) 设计前置放大电路为左、右声道各提供一级同向比例运算放大器（电压串联负反馈电路）进行电压放大，电压放大倍数约为 6，可消除高频杂波。(3) 设计双声道 BTL 功放电路，4Ω负载上的输出功率大于 20W。

调试要求：检测使输出功率满足指标要求的最大和最小音频输入信号电压，并记录之。

5. 设计报告要求

(1) 列出已知条件、技术指标。
(2) 分析电路原理。
(3) 写出设计步骤：
　　1) 选择电路形式。
　　2) 设计电路。对所选电路中的各元器件值进行计算式估算，并标于电路图中。
(4) 测试与调整：
　　1) 按技术要求测试数据，对不满足技术指标的参数进行调整，并整理出表格。
　　2) 故障分析及说明。
(5) 分析误差。

6. 思考题

(1) 音量控制电路由哪些滤波器构成？
(2) 试说明 BTL 功放的工作原理及优缺点。

附录 A
常用电子仪器仪表使用

概述

本附录主要介绍电子技术实验室常用电子仪器仪表的使用方法，包括数字万用表、函数信号发生器、毫伏表、示波器等。通过对某一特定型号的详细说明，可以了解该仪器仪表的性能参数、功能、工作面板、工作原理、操作方法等。由于同一类仪器仪表在功能和界面上大同小异，因此可以通过这种方式了解此类仪器仪表的基本特点与操作。

本附录介绍的主要电子仪器仪表：

- MY-65 型四位半数字多用表
- CA1640 系列函数信号发生器
- CA217X 系列毫伏表
- 双踪示波器

  o CA8020 型模拟双踪示波器
  o DS1000E（D）系列数字示波器

A.1 MY-65 型四位半数字多用表

A.1.1 概述

MY-65 是一种性能稳定、准确度高的手持式四位半数字多用表，具有 10 种功能，共 32 个量程。其面板如图 A.1 所示。屏幕 LCD 显示，字高 22mm；过量程显示 "1"，最大显示值 19999，具有全量程过载保护和自动电源关断功能。整机电路设计以大规模集成电路、双积分 A/D 转换器为核心并配以全功能的过载保护。可以用来测量直流和交流电压、直流和交流电流、电阻、电容、频率、二极管以及电路通断等。

（a）外观图

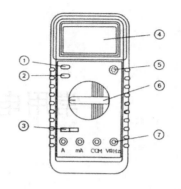

1. 电源开关
2. 保持开关
3. 电容测试座
4. LCD 显示器
5. 晶体管测试座
6. 功能开关
7. 输入插座

（b）示意图

图 A.1 MY-65 型四位半数字多用表

A.1.2 使用环境要求

(1) 工作温度范围为 0~40℃。

(2) 储存温度范围为−10~50℃。

(3) 推荐工作环境为环境温度：23±5℃，相对湿度：不大于 75%。

A.1.3 使用前的注意事项：

(1) 将 ON/OFF 开关置于 ON 位置，检查 9V 电池。如果电池电压不足，LCD 左上方将显示🔋符号，此时应更换电池。在不需使用该仪表时，请随手关闭开关，以节约电能，延长电池的使用时间。

(2) 测试笔插孔旁边的 ⚠ 符号表示输入电压不应超过说明书规定的数值，这是为了保护内部线路。

(3) 测试前应将功能开关置于所需要的量程位置。

(4) 切勿在功能开关置于 ♫ ▶┤位置时测量电压或电流。

(5) 切勿测量高于地电位 1000V 的直流电压或 700V 的交流电压，以确保人身安全。显示更高电压是可能的，但有损坏仪表内部线路的危险。

(6) 在测量高电压时，注意不要接触被测电路或未使用的仪表端子，同时要特别注意避免触电。

(7) 如果事先不知道被测电压范围，请将功能开关置于最大量程，然后逐渐降低直至取得满意的效果。

(8) 如果显示器只显示"1"，则表示已经过量程，功能开关应置于更高量程。

A.1.4 操作方法

1. 交、直流电压测量

(1) 将黑色表笔插入 COM 插孔，红色表笔插入 VΩHz 插孔。

(2) 测直流电压时，将功能开关置于所需的 **V⎓** 量程位置，测交流电压时，将功能开关置于所需的 **V~** 量程位置，然后将测试笔连接到待测电源或负载上，红色表笔所接端子的极性将和电压值同时显示在显示器上。

2. 交、直流电流测量

(1) 将黑色表笔插入 COM 插孔，当被测电流不超过 200mA 时，红色表笔插入 mA 插孔；如果被测电流在 200mA 和 20A 之间，则将红色表笔插入 A 插孔。

(2) 测直流电流时，将功能开关置于所需的 **A⎓** 量程位置，测交流电流时，将功能开关置于所需的 **A~** 量程位置，然后将测试笔串联接入到待测电源或负载上，红色表笔所接端子的极性将和电流值同时显示在显示器上。

注意：本仪表 mA 端子允许输入的最大电流为 200mA，过量的电流会烧毁保险丝。A 端子允许输入的最大电流为 10A（连续）或 20A（不超过 15 秒），该量程无保险丝保护。

3. 电阻测量

(1) 将黑色表笔插入 COM 插孔，红色表笔插入 V/Ω/Hz 插孔。

(2) 将功能开关置于所需的 **A⎓** 量程位置，从显示器上读取测量结果。

注意：(a) 在测量 1MΩ 或更大的电阻时，可能需要几秒钟后读数才会稳定，这对于高阻值测量是正常的。(b) 当无输入时，例如开路情况，仪表显示"1"。(c) 检查在线电阻时，必须先将被测线路内所有电源关断，并将所有电容充分放电。(d) 在 200MΩ 量程，表笔短路时仍有 1000 个字的读数，这 1000 个字应从测试结果中减去。如测 100MΩ 电阻时，仪表显示为 110.00，测量结果应为 110.00-10.00=100.00。

4. 电容测量

(1) 将功能开关置于所需的电容量程位置，将被测电容插入仪表面板上的电容测量插孔内。

(2) 从显示器上读取测量结果。

注意：(a) 在切换量程时，回零需要一段时间，但漂移读数并不影响测量精度。(b) 测量前应将被测电容充分放电。(c) 测量大电容时，仪表读数可能需要一段时间才能达到稳定。

5. 频率测量

(1) 将黑色表笔插入 COM 插孔，红色表笔插入 VΩHz 插孔。

(2) 将功能开关置于 kHz 位置，并将表笔并接到被测频率源上，从显示器上读取测量结果。

6. 二极管及音响通断测试

(1) 将黑色表笔插入 COM 插孔，红色表笔插入 VΩHz 插孔（此时红色表笔极性为"+"）。

(2) 将功能开关置于 ♪ ⊶ 量程位置，并将表笔并接到被测电路的两点。如果该两点之间的电阻低于 70Ω，则内置蜂鸣器会发出响声指示该两点之间导通。

（3）将红表笔接到被测二极管的阳极，黑表笔接到二极管的阴极，在显示器上读取被测二极管的近似正向压降值。

7. 晶体管 h_{FE} 测试

（1）将功能开关置于 h_{FE} 位置。

（2）判断被测晶体管是 PNP 型还是 NPN 型，将基极、发射极和集电极分别插入仪表面板上晶体管测试插座的响应孔内。

（3）在显示器上读取 h_{FE} 的近似值。测试条件为：$I_b=10\mu A$，$V_{ce}=3.2V$。

8. 保持开关使用说明

在测量中按下保持开关，液晶显示器将保持测量值；释放保持开关，仪表即恢复正常测量状态。

9. 自动电源切断使用说明

仪表设有自动电源切断电路，当仪表工作 30 分钟~1 小时后，电源自动切断，仪表进入睡眠状态。

仪表电源切断后若要重新开启电源，请重复按动电源开关两次。

A.1.5 怎样使用保护橡皮套

参考图 A.2 正确使用保护橡皮套，可以得到令人满意的效果。

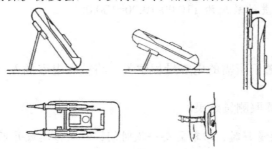

图 A.2 正确使用保护橡皮套

A.2 CA1640 系列函数信号发生器

A.2.1 概述

CA1640 系列函数信号发生器是一种精密的测试仪器，具有连续信号、扫频信号、函数信号、脉冲信号等多种输出信号和外部扫频功能。内部采用大规模单品集成精密函数发生器电路，用单片微机电路进行整周期频率测量和智能化管理，用户可以直观、准确地了解输出信号的频率幅度（低频时亦是如此）。该仪器采用精密电流源电路，使输出信号在整个频带内均具有相当高的精度，同时多种电流源变换使用，使其不仅可以输出正弦波、三角波、方波，而且对各种波形均可以实现扫描功能。

A.2.2　技术参数

CA1640 系列函数信号发生器的技术参数如表 A.1 所示。

表 A.1　CA1640 系列函数信号发生器的技术参数

项目	技术参数		
输出波形	对称或非对称的正弦波、方波、三角波		
扫频方式	对数扫频、线性扫频、外部扫频		
时基标称频率	12MHz		
外测频范围	0.2Hz～20MHz		
输出信号类型	单频、调频		
直流偏置	范围：$-5\sim+5$V		
占空比	20%～80%（1kHz 方波）		
功率输出			
输出电压	50V$_{p-p}$ - 3dB (50Ω)		
输出电流	1A$_{p-p}$(50Ω)		
输出频率	方波	正弦波	三角波
	0.2Hz～30kHz	0.2Hz～100kHz	
输出频率（预热 5 分钟），稳定度±0.5%			
CA1640-02 CA1640P-02	0.2Hz～2MHz 按十进制数分 7 挡		
CA1640-20 CA1640P-20	0.2Hz～20MHz 按十进制数分 8 挡		
输出阻抗			
函数输出	50Ω		
TTL 同步输出	600Ω		
输出幅度			
函数输出	0dB 1V$_{p-p}$～10V$_{p-p}$±10% (50Ω)		
	20dB 0.1V$_{p-p}$～1V$_{p-p}$±10% (50Ω)		
	40dB 10mV$_{p-p}$～100mV$_{p-p}$±10% (50Ω)		
	60dB 1mV$_{p-p}$～10mV$_{p-p}$±10% (50Ω)		
TTL 输出	"0" 电平≤0.8V		
	"1" 电平≥3V		
输出波形			
正弦波	失真<2%（输出幅度的 10%～90%）		
三角波	线度>99%		

项目	技术参数
方波上升时间	CA1640-02B，CA1640P-02≤100ns (1MHz)
	CA1640-20，CA1640P-20≤30ns (1MHz)
方波上冲、下塌	≤5%（10kHz，5V$_{p-p}$预热10分钟）
电源电压	AC220V
电源频率	50Hz
整机功耗	30W
外形尺寸	L×B×H: 265×215×90 (mm)
重量	2kg
工作环境组别	II组（0～40℃）

A.2.3 功能说明

图 A.3 显示的是 CA1640 系列仪器的面板示意图，其功能说明如表 A.2 所示。图 A.4 显示的是 CA1640-02B 的前面板照片。

表 A.2 CA1640 系列函数信号发生器的功能说明

序号	功能	说明
1	闸门	该 LED 灯每闪烁一次表示完成一次测量
2	占空比控制旋钮	改变输出信号的对称性，处于关位置时输出对称信号
3	频率显示	数字显示输出信号的频率或外测频信号的频率
4	频率细调旋钮	在当前频段内连续改变输出信号的频率
5	频率单位指示	LED 灯指示当前显示频率的单位是 Hz 还是 kHz
6	波形指示	LED 灯指示当前输出信号的波形是正弦波、三角波还是方波
7	幅度显示	数字显示当前输出信号的幅度,显示的是波形的最大值与最小值之间的电压差（V$_{p-p}$）数值
8	幅度单位指示	2 个 LED 灯指示当前输出信号幅度的单位,有伏特（V）和毫伏（mV）两个选项,将当前幅度显示的数字与亮灯的幅度单位组合,可读出信号峰-峰值电压 V$_{p-p}$ 的大小
9	衰减指示	4 个 LED 灯指示当前输出信号幅度的挡级,有 0dB（无衰减）、20dB（1/10 衰减）、40dB（1/100 衰减）、60dB（1/1000 衰减）4 个挡级
10	扫频宽度旋钮	调节内部扫频的时间长短,在外测频时,逆时针旋到底（指示灯㉖亮),外输入测量信号经过滤波器（截止频率为 100kHz 左右）进入测量系统
11	扫频速率旋钮	调节被扫频信号的频率范围,在外测频时,电位器逆时针旋到底（指示灯㉗亮),则外输出信号经过 2MB 衰减进入测量系统
12	信号输入接口	当第⑰项功能选择为"外部扫频"或"外部计数"时,外部扫频信号或外测频信号由此接口输入
13	电源开关	按下接通电源,弹出断开电源
14	频段指示	8 个 LED 灯指示当前输出信号频率的挡级,有"×1"到"×10M"8 个挡级,单位为 Hz

续表

序号	功能	说明
15	频段选择按钮	选择当前输出信号频率的挡级,每按一次在 8 个可选频段中切换一级
16	功能指示	6 个 LED 灯指示仪器当前的功能状态,有 6 种可选功能:信号输出、对数扫频、线性扫频、外部扫频、外部计数、功率输出
17	功能选择按钮	选择仪器的各种功能,每按一次在 6 种可选功能中切换一种
18	波形选择按钮	选择当前输出信号的波形,每按一次在 3 种可选波形中切换一种
19	衰减控制按钮	选择当前输出信号幅度的挡级,每按一次在 4 个衰减挡级中切换一级
20	过载指示	此 LED 指示灯亮时,表示功率输出负载过大
21	幅度细调旋钮	在当前幅度挡级连续调节,范围为 20dB
22	功率输出	信号经过功率放大器输出,在 50Ω 的信号输出端口上,最大输出电压为 $50V_{p-p}$,最大输出电流为 $1A_{p-p}$
23	直流电平旋钮	预置输出信号的直流电平,范围为-5~+5V,当此旋钮处于"关"位置时,直流电平为 0V
24	信号输出接口	输出多种波形受控的函数信号,输出阻抗为 50Ω
25	TTL 输出接口	输出标准的 TTL 脉冲信号,输出阻抗为 600Ω
28	电源插座	交流市电 220V 输入插座
29	保险丝座	内有两只 0.5A 保险丝,其中一只为备用

前面板

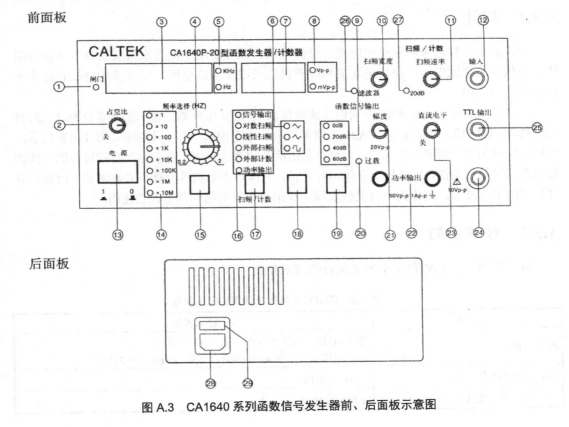

后面板

图 A.3　CA1640 系列函数信号发生器前、后面板示意图

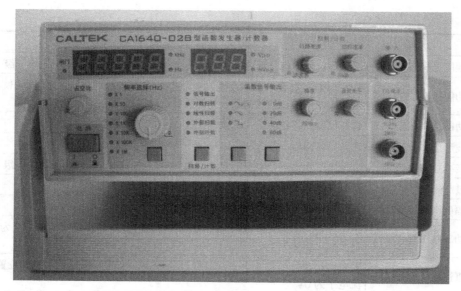

图 A.4　CA1640-02B 型函数信号发生器前面板

A.3　CA217X 系列毫伏表

A.3.1　概述

　　毫伏表是一种用来测量正弦电压的交流电压表。主要用于测量毫伏级及以下（包括毫伏、微伏）的交流电压，例如电视机和收音机的天线输入的电压、中放级的电压和这个等级的其他电压等。

　　CA217X 系列毫伏表是单、双通道交流电压表，它是立体声测量音响的必备仪器。CA2171 为单通道，CA2172 为双通道。CA2172 型采用两个通道输入，由一只同轴双指针电表指示，可以分别指示两个通道的指示值，也可指示出两个通道之差值，对立体声音响设备的电性能测试及对比最为方便，广泛用于立体声收音机、立体声点唱机等立体声音响测试，而且它具有独立的量程开关，可作为两台灵敏度高、稳定性可靠的晶体管毫伏表使用。

A.3.2　技术参数

　　表 A.3 列出了 CA217X 系列毫伏表的技术参数。

表 A.3　CA217X 系列毫伏表的技术参数

项目	技术参数
测量范围	电压测量：30μV～100V，共分 12 个量程； 电平测量：-70～+40dB（0dBv = 1V，0dBm = 0.775V）
测量电压的频率范围	10Hz～2MHz
基准条件下的电压误差	±3%（1kHz）

项目	技术参数	
基准条件下的频响误差（以 1kHz 为基准）	频率	误差
	20Hz～100kHz	±3%
	10Hz～2MHz	±8%
在环境温度为 0～40℃、湿度≤80%、电源电压为 220V±10%、电源频率为 50Hz±4%时的工作误差	频率	误差
	20Hz～100kHz	±8%
	10Hz～2MHz	±10%
输入阻抗	输入电阻>1MΩ 输入电容<50pF	
噪声电压	小于满刻度的 3%	
两通道隔离度	≥110dB (10Hz～100kHz)	
监视放大器	输出电压	频响误差
	0.1Vrms±5%	10Hz～2MHz±3dB (以 1kHz 为基准)
过载电压	300μV～1V 各量程交流过载峰值电压为 100V，3～100V 各量程交流过载峰值电压为 200V	
	最大的直流电压和交流电压叠加总峰值为 200V	
电源	220V±10%，50Hz±4%，消耗功率约 5W	
外形尺寸	125×185×270 (mm)，净重 2kg	

A.3.3　功能说明

图 A.5 显示的是 CA217X 系列毫伏表的面板示意图，其功能说明如表 A.4 所示。图 A.6 显示的是该系列毫伏表的实物图。

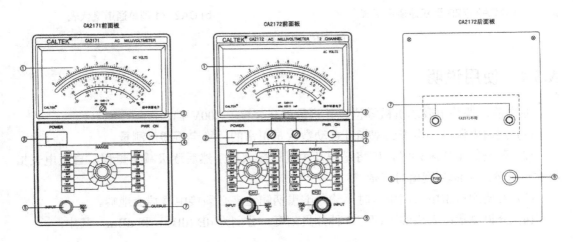

图 A.5　毫伏表面板示意图

表 A.4　CA217X 系列毫伏表的功能说明

序号	功能	说明
①	表头	指示电压值或 dB 值
②	电压开关	按下接通电源，指示灯⑥亮；弹出断开电源
③	机械校零	开机前分别调节电表的两个指针（红色或黑色）至机械零位
④	量程开关	根据量程开关的标称值，读出表针指示值
⑤	被测信号输入端	能测量的交流信号最大为 200Vrms
⑥	电源指示灯	按下电压开关②时，指示灯亮
⑦	放大器电压输出	满刻度时输出 0.1Vrms
⑧	电源保险丝	0.5A
⑨	电源线	接通外部 AC220V 电源

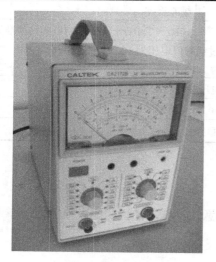

(a) CA2172B 型双通道毫伏表

(b) CA2171 型单通道毫伏表

图 A.6　毫伏表实物图

A.3.4　使用说明

通电前，调整电表的机械零位，并将量程开关置于 100V 挡。

(1) 接通电源后，电表的双指针摆动数次是正常的，稳定后即可测量。

(2) 若测量电压未知时，应将量程开关置于最大挡，然后逐级减小量程，直至电表指示大于三分之一满刻度值时读数。

(3) 若要测量市电或高电压时，输入端黑柄鳄鱼夹必须接中线端或地端。

(4) 分贝测量：表头的下部有 2 种分贝刻度，分别为 dB (dBv) 和 dBm，其中：

$$0dB = 1 \text{ Vrms (dBv)}$$
$$0dB = 0.775 \text{Vrms (dBm)}$$

实际电平分贝值是量程开关的标称数与表读数的代数和。

例如，开关调至＋20dB 位置，表读数为-4dB，电平值应为＋20dB+（-4dB）= 16dB。

(5) 放大器的使用：本仪表每一个通道都是高灵敏度的放大器，在后面板上有它的输出端。在任何量程电表指示在满刻度"1.0"时，输出电压均为 0.1Vrms。

A.3.5　毫伏表使用注意事项

(1) 测量前应短路调零。打开电源开关，将测试线（也称开路电缆）的红黑夹子夹在一起，将量程旋钮旋到 1mV 量程，指针应指在零位（有的毫伏表可通过面板上的调零电位器进行调零，凡面板无调零电位器的，内部设置的调零电位器已调好）。若指针不指在零位，应检查测试线是否断路或接触不良，并更换测试线。

(2) 交流毫伏表灵敏度较高，打开电源后，在较低量程时由于干扰信号（感应信号）的作用，指针会发生偏转，称为自起现象。所以，在不测试信号时，应将量程旋钮旋到较高量程挡，以防打弯指针。

(3) 交流毫伏表接入被测电路时，其地端（黑夹子）应始终接在电路的地上（成为公共接地），以防干扰。

(4) 调整信号时，应先将量程旋钮旋到较大量程，改变信号后，再逐渐减小。

(5) 交流毫伏表表盘刻度分为 0-1 和 0-3 两种，量程旋钮切换量程分为逢一量程(1mV、10mV、0.1V……)和逢三量程（3mV、30mV、0.3V……），逢一量程直接在 0-1 刻度线上读取数据，逢三量程直接在 0-3 刻度线上读取数据，单位为该量程的单位，无须换算。

(6) 使用前应先检查量程旋钮与量程标记是否一致，若错位会产生读数错误。

(7) 交流毫伏表只能用来测量正弦交流信号的有效值，若测量非正弦交流信号要经过换算。

(8) 不可用万用表的交流电压挡代替交流毫伏表测量交流电压（万用表内阻较小，只适用于测量 50Hz 左右的工频电压）。

A.4　模拟双踪示波器

A.4.1　示波器的基本结构

示波器的种类很多，但它们都包含下列基本组成部分，如图 A.7 所示。

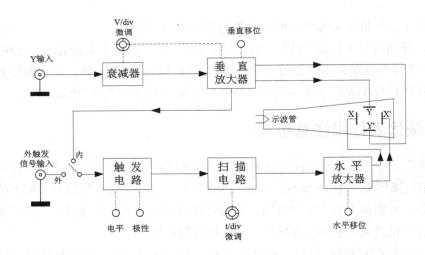

图 A.7　示波器结构框图

A.4.2　示波器的二踪显示

1. 二踪显示原理

示波器的二踪显示是依靠电子开关的控制作用来实现的。

电子开关由"显示方式"开关控制，共有 5 种工作状态，即 Y_1、Y_2、Y_1+Y_2、交替、断续。当开关置于"交替"或"断续"位置时，荧光屏上便可同时显示两个波形。当开关置于"交替"位置时，电子开关的转换频率受扫描系统控制，工作过程如图 A.8 所示，即电子开关首先接通 Y_2 通道，进行第一次扫描，显示由 Y_2 通道送入的被测信号的波形；然后电子开关接通 Y_1 通道，进行第二次扫描，显示由 Y_1 通道送入的被测信号的波形；接着再接通 Y_2 通道……这样便轮流对 Y_2 和 Y_1 两通道送入的信号进行扫描、显示，由于电子开关转换速度较快，每次扫描的回扫线在荧光屏上又不显示出来，借助于荧光屏的余晖作用和人眼的视觉暂留特性，使用者便能在荧光屏上同时观察到两个清晰的波形。这种工作方式适用于观察频率较高的输入信号场合。

当开关置于"断续"位置时，相当于将一次扫描分成许多个相等的时间间隔，在第一次扫描的第一个时间间隔内显示 Y_2 信号波形的某一段；在第二个时间时隔内显示 Y_1 信号波形的某一段；以后各个时间间隔轮流显示 Y_2、Y_1 两信号波形的其余段，经过若干次断续转换，使荧光屏上显示出两个由光点组成的完整波形，如图 A.9(a)所示。由于转换的频率很高，光点靠得很近，其间隙用肉眼几乎分辨不出，再利用消隐的方法使两通道间转换过程的过渡线不显示出来，见图 A.9(b)，因而同样可达到同时清晰地显示两个波形的目的。这种工作方式适合输入信号频率较低时使用。

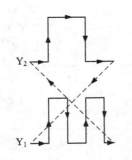

图 A.8　交替方式显示波形

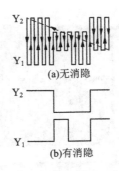

(a)无消隐

(b)有消隐

图 A.9　断续方式显示波形

2. 触发扫描

在普通示波器中，X 轴的扫描总是连续进行的，称为"连续扫描"。为了能更好地观测各种脉冲波形，在脉冲示波器中，通常采用"触发扫描"扫描方式，扫描发生器工作在待触发状态。仅在外加触发信号作用下，时基信号才开始扫描，否则便不扫描。这个外加触发信号通过触发选择开关可取自"内触发"（Y 轴的输入信号经由内触发放大器输出触发信号），也可取自"外触发"输入端的外接同步信号。其基本原理是利用这些触发脉冲信号的上升沿或下降沿来触发扫描发生器，产生锯齿波扫描电压，然后经 X 轴放大后送 X 轴偏转板进行光点扫描。适当地调节"扫描速率"开关和"电平"调节旋钮，能方便地在荧光屏上显示具有合适宽度的被测信号波形。

上面介绍了示波器的基本结构，下面将结合使用介绍电子技术实验中常用的 CA8020型双踪示波器。

A.4.3　CA8020型模拟双踪示波器

CA8020 型模拟双踪示波器为便携式双通道示波器，其垂直系统具有 0～20MHz 的频带宽度和 5mV/Div～5V/Div 的偏转灵敏度，配以 10∶1 探极，灵敏度可达 5V/Div。该仪器在全频带范围内可获得稳定触发，触发方式设有常态、自动、TV 和峰值自动，其中峰值自动给使用带来了极大的方便。内触设置了交替触发，可以稳定地显示两个频率不相关的信号。该仪器水平系统具有 0.5s/Div～0.2μs/Div 的扫描速度，并设有扩展×10，可将最快扫描速度提高到 20ns/Div。CA8020 型示波器的前面板示意图如图 A.10 所示，实物图如图 A.11 所示。

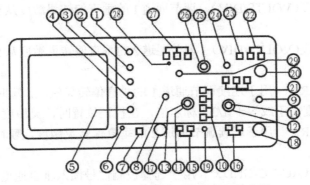

图 A.10　CA8020 型示波器控制面板示意图

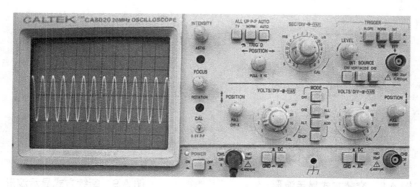

图 A.11 CA8020 型示波器控制面板实物图

1. 面板控制件介绍

（1）亮度（INTENSITY） 调节光迹的亮度。

（2）辅助聚焦（ASTIG） 与聚焦配合，调节光迹的清晰度。

（3）聚焦（FOCUS） 调节光迹的清晰度。

（4）迹线旋转（ROTATION） 调节光迹与水平刻度线平行。

（5）校正信号（CAL） 提供幅度为 0.5V、频率为 1kHz 的方波信号，用于校正 10∶1 探极的补偿电容器和检测示波器垂直与水平的偏转因数。

（6）电源指示（POWER） 电源接通时，灯亮。

（7）电源开关（ON/OFF） 接通或关闭电源。

（8）CH1 移位（POSITION，PULL CH1-X） 调节通道 1 光迹在屏幕上的垂直位置；拉出时用作 X–Y 显示模式，显示图形以通道 1 输入为 X 轴信号，以通道 2 输入为 Y 轴信号。

（9）CH2 移位（POSITION，PULL INVERT） 调节通道 2 光迹在屏幕上的垂直位置。采用 ADD 方式时，若此旋钮不拉出，显示两通道信号之和（CH1+CH2）的波形；若拉出此旋钮，将使通道 2 信号反相，显示两通道信号之差（CH1-CH2）的波形。

（10）垂直方式（MODE） 由 4 个按键控制，按下为选中状态。CH1 或 CH2：通道 1 或通道 2 单独显示；ALT：两个通道交替显示；CHOP：两个通道断续显示，用于扫速较慢时的双踪显示；ADD（4 个按键全部弹起时）：用于显示两个通道的代数和或差。

（11）垂直灵敏度（VOLTS/DIV） 调节通道 1 的垂直偏转灵敏度从 5mV/Div 到 5V/Div，分 10 挡。

（12）垂直灵敏度（VOLTS/DIV） 调节通道 2 的垂直偏转灵敏度从 5mV/Div 到 5V/Div，分 10 挡。

（13）微调（VAR） 用于连续调节通道 1 的垂直偏转灵敏度，顺时针方向旋到底为校正位置。微调灵敏度大于或等于 1/2.5 标示值，在校正位置时，灵敏度校正为标示值。

（14）微调（VAR） 用于连续调节通道 2 的垂直偏转灵敏度，顺时针方向旋到底为校正位置。

（15）耦合方式（AC-DC-GND） 用于选择被测信号馈入垂直通道 1 的耦合方式。AC 为交流信号，直流分量被滤除；DC 为直流加上交流信号；GND 则使信号与输入断开，直接接地，可用于显示扫描线。

(16) 耦合方式（AC-DC-GND）　用于选择被测信号馈入垂直通道 2 的耦合方式。

(17) CH1 OR X　通道 1 被测信号的输入插座.

(18) CH2 OR Y　通道 2 被测信号的输入插座。

(19) 接地（GND）　与机壳相连的接地端。

(20) 外触发输入（EXT）　外触发输入插座。

(21) 内触发源（INTSOURCE）　用于选择 CH1、CH2 或交替触发。

(22) 触发源选择（TRIGGER）　用于选择触发源为 INT（内）、EXT（外）或 LINE（电源）。

(23) 触发极性（SLOPE）　用于选择信号的上升或下降沿触发扫描。

(24) 电平（LEVEL）　用于调节被测信号在某一电平触发扫描，以显示一个同步稳定的波形。向"+"旋转触发电平向上移，向"−"旋转触发电平向下移。

(25) 微调（VAR）　用于连续调节扫描速度，顺时针方向旋到底为校正位置。

(26) 扫描速率（SEC/DIV）　用于调节扫描速度。扫描速度可以分 20 挡，从 0.μs/Div 到 0.5s/Div。（当设置到 X-Y 位置时不起作用。）

(27) 触发方式。

常态（NORM）：无信号时，屏幕上无显示；有信号时，与电平控制配合显示稳定波形。

自动（AUTO）：无信号时，屏幕上显示光迹；有信号时，与电平控制配合显示稳定波形。

电视场（TV）：用于显示电视场信号。

峰值自动（P-P AUTO）（3 个触发方式按键全部弹起时）：无信号时，屏幕上显示光迹；有信号时，无须调节电平即能获得稳定波形显示。

(28) 触发指示（TRIG'D）　在触发扫描时，指示灯亮。

(29) 水平移位（POSITION，PULL×10）　调节迹线在屏幕上的水平位置，旋钮拉出时扫描速度提高 10 倍。

2. 操作方法

(1) 电源检查

CA8020 双踪示波器电源电压为 220V±10%。接通电源前，应检查当地电源电压，如果不符合，则严格禁止使用。

(2) 面板一般功能检查

1) 将有关控制件按表 A.5 置位。

表 A.5　示波器控制件初始设置

控制件名称	作用位置	控制件名称	作用位置
亮度	居中	触发方式	峰值自动
聚焦	居中	扫描速率	0.5ms/Div
移位	居中	触发极性	正
垂直方式	CH1	触发源选择	INT

控制件名称	作用位置	控制件名称	作用位置
垂直灵敏度	10mV/Div	内触发源	CH1
微调	校正位置	耦合方式	AC

2）接通电源，电源指示灯亮，稍预热后，屏幕上出现扫描光迹，分别调节亮度、聚焦、辅助聚焦、迹线旋转、垂直移位、水平移位等控制件，使光迹清晰并与水平刻度平行。

3）用 10∶1 探极将校正信号输入至 CH1 输入插座。

4）调节示波器有关控制件，使荧光屏上显示稳定且易观察的方波波形。

5）将探极换至 CH2 输入插座，"垂直方式"开关置于"CH2"，内触发源置于"CH2"，重复步骤 4)。

（3）垂直系统的操作

1）垂直方式的选择

当只需观察一路信号时，将"垂直方式"开关置于"CH1"或"CH2"，此时被选中的通道有效，被测信号可从通道端口输入。当需要同时观察两路信号时，将"垂直方式"开关置于"ALT"，该方式使两个通道的信号交替显示，交替显示的频率受扫描周期控制。当扫速低于一定频率时，交替方式显示会出现闪烁，此时应将开关置于"CHOP"。当需要观察两路信号代数和时，将"垂直方式"开关置于"ADD"，在选择这种方式时，两个通道的衰减设置必须一致，CH2 移位处于常态时为 CH1+CH2，CH2 移位拉出时为 CH1−CH2。

2）输入耦合方式的选择

直流（DC）耦合：适用于观察包含直流成分的被测信号，如信号的逻辑电平和静态信号的直流电平，当被测信号的频率很低时，也必须采用这种方式。

交流（AC）耦合：信号中的直流分量被隔断，用于观察信号的交流分量，如观察较高直流电平上的小信号。

接地（GND）：通道输入端接地（输入信号断开），用于确定输入为零时光迹所处位置。

3）垂直灵敏度的设定

按被测信号幅值的大小选择合适挡级。"垂直灵敏度"外旋钮为粗调，中心旋钮为微调，微调旋钮按顺时针方向旋到底至校正位置时，可根据粗调旋钮的示值（VOLTS/DIV）和波形在垂直轴方向上的格数读出被测信号幅值。

（4）触发源的选择

1）触发源选择

当触发源开关置于"电源"触发时，机内 50Hz 信号输入到触发电路。当触发源开关置于"常态"触发时，有两种选择，一种是"外触发"，由面板上外触发输入插座输入触发信号；另一种是"内触发"，由内触发源选择开关控制。

2）内触发源选择

CH1 触发：触发源取自通道 1。

CH2 触发：触发源取自通道 2。

交替触发：触发源受"垂直方式"开关控制，当"垂直方式"开关置于"CH1"时，触发源自动切换到通道 1；当"垂直方式"开关置于"CH2"时，触发源自动切换到通道 2；当"垂直方式"开关置于"ALT"时，触发源与通道 1、通道 2 同步切换，在这种状态使用时，两个不相关的信号频率不应相差很大，同时"耦合方式"应置于"AC"，触发方式应置于"自动"或"常态"。当"垂直方式"开关置于"CHOP"和"ADD"时，"内触发源选择"应置于"CH1"或"CH2"。

(5) 水平系统的操作

1) 扫描速度选择的设定

按被测信号频率高低选择合适挡级，"扫描速率"开关外旋钮为粗调，中心旋钮为细调（微调），微调旋钮按顺时针方向旋到底至校正位置时，可根据粗调旋钮的示值（SEC/DIV）和波形在水平轴方向上的格数读出被测信号的时间参数。当需要观察波形的某一个细节时，可将水平移位旋钮㉙拉出，使时间轴水平扩展 10 倍，此时原波形在水平轴方向上被扩展 10 倍。

2) 触发方式的选择

常态：无信号输入时，屏幕上无光迹显示；有信号输入时，触发电平调节在合适位置上，电路被触发扫描。当被测信号频率低于 20Hz 时，必须选择这种方式。

自动：无信号输入时，屏幕上有光迹显示；一旦有信号输入，电平调节在合适位置上，电路自动转换到触发扫描状态，显示稳定的波形。当被测信号频率高于 20Hz 时，最常用这一种方式。

电视场：对电视信号中的场信号进行同步，如果是正极性，则可以由 CH2 输入，借助于 CH2 移位拉出，把正极性转变为负极性后测量。

峰值自动：这种方式同自动方式，但无须调节电平即能同步，它一般适用于正弦波、对称方波或占空比相差不大的脉冲波。对于频率较高的测试信号，有时也要借助于电平调节，它的触发同步灵敏度要比"常态"或"自动"稍低一些。

3) 触发极性的选择

用于选择被测试信号的上升沿或下降沿触发扫描。"触发极性"按钮弹起为"+"，表示上升沿触发；按钮按下为"-"，表示下降沿触发。

4) 电平的位置

用于调节被测信号在某一合适的电平上启动扫描，当触发扫描后，触发指示灯亮。

A.5 数字双踪示波器（以 DS1000E 和 DS1000D 为例）

A.5.1 概述

DS1000E 和 DS1000D 系列产品均为高性能、经济型的数字示波器。其中，DS1000E 系列为双通道加一个外部触发输入通道的数字示波器，DS1000D 系列为双通道加一个外部触发输入通道以及带 16 通道逻辑分析仪的混合信号示波器（MSO）。

DS1000E 和 DS1000D 系列数字示波器前面板设计清晰直观，完全符合传统仪器的使用习惯，方便用户操作。为加速调整，便于测量，可以直接使用 AUTO 键，将立即获得适合的波形显示和挡位设置。此外，高达 1GSa/s 的实时采样率、25GSa/s 的等效采样率及强大的触发和分析能力，可帮助用户更快、更细致地观察、捕获和分析波形。

A.5.2　主要特色

(1) 提供双模拟通道输入，最大 1GSa/s 实时采样率，25GSa/s 等效采样率，每通道带宽 100MHz（DS1102E、DS1102D）、50MHz（DS1052E、DS1052D）。

(2) 16 个数字通道，可独立接通或关闭，或以 8 个为一组接通或关闭（仅 DS1000D 系列）。

(3) 5.6 英寸 64k 色 TFT LCD，波形显示更加清晰。

(4) 具有丰富的触发功能：边沿、脉宽、视频、斜率、交替、码型和持续时间触发（仅 DS1000D 系列）。

(5) 独一无二的可调触发灵敏度，可满足不同场合的需求。

(6) 自动测量 22 种波形参数，具有自动光标跟踪测量功能。

(7) 独特的波形录制和回放功能。

(8) 精细的延迟扫描功能。

(9) 内嵌 FFT 功能。

(10) 拥有 4 种实用的数字滤波器：LPF、HPF、BPF、BRF。

(11) Pass/Fail 检测功能，可通过光电隔离的 Pass/Fail 端口输出检测结果。

(12) 多重波形数学运算功能。

(13) 提供功能强大的上位机应用软件 UltraScope。

(14) 标准配置接口：USB Device、USB Host、RS232，支持 U 盘存储和 PictBridge 打印。

(15) 独特的锁键盘功能，满足工业生产需要。

(16) 支持远程命令控制。

(17) 嵌入式帮助菜单，方便信息获取。

(18) 多国语言菜单显示，支持中英文输入。

(19) 支持 U 盘及本地存储器的文件存储。

(20) 模拟通道波形亮度可调。

(21) 波形显示可以自动设置（ AUTO ）。

(22) 弹出式菜单显示，方便操作。

A.5.3　技术指标

DS1000E、DS1000D 系列数字示波器的技术规格如表 A.6 所示。示波器须首先满足以下两个条件，才能达到这些规格标准：

(1) 仪器必须在规定的操作温度下连续运行 30 分钟以上。

(2) 如果操作温度变化范围达到或超过 5℃，必须打开系统功能菜单，执行"自校正"程序。

注意：除标有"典型值"字样的规格以外，所用规格都有保证。

表 A.6　DS1000E、DS1000D 系列数字示波器技术规格

带　　　宽			
DS1102E	DS1052E	DS1102D	DS1052D
100MHz	50MHz	100MHz	50MHz
采　　　样			
采样方式	实时采样	等效采样	
采样率	1GSa/s[1]，500MSa/s	DS1102X	DS1052X
		25GSa/s	10GSa/s
平均值	所有通道同时达到 N 次采样后完成一次波形显示，N 可在 2、4、8、16、32、64、128 和 256 之间选择		
输　　　入			
输入耦合	直流、交流或接地（DC、AC、GND）		
输入阻抗	1MΩ±2%，输入电容为 18pF±3pF		
探头衰减系数	1 X，5 X，10 X，　50 X，100 X，500 X，1000 X		
最大输入电压	400V（DC+AC 峰值、1MΩ 输入阻抗）		
	40V（DC+AC 峰值）[2]		
通道间时间延迟（典型值）	500ps		

水　　　平				
采样率范围	实时：13.65Sa/s ~1GSa/s			
	等效：13.65Sa/s ~25GSa/s			
波形内插	$sin(x)/x$			
存储深度	通道模式	采样率	存储深度（普通）	存储深度（长存储）
	单通道	1GSa/s	16kpts	N.A.
	单通道	500MSa/s 或更低	16kpts	1Mpts
	双通道	500MSa/s 或更低	8kpts	N.A.
	双通道	250MSa/s 或更低	8kpts	512kpts
扫速范围（s/Div）	2ns/Div-50s/Div，DS1102X			
	5ns/Div-50s/Div，DS1052X			
	1-2-5 进制			
采样率和延迟时间精确度	±50ppm（任何 ≥1ms 的时间间隔）			

垂　　　直	
模拟数字转换器（A/D）	8 比特分辨率，两个通道同时采样
灵敏度范围（V/Div）	2mV/Div~10V/Div（在输入 BNC 处）
最大输入	模拟通道最大输入电压 CAT I 300Vrms，1000Vpk；瞬态过压 1000Vpk CAT II 100Vrms，1000Vpk 使用 RP2200 10:1 探头时：CAT II 300Vrms 使用 RP3300A 10:1 探头时：CAT II 300Vrms

---

[1]：采样率为 1GSa/s 时，只有 1 个通道可用。

[2]：DS1000D 系列逻辑分析仪指标。

垂 直	
移位范围	±40V（250mV/Div~10V/Div） ±2V（2mV/Div~245mV/Div）
等效带宽	100MHz（DS1102D，DS1102E） 50MHz（DS1052D，DS1052E）
单次带宽	100MHz（DS1102D，DS1102E） 50MHz（DS1052D，DS1052E）
可选择的模拟带宽限制（典型值）	20MHz
低频响应（交流耦合，-3dB）	≤5Hz（在 BNC 上）
上升时间（BNC 上典型值，等效采样时）	<3.5ns、<7ns 分别在带宽 100MHz、50MHz 上
直流增益精确度	2mV/Div~5mV/Div，±4%（普通或平均值获取方式） 10mV/Div~10V/Div，±3%（普通或平均值获取方式）
直流测量精确度（平均值获取方式）	垂直移位为零，且 $N \geq 16$ 时： ±（直流增益精确度×读数+0.1 格+1mV） 垂直移位不为零，且 $N \geq 16$ 时： ±[直流增益精确度×（读数+垂直移位读数）+（1%×垂直移位读数）+0.2 格] 设定值从 2mV/Div 到 245 mV/Div 加 2mV 设定值从 250 mV/Div 到 10V/Div 加 50 mV
电压差（ΔV）测量精确度（平均值获取方式）	在同样的设置和环境条件下，经对捕获的 ≥16 个波形取平均值后波形上任两点间的电压差（ΔV）：±(直流增益精确度×读数+0.05 格)
触 发		
触发灵敏度	0.1Div ~ 1.0Div，用户可调节	
触发电平范围	内部	距屏幕中心±6 格
	EXT	±1.2V
触发电平精确度（典型值）适用于上升和下降时间 ≥ 20ns 的信号	内部	±(0.3Div×V/Div)（距屏幕中心±4Div 范围内）
	EXT	±(6%设定值+200mV)
触发移位	正常模式：预触发（存储深度/(2×采样率)），延迟触发 1s	
	慢扫描模式：预触发 6Div，延迟触发 6Div	
释抑范围	500ns~1.5s	
设定电平至 50%（典型值）	输入信号频率≥50Hz 条件下的操作	
边沿触发	
边沿类型	上升、下降、上升+下降
脉宽触发	
触发条件	大于、小于、等于正脉宽，大于、小于、等于负脉宽
脉冲宽度范围	20ns ~ 10s
视频触发	
信号制式 行频范围	支持标准的 NTSC、PAL 和 SECAM 广播制式,行数范围是 1~525（NTSC）和 1-625（PAL/SECAM）

续表

触　　发	
斜率触发	
触发条件	大于、小于、等于正斜率，大于、小于、等于负斜率
时间设置	20ns ~ 10s
交替触发	
CH1 触发	边沿、脉宽、视频、斜率
CH2 触发	边沿、脉宽、视频、斜率
码型触发[1]	
码型类型	D0 ~ D15 选择 H、L、X、↗、↘
持续时间触发[1]	
码型类型	D0 ~ D15 选择 H、L、X
限定符	大于、小于、等于
时间设置	20ns ~ 10s

测量		
光标	手动模式	光标间电压差（ΔV） 光标间时间差（ΔT） ΔT 的倒数（Hz）（$1/\Delta T$）
	追踪模式	波形点的电压值和时间值
	自动测量模式	允许在自动测量时显示光标
自动测量	峰峰值、幅值、最大值、最小值、顶端值、底端值、平均值、均方根值、过冲、预冲、频率、周期、上升时间、下降时间、正脉宽、负脉宽、正占空比、负占空比、延迟 1→2↗、延迟 1→2↘、相位 1→2↗、相位 1→2↘	

显　　示	
显示类型	对角线为 145mm（5.6in）的 TFT 液晶显示
显示分辨率	320 水平像素×RGB×234 垂直像素
显示色彩	64k 色
对比度（典型值）	150:1
背光强度（典型值）	300 nit

探头补偿器输出	
输出电压（典型值）	约 $3V_{p-p}$，峰峰值
频率（典型值）	1kHz

电　　源	
电源电压	100~240 VACRMS，45~440Hz，CAT II
耗电	小于 50W
保险丝	2A，T 级，250V
温度范围	操作：10~40℃
	非操作：-20~60℃
冷却方法	风扇强制冷却

[1]: DS1000D 系列逻辑分析仪指标。

续表

电 源		
湿度范围	35℃以下：≤90％相对湿度	
	35~40℃：≤60％相对湿度	
海拔高度	操作：3000 米以下	
	非操作：15000 米以下	
机械规格		
尺寸	宽	303mm
	高	154mm
	深	133mm
重量	不含包装	2.3kg
	含包装	3.5kg
IP 防护		
IP2X		
调整间隔期		
建议校准间隔期为一年		

A.5.4　示波器的使用

1. 了解 DS1000E、DS1000D 系列示波器的面板和用户界面

DS1000E、DS1000D 系列示波器的前面板如图 A.12 和图 A.13 所示。

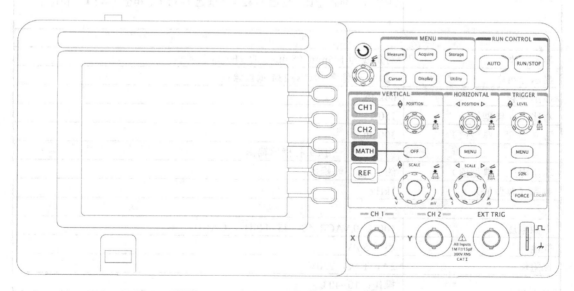

图 A.12　DS1000E 系列示波器的前面板

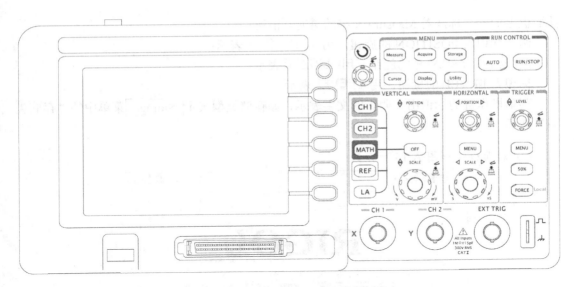

图 A.13 DS1000D 系列示波器的前面板

(1) 前面板

DS1000E、DS1000D 系列数字示波器向用户提供简单而功能明晰的前面板，以进行基本的操作。面板上包括旋钮和功能按键（其名称如图 A.14 所示）。旋钮的功能与其他示波器类似。显示屏右侧的一列 5 个灰色按键为菜单操作键（自上而下定义为 1 号至 5 号）。通过它们，用户可以设置当前菜单的不同选项；其他按键为功能按键，通过它们，可以进入不同的功能菜单或直接获得特定的功能应用。

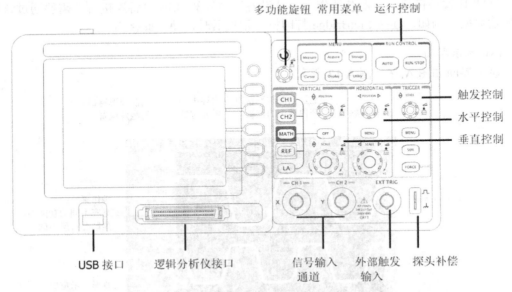

图 A.14 DS1000E、DS1000D 系列示波器的前面板控制件示意图（以 DS1000D 系列为例介绍）

本书对于按键的文字表示与面板上按键的标识相同。

值得注意的是，MENU 功能键的标识用四方框包围的文字所表示，如 Measure 代表

前面板上的一个标注着 Measure 文字的透明功能键;

两个标识为 POSITION 的旋钮,用 POSITION 表示;

两个标识为 SCALE 的旋钮,用 SCALE 表示;

标识为 LEVEL 的旋钮,用 LEVEL 表示;

菜单操作键的标识用带阴影的文字表示,如存储类型表示 Storage 菜单中的"存储类型"选项。

(2) 后面板(如图 A.15 所示)

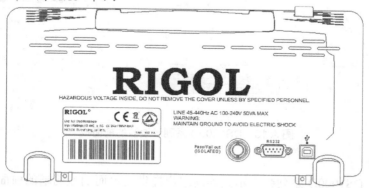

图 A.15 DS1000E、DS1000D 系列示波器的后面板

DS1000E、DS1000D 系列数字示波器的后面板主要包括以下几部分。

1) Pass/Fail 输出端口:通过/失败测试的检测结果可通过光电隔离的 Pass/Fail 端口输出。

2) RS232 接口:为示波器与外部设备的连接提供串行接口。

3) USB 设备接口:当示波器作为"从设备"与外部 USB 设备连接时,需要通过该接口传输数据。例如,连接 PictBridge 打印机与示波器时,使用此接口。

(3) 显示界面

显示界面如图 A.16、图 A.17 所示。

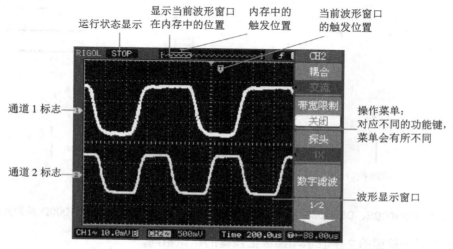

图 A.16 显示界面说明图(仅模拟通道打开)

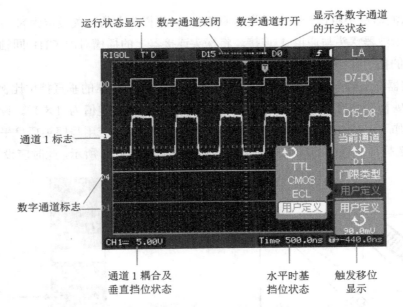

图 A.17　显示界面说明图（模拟和数字通道同时打开）

2. 功能检查

(1) 接通仪器电源

通过一条接地主线操作示波器，电线的供电电压为 100V 交流电至 240V 交流电，频率为 45Hz 至 440Hz。接通电源后，仪器将执行所有自检项目，自检通过后出现开机画面。按 Storage 按键（如图 A.18 所示），选择存储类型，旋转多功能旋钮选中出厂设置菜单并按下多功能旋钮，此时按调出菜单即可。

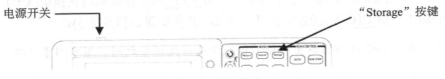

图 A.18　通电检查

(2) 示波器接入信号

DS1000 系列示波器为双通道输入加一个外触发输入通道的数字示波器。如图 A.19 所示接入信号，具体步骤如下：

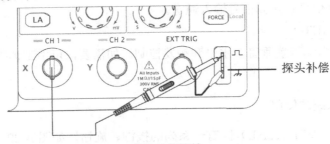

图 A.19　探头补偿连接

1）用示波器探头将信号接入通道 1（CH1），将探头上的开关设定为×10，如图 A.20 所示，并将示波器探头与通道 1 连接。将探头连接器上的插槽对准 CH1 同轴电缆插接件（BNC）上的插口并插入，然后向右旋转以拧紧探头。

2）示波器需要输入探头衰减系数。此衰减系数将改变仪器的垂直挡位比例，以使测量结果正确反映被测信号的电平（默认的探头菜单衰减系数设定值为 1×）。设置探头衰减系数的方法如下：按 CH1 功能键显示通道 1 的操作菜单，应用与探头项目平行的 3 号菜单操作键，选择与所使用的探头同比例的衰减系数。如图 A.21 所示，此时应设定为 10×。

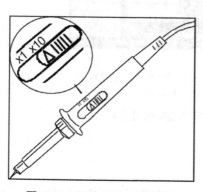

图 A.20　设定探头上的系数

图 A.21　设定菜单中的系数

3）把探头端部和接地夹接到探头补偿器的连接器上。按 AUTO （自动设置）按键。几秒钟内，可见到方波显示。

4）以同样的方法检查通道 2（CH2）。按 OFF 功能按键或再次按下 CH1 功能按键以关闭通道 1。按 CH2 功能按键打开通道 2，重复步骤 2)和步骤 3)。

注意：探头补偿连接器输出的信号仅做探头补偿调整之用，不可用于校准。

（3）示波器波形显示的自动设置

DS1000E、DS1000D 系列数字示波器具有自动设置的功能。根据输入的信号，可自动调整电压倍率、时基以及触发方式至最好形态显示。应用自动设置要求被测信号的频率大于或等于 50Hz，占空比大于 1%。自动设置的方法如下：

1）将被测信号连接到信号输入通道。

2）按下 AUTO 按键。

示波器将自动设置垂直，水平和触发控制。如需要，可手工调整这些控制使波形显示达到最佳。

3. 垂直系统的使用

垂直控制（VERTICAL）区有一系列的按键、旋钮，如图 A.22 所示。

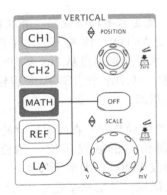

图 A.22　垂直控制区

(1) 使用垂直 ⊙POSITION 旋钮控制信号的垂直显示位置。在波形窗口居中显示信号。当转动垂直 ⊙POSITION 旋钮时，指示通道地（GROUND）的标识跟随波形而上下移动。

注意：如果通道耦合方式为 DC，可以通过观察波形与信号地之间的差距来快速测量信号的直流分量。如果耦合方式为 AC，信号里面的直流分量被滤除。这种方式方便用户用更高的灵敏度显示信号的交流分量。

双模拟通道垂直位置恢复到零点快捷键：旋动垂直 ⊙POSITION 旋钮，可以改变通道的垂直显示位置；按下该旋钮，可作为设置通道垂直显示位置恢复到零点的快捷键。

(2) 改变垂直设置，并观察因此导致的状态信息变化。

通过波形窗口下方的状态栏显示的信息，可以确定任何垂直挡位的变化。转动垂直 ⊙SCALE 旋钮改变 "Volt/Div"（伏/格）垂直挡位，可以发现状态栏对应通道的挡位显示发生了相应的变化。按 CH1 、 CH2 、 MATH 、 REF 、 LA （仅 DS1000D 系列），屏幕显示对应通道的操作菜单、标志、波形和挡位状态信息。按 OFF 键关闭当前选择的通道。

Coarse/Fine （粗调/微调）快捷键：按下垂直 ⊙SCALE 旋钮，可作为设置输入通道粗调/微调状态的快捷键，调节该旋钮即可粗调/微调垂直挡位。

4. 水平系统的使用

如图 A.23 所示，水平控制（HORIZONTAL）区有一个按键、两个旋钮。

图 A.23　水平控制区

(1) 使用水平⊙SCALE旋钮改变水平挡位设置，并观察因此导致的状态信息变化。

转动水平⊙SCALE旋钮改变"s/Div（秒/格）"水平挡位，可以发现状态栏对应通道的挡位显示发生了相应的变化。水平扫描速度从2ns至50s以1-2-5的形式步进。

Delayed（延迟扫描）快捷键：转动水平⊙SCALE旋钮可以调整"s/Div（秒/格）"，按下该旋钮可以切换到延迟扫描状态。

(2) 使用水平⊙POSITION旋钮调整信号在波形窗口的水平位置。

水平⊙POSITION旋钮控制信号的触发移位。当应用于触发移位时，转动水平⊙POSITION旋钮，可以观察到波形随旋钮而水平移动。

触发移位恢复到水平零点快捷键：转动水平⊙POSITION旋钮可以调整信号在波形窗口的水平位置，按下该旋钮可以使触发移位（或延迟扫描移位）恢复到水平零点处。

(3) 按 MENU 按钮，显示TIME菜单。在此菜单下，可以开启/关闭延迟扫描或切换Y—T、X—Y和ROLL模式，还可以设置水平触发移位复位。

触发移位指实际触发点相对于存储器中点的位置。转动水平⊙POSITION旋钮，可水平移动触发点。

5. 触发系统的使用

触发控制（TRIGGER）区有一个旋钮、三个按键，如图A.24所示。

(1) 使用⊙LEVEL旋钮改变触发电平设置。

转动⊙LEVEL旋钮，可以发现屏幕上出现一条橘红色的触发线以及触发标志随旋钮转动而上下移动。停止转动旋钮，此触发线和触发标志会在约5秒后消失。在移动触发线的同时，可以观察到屏幕上触发电平的数值发生了变化。

触发电平恢复到零点快捷键：旋动⊙LEVEL垂直旋钮可以改变触发电平值，按下该旋钮可作为设置触发电平恢复到零点的快捷键。

(2) 使用MENU按键调出触发设置菜单，如图A.25所示，改变触发的设置，观察由此造成的状态变化。

图A.24　触发控制区

图A.25　触发设置菜单

1) 按 1 号菜单操作按键，选择边沿触发。

2) 按 2 号菜单操作按键，选择"信源选择"为 CH1。

3) 按 3 号菜单操作按键，设置"边沿类型"为上升沿。

4) 按 4 号菜单操作按键，设置"触发方式"为自动。

5) 按 5 号菜单操作按键，进入触发设置二级菜单，对触发的耦合方式、触发灵敏度和触发释抑时间进行设置。

注：改变前三项的设置会导致屏幕右上角状态栏的变化。

(3) 按 50% 按键，设定触发电平在触发信号幅值的垂直中点。

(4) 按 FORCE 按键，强制产生一个触发信号，主要应用于触发方式中的"普通"和"单次"模式。

6. 使用实例

例一：测量简单信号

观测电路中一未知信号，迅速显示和测量信号的频率和峰峰值。

(1) 迅速显示该信号，按如下步骤操作：

1) 将探头菜单衰减系数设定为 ×10，并将探头上的开关设定为 ×10。

2) 将通道 1 的探头连接到电路被测点。

3) 按下 AUTO（自动设置）按钮。

示波器将自动设置使波形显示达到最佳。在此基础上，可以进一步调节垂直、水平挡位，直至波形显示符合要求。

(2) 进行自动测量

示波器可对大多数显示信号进行自动测量。欲测量信号频率和峰峰值，按如下步骤操作。

1) 测量峰峰值

按下 Measure 按键以显示自动测量菜单。按下 1 号菜单操作键以选择信源 CH1。

按下 2 号菜单操作键选择测量类型：电压测量。

在电压测量弹出菜单中选择测量参数：峰峰值。此时，可以在屏幕左下角发现峰峰值的显示。

2) 测量频率

按下 3 号菜单操作键选择测量类型：时间测量。

在时间测量弹出菜单中选择测量参数：频率。此时，可以在屏幕下方发现频率的显示。

注意：测量结果在屏幕上的显示会因为被测信号的变化而改变。

附录 B
常用集成电路引脚图

1. 模拟集成电路

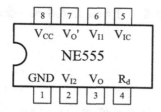

NE555（555 定时器）

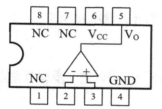

LM386（低频功放）

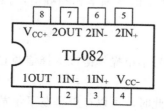

TL082（通用双运放）

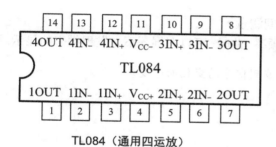

TL084（通用四运放）

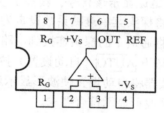

μA741/LF356（通用单运放）

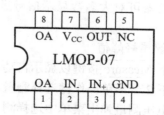

AD620（低功耗仪用运放）

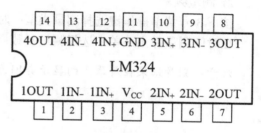

LMOP-07（通用单运放）

LM324（通用四运放）

2. TTL 数字集成电路引脚图

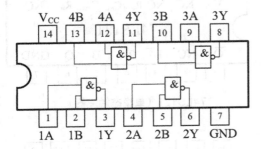

74LS00（四个 2 输入与非门）

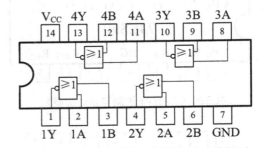

74LS02（四个 2 输入或非门）

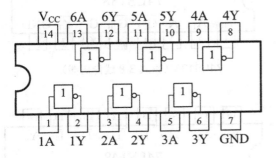

74LS04（六个反相器，非门）

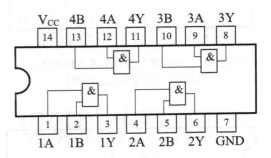

74LS08（四个 2 输入与门）

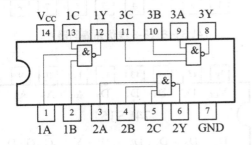

74LS10（三个 3 输入与非门）

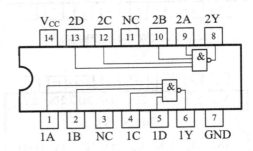

74LS20（二个 4 输入与非门）

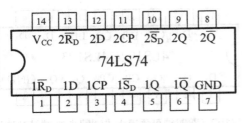

74LS74（双上升沿 D 触发器）

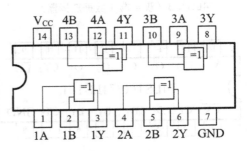

74LS86（四个 2 输入异或门）

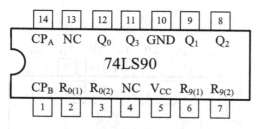

74LS90（二-五-十进制异步计数器）

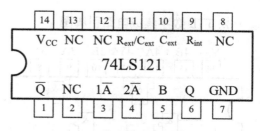

74LS121（单稳态触发器）

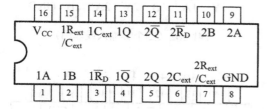

74LS123（双可重复触发单稳态触发器）
74LS221（双单稳态触发器）

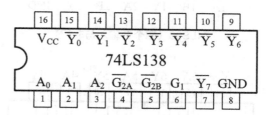

74LS138（集成 3-8 线译码器）

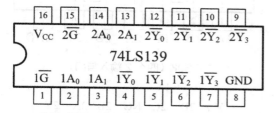

74LS139（双 2-4 线译码器）

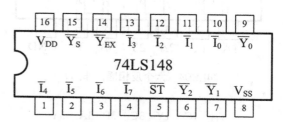

74LS148（8-3 线优先编码器）

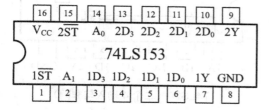

74LS153（双 4 选 1 数据选择器）

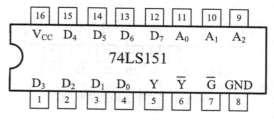

74LS151（8 选 1 数据选择器）

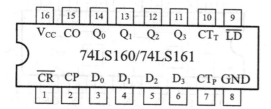

74LS160（十进制同步加计数器）

74LS161（4 位二进制同步加计数器）

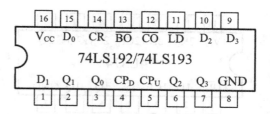

74LS192（双时钟可预置十进制同步加/减计数器）

74LS193（双时钟可预置 4 位二进制同步加/减计数器）

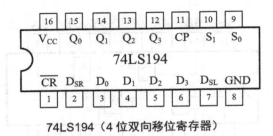

74LS194（4 位双向移位寄存器）

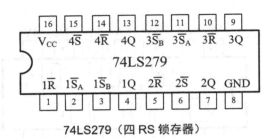

74LS279（四 RS 锁存器）

3. CMOS 数字集成电路

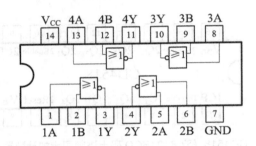

CC4001（四个 2 输入或非门）

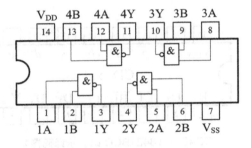

CC4011（四个 2 输入与非门）

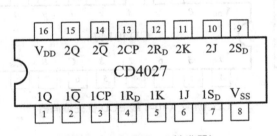

CD4027（双上升沿 JK 触发器）

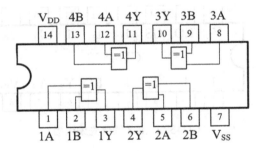

CC4030（四异或门）

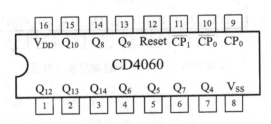

CD4060（14 级二进制串行计数器/分频器/振荡器）

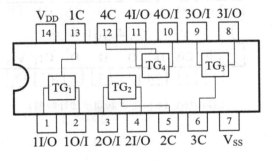

CC4066（四双向模拟开关）

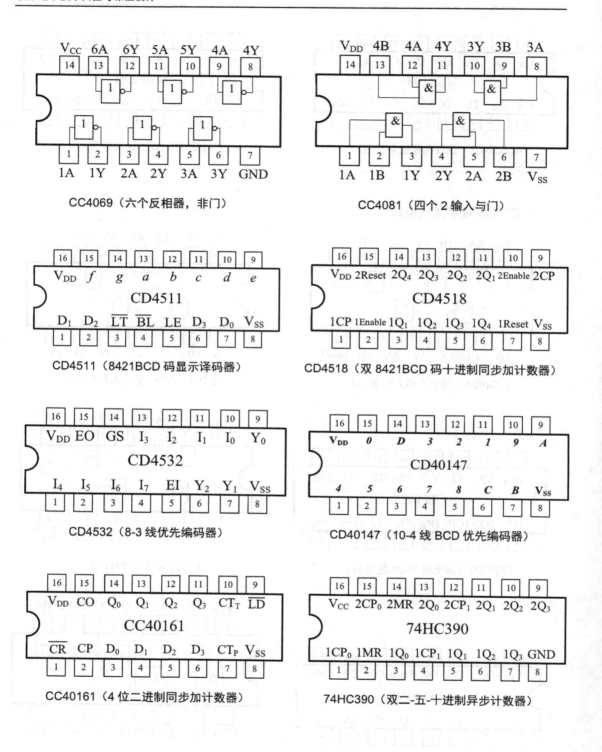

CC4069（六个反相器，非门）

CC4081（四个 2 输入与门）

CD4511（8421BCD 码显示译码器）

CD4518（双 8421BCD 码十进制同步加计数器）

CD4532（8-3 线优先编码器）

CD40147（10-4 线 BCD 优先编码器）

CC40161（4 位二进制同步加计数器）

74HC390（双二-五-十进制异步计数器）

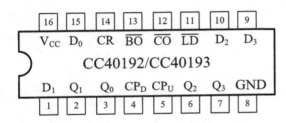

CC40192（双时钟可预置十进制同步加/减计数器）

CC40193（双时钟可预置 4 位二进制同步加/减计数器）

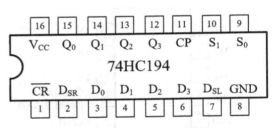

74HC194（4 位双向移位寄存器）

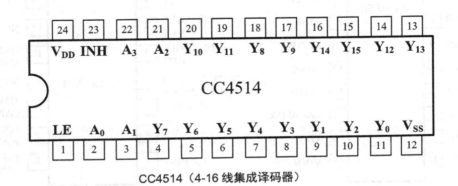

CC4514（4-16 线集成译码器）

4. 其他

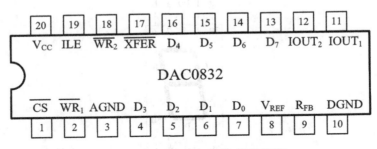

DAC0832（电流输出型 8 位数/模转换器）

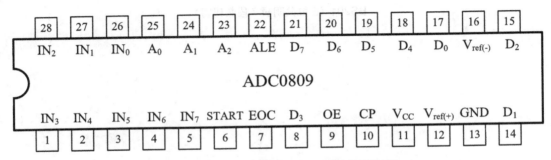

ADC0809（8 位 8 通道逐次渐近型模/数转换器）

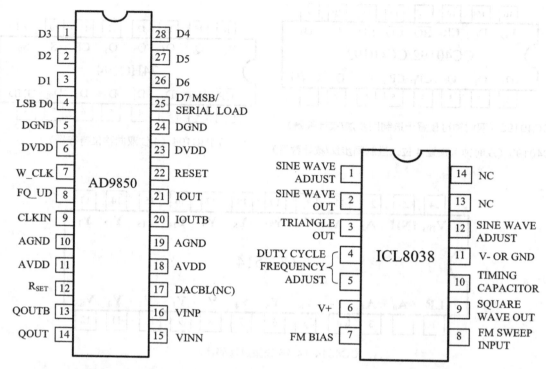

AD9850（直接数字频率合成器）

ICL8038（精密波形发生器）

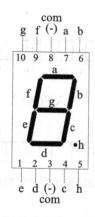

BS201（1 位共阴极 7 段数码管）

参考文献

[1] 康华光，陈大钦. 电子技术基础（模拟部分）（第六版）[M]. 北京：高等教育出版社，2013.

[2] 童诗白，华成英. 模拟电子技术基础（第五版）[M]. 北京：高等教育出版社，2015.

[3] 陈大钦，罗杰. 电子技术基础实验——电子电路实验、设计及现代 EDA 技术（第四版）[M]. 北京：高等教育出版社，2017.

[4] 邓汉馨，郑家龙. 模拟集成电子技术教程[M]. 北京：高等教育出版社，1994.

[5] 汪学典. 电子技术基础实验[M]. 武汉：华中科技大学出版社，2006.

[6] 高吉祥，易凡副，电子技术基础实验与课程设计（第二版）[M]. 北京：电子工业出版社，2004.

[7] 刘海英，戴丽萍. 电子技术实用教程[M]. 北京：北京航空航天大学出版社，2007.

[8] 罗杰，谢自美. 电子线路设计•实验•测试（第 5 版）[M]. 北京：电子工业出版社，2015.

[9] 储开斌，何宝祥，徐权. 模拟电路及其应用（第 2 版）[M]. 北京：清华大学出版社，2012.

[10] 黄智伟，李传琦，邹其洪. 基于 NI Multisim 的电子电路计算机仿真设计与分析（修订版）[M]. 北京：电子工业出版社，2011.

[11] 胡圣尧，关静. 模拟电路应用设计[M]. 北京：科学出版社，2009.

[12] 陈大钦. 电子技术基础实验（第二版）[M]. 北京：高等教育出版社，2000.

[13] 何希才，伊兵，杜煜. 实用电子电路设计[M]. 北京：电子工业出版社，1998.

[14] 陈炜，钟实. 精选家用电子制作电路 300 例[M]. 北京：人民邮电出版社，1999.

[15] 青木英彦著，周南生译. 模拟电路设计与制作[M]. 北京：科学出版社，2005.

[16] 周淑阁. 模拟电子技术基础[M]. 北京：高等教育出版社，2004.